ÉNUMÉRATION MÉTHODIQUE

ET RAISONNÉE

DES FAMILLES ET DES GENRES

DE LA CLASSE DES

MYCOPHYTES

(CHAMPIGNONS & LICHENS)

PAR

Le Dr LÉON MARCHAND

PROFESSEUR DE CRYPTOGAMIE

A L'ÉCOLE SUPÉRIEURE DE PHARMACIE DE PARIS

Avec 166 figures intercalées dans le texte

PARIS

SOCIÉTÉ D'ÉDITIONS SCIENTIFIQUES

PLACE DE L'ÉCOLE DE MÉDECINE

4, rue Antoine-Dubois, 4

1896 (MARS)

Tous droits réservés

ÉNUMÉRATION MÉTHODIQUE

ET RAISONNÉE

DES FAMILLES ET DES GENRES

DE LA CLASSE

DES MYCOPHYTES

(Champignons et Lichens)

OUVRAGES DU MÊME AUTEUR

Recherches botaniques et thérapeutiques sur le *Croton Tiglium* (Thèse de la Faculté de Médecine, Paris. 1861. in-4° avec 2 planches).

Sur des Fleurs monstrueuses d'Epimedium Musschianum (*Adansonia* mai 1864).

Monstruosités végétales, premier fascicule, avec une planche gravée (*Adansonia,* juin 1864).

Recherches organographiques et organogéniques sur le *Coffea arabica* L. (Thèse de l'École supérieure de pharmacie de Paris). Paris 1864, in-8, avec 4 planches gravées.

Des Tiges des Phanérogames (Des points d'organisation communs aux types des Monocotylédones et des Dicotylédones). Paris, in-8°, 3 planches).

Sur l'origine, la provenance et la production de la Myrrhe (*Balsamodendron Myrrha* Nées). *Adansonia,* VII, 1867, Paris, une pl. en coul.

Observations sur les genres *Protium* et *Protionopsis. Adansonia,* VII 1867, Paris.

Observations sur les genres *Garuga* et *Thyrsodium, Adansonia,* VII, 1867 Paris.

Des classifications et des méthodes en Botanique. Mémoire présenté à la Linnéenne de Maine-et-Loire. 1867.

Recherches sur l'organisation des Burséracées. (Thèse pour le doctorat ès sciences naturelles.) 1868. Paris, 6 planches en couleur.

Sur l'origine, la production et la provenance du *Bdellium* in *Adansonia,* VIII, 1868, Paris.

Recherches sur la fleur femelle du *Pistachia Chia* in *Adansonia,* VIII, 1869, Paris.

Histoire de l'ancien groupe des Térébinthacées. 1869, Paris.

Énumération des subtances fournies à la Médecine et à la Pharmacie par l'ancien groupe des Térébinthacées, 1869, Paris.

Révision du Groupe des Anacardiacées. (Thèse pour l'agrégation à l'École supérieure de pharmacie.) Paris, 1869.

Reproduction des animaux infusoires. (Thèse pour l'agrégation, Faculté méd., 1869, 2 planches.)

Éléments de Botanique (Enseignement secondaire spécial). 3 années, in-18 1872.

Organogénie des ovaires du *Datura Stramonium* **et du** *Nicandra physaloides,* in *Bull. Soc. bot. de France,* 1877. 2 planches.

Rappport sur l'État des Vignes phylloxérées de Corte, Session extr. de la *Société de bot. de France en Corse,* 1877, in *Bull. de la Soc. bot. de France,* 1877. p. xxv.

Organisation et structure de l'*Hygrocrocis arsenicus*, végétal qui se developpe dans la solution arsenicale de Fowler. Comm. Acad. des sciences. 1878.

Monstruosité du *Linaria elatine*, in *Bull. Soc. bot. de France*, 1879, 1 pl. gravée.

Note sur la phycocolle ou gélatine végétale produite par les Algues, in *Bull. Soc. bot. de France*, 1879.

Des herborisations cryptogamiques, in *Journ. de Micrographie* du Dr Pelletan, III, 1879, p. 115.

De l'utilité de l'étude des Cryptogames au point de vue médico-pharmaceutique, in *Journ. de Micrographie* du Dr Pelletan, III, 1879, p. 211.

Note sur une Nostochinée parasite, in *Bull. Soc. bot. de France*, 1879.

Monstruosité de *Pæonia Moutan*, in *Bull. Soc. bot. de France*, 1879, 1 pl.

Des Virus-Vaccins, in *Journ. de Micrographie* du Dr Pelletan, 1881, p. 18.

Botanique Cryptogamique pharmaco-médicale, 1º Introduction à l'Étude des Cryptogames; 2º les Ferments, 1883.

Réponse à la IVe Question posée par le Congrès internat. de Bota... et d'horticulture d'Anvers : *Quel est le développement à donner à l'enseignement de la Cryptogamie aux différents degrés de l'Instruction ?* in *Bull. du Congrès*, 1885, et Édit. franç. in *Journ. de Micrographie* du Dr Pelletan, 1883, p. 308. (tirage à part).

Les Microbes. Leçons d'ouvert. du Cours de Cryptogamie, année 1886 in *Journ. de Microgr.* du Dr Pelletan, 1886, p. 214, et suiv. (tirage à part).

Définition du mot Cryptogame. *Histoire de la découverte de la sexualité végétale.* Leçons d'ouverture du cours de Cryptogamie, année 1889, in *Journ. de Mycrographie* du Dr Pelletan. 1890, p. 333 et suiv. (tirage à part).

Histoire de la Cryptogamie, Leçons d'ouverture du cours de Cryptogamie, année 1890, in *Journ. de Micrographie* du Dr Pelletan, 1890, p. 133 et suiv. tirage à part avec :

Le Sous-Règne des Cryptogames, in *Journ. de Micrographie* du Dr Pelletan, 1891, p. 30.

Synopsis des familles qui composent la Classe des Mycophytes, (Champignons et lichens) in *Bull. de la Soc. Mycolog. de France*, 1894, p. 143 tirage à part avec :

Tableau synoptique des Familles qui composent la Classe des Mycophytes, in *Bull. de la Soc. Mycolog. de France*, 1894, p. 159.

Synopsis et tableau synoptique des familles qui composent la classe des Phycophytes. Paris, 1895.

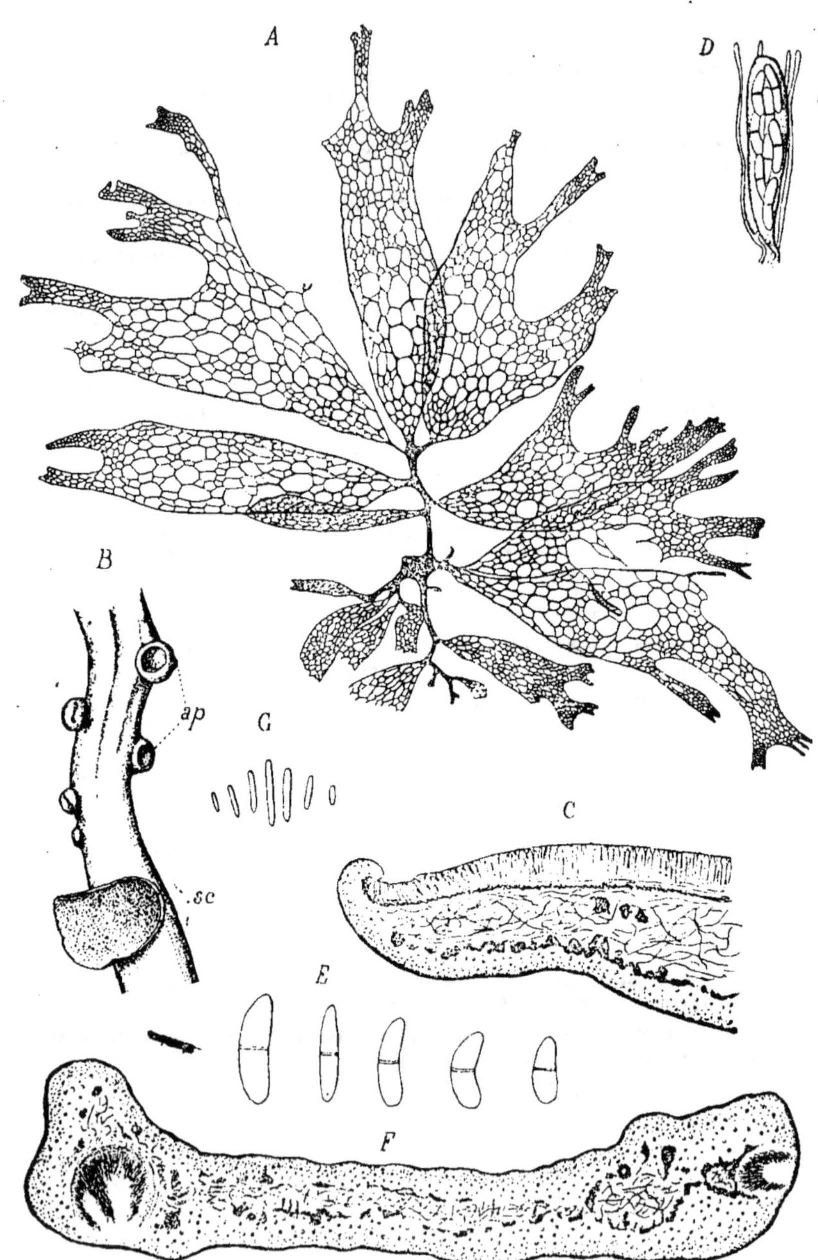

Fig. 1. — *Ramalina reticulata* KÆMPLH.

ÉNUMÉRATION MÉTHODIQUE
ET RAISONNÉE

DES FAMILLES ET DES GENRES

DE LA CLASSE DES

MYCOPHYTES

(CHAMPIGNONS & LICHENS)

PAR

Le Dr LÉON MARCHAND

PROFESSEUR DE CRYPTOGAMIE

A L'ÉCOLE SUPÉRIEURE DE PHARMACIE DE PARIS

Avec 166 figures intercalées dans le texte

PARIS

SOCIÉTÉ D'ÉDITIONS SCIENTIFIQUES

PLACE DE L'ÉCOLE DE MÉDECINE

4, rue Antoine-Dubois, 4

1896 (MARS)

En classification, à force de multiplier les relations naturelles des êtres et des groupes, on arrive à les fondre si bien les uns dans les autres que toutes les limites disparaissent et s'évanouissent, laissant un ensemble compact où, pour se reconnaître, il est de toute nécessité d'avoir recours aux méthodes artificielles.

L. M.

SOUS-RÈGNE DES CRYPTOGAMES

Ier EMBRANCHEMENT CRYPTACHLOROPHYLLÉS
(MYCOPHYTES)

Nous avons successivement publié dans le *Bulletin de la Société Mycologique de France* [1] : 1° Un *Synopsis* des familles qui composent la classe des Mycophytes; 2° Un « Tableau synoptique » qui permet d'embrasser d'un seul coup d'œil l'ensemble produit par le rapprochement de ces mêmes familles de Cryptogames. Cette classe des Mycophytes est formée d'un nombre considérable d'espèces réparties en deux sous-classes; à elle seule elle représente dans le sous-règne des Cryptogames ce que nous avons appelé l'Embranchement des Cryptogames-achlorophyllés ou Cryptachlorophyllés.

Le rangement que l'on rencontre dans ce *Synopsis* et dans ce « Tableau synoptique » n'est ni une œuvre originale, ni une œuvre entièrement personnelle car, hâtons-nous de le dire, non seulement nous nous sommes inspiré de ce qui a été fait par ceux qui nous ont précédé, mais encore nous avons largement puisé dans les travaux tant des anciens que des contemporains.

Quelques classificateurs ont, avant nous, publié des coordi-

---

1. MARCHAND, L. : in *Bull. Soc. Mycol. de France*, T. X, p. 143 et 157, 1894. Tirage à part.

nations analogues, tentant, comme nous, d'établir des relations entre les diverses parties de ce vaste ensemble et essayant de réunir les uns aux autres, en séries tantôt linéaires et uniques, tantôt parallèles et multiples, tantôt multiples et divergentes, les différents chaînons qu'on avait pris l'habitude de regarder comme indépendants. Il n'y a pas encore bien longtemps que chacun de ces groupes si divers que nous essayons d'enchaîner étaient étudiés séparément puis tout simplement approchés. Cette méthode consacrait le mode de travail des savants qui se spécialisaient, s'enfermant chacun dans un îlot, sans s'inquiéter de ce qui pouvait se passer en dehors d'eux, et sans chercher à entrer en communication ni en commerce d'idées avec les voisins. Cette manière de faire était défectueuse, sans doute, mais elle a son excuse, on ne pouvait agir autrement; car le domaine des Mycophytes est tellement étendu et tellement varié que les travailleurs ont dû se le partager pour le défricher plus fructueusement; et, alors, parqués les uns et les autres dans les limites qu'ils s'étaient données, ils n'en sortaient guère, et jalousement les défendaient contre les invasions de l'extérieur, oubliant souvent ou ne comprenant pas, que leurs laborieux voisins étaient non des ennemis mais des alliés qui exploraient le même sol, concouraient à la même œuvre : celle de découvrir les trésors qu'il pouvait renfermer.

A cette période d'analyse a succédé, depuis quelque temps, celle de la synthèse. Le morcellement de la classe des Mycophytes qui avait pour les mycologues défricheurs l'avantage très grand de limiter le champ de leurs observations et aussi de leurs recherches, rendant ainsi chaque partie de l'œuvre générale plus fouillée, avait, par contre, le désavantage très préjudiciable de les priver des connaissances acquises par ceux qui avaient travaillé côte à côte avec eux, mais, eux aussi, dans le même isolement et dans la même réclusion. Actuellement on suit les maîtres qui, comme Payer en a donné l'exemple il y a longtemps déjà, cherchent, en unissant toutes ces parties, à faire un *tout* qui se tienne. Mais cette synthèse n'est pas aussi simple à opérer qu'on le croirait au premier abord; il n'est pas bien facile de composer ce *tout* en tenant compte de ces conceptions isolées et souvent disparates.

La cause de ces difficultés est dans la méthode qui a été employée pour le travail. Chaque mycologue a agi comme s'il était seul; le monde fongique n'existait pas en dehors du coin où il s'était cantonné. Chacun avait ses sujets et n'en voulait pas connaître d'autres, il les rangeait sans s'inquiéter de savoir si l'ordre qu'il adoptait pour son classement pouvait s'adapter avec l'ordre que devait suivre un voisin qu'il ne connaissait pas d'ailleurs. La part qu'on lui avait faite ou, pour mieux dire, qu'il s'était adjugée, pouvait être large ou étroite, ses sujets pouvaient être grands ou de taille microscopique, il travaillait avec la même ardeur, il se passionnait dans leur étude; rien n'était pour lui plus intéressant qu'eux! Et que disait-on donc que son lot était bien rétréci? On sera vite désabusé! En effet, à force d'étudier à la loupe et au microscope ou bien il se découvre de nouveaux sujets ou bien il s'en crée en découpant ceux qu'il possède. Voici une espèce!... mais, en l'examinant bien, ne peut-on la scinder de manière à en faire deux, trois et même dix, peut-être! car, enfin, ce caractère qui a échappé à tout le monde n'est-il pas de première valeur... Dès lors, avec ces espèces on peut faire un genre; puis, avec plusieurs genres de même venue, on fera une famille... Comment donc! un ordre. Et l'on voit ainsi sous l'effort persévérant du travailleur augmenter ce petit lambeau qui prend tout à fait bon air. Par contre, un autre s'est donné à retourner une large portion de ce domaine des Champignons. Là c'est le nombre qui complique la besogne... Eh bien, on va le réduire... ce nombre!... Car, n'est-il pas vrai que ce caractère est bien insuffisant, et celui-ci bien plus encore? Alors toutes ces espèces n'en font plus qu'une, ce genre doit donc disparaître, et de même cet autre, etc.. La famille devra être satisfaite d'être conservée à titre de genre.

S'il en est ainsi : l'ordre?... De telle sorte qu'en travaillant avec la même ardeur deux savants peuvent arriver à des résultats fort différents, même souvent à des conclusions qui semblent se contredire et se détruire.

L'histoire de chaque îlot grand ou petit est faite de ces vicissitudes, de ce flux et reflux sans cesse recommençant. Aussi comprend-on combien la tâche devient difficile pour celui qui cherche à embrasser à la fois toutes ces portions si variables et qui, suivant l'esprit avec lequel on les a découpées, peuvent être ou très restreintes ou très grandies. — Son premier soin doit être d'essayer de les *ramener successivement au même point :* tantôt passant sur des détails trop *fins* pour prendre place dans une œuvre d'ensemble, tantôt, par contre, relevant certains autres trop laissés dans l'ombre; mécontentant, hélas! du même coup ceux qui avaient eu tant à cœur d'amplifier comme ceux qui croyaient avoir été dans le vrai en opérant des réductions. — Aussi ne faut-il pas chercher dans le *Synopsis* et le « Tableau synoptique » autre chose qu'un *essai* de groupement des familles de Mycophytes, résumé des travaux des divers mycologues que nous avons consultés et auxquels nous avons beaucoup emprunté. C'est là ce qui nous faisait dire, plus haut, que notre œuvre n'était ni originale ni personnelle, car outre les ouvrages consultés, les maîtres en Mycologie ont été mis par nous à contribution et nous ont gracieusement conseillé et dirigé. S'il y a quelque chose de bien dans ces travaux, c'est à eux qu'en revient l'honneur, mais c'est à nous qu'il faudra imputer les lacunes, et aussi peut-être certaines témérités

Pour ce qui est de nous il ne faut pas qu'on se méprenne sur les raisons qui nous ont dirigé dans le présent travail. Nous ne nous sommes pas proposé de faire, après tant d'autres, une classification nouvelle avec la prétention de renverser celles qui précédaient; nous n'avons point cherché à faire table rase de tous les essais antérieurs pour y substituer le nôtre! Tout au contraire... Respectant les efforts des anciens pour faire la Science telle que nous la connaissons aujourd'hui, nous les avons étudiés avec l'attention la plus soutenue et les soins les plus grands, cherchant à nous instruire par leur lecture, et essayant de rejoindre les uns aux autres tous ces travaux épars pour en faire un ensemble qui se suive et s'enchaîne, tout en conservant chacun d'eux aussi intact que possible, nous contentant seulement de *les ramener au point*, suivant notre expression de tout à l'heure. Nous n'avons même pas hésité en plusieurs occasions à sacrifier l'harmonie de notre conception de l'ensemble pour conserver à certaines parties des détails qu'une tentative de restauration eût pu compromettre. C'est ainsi, par exemple, qu'il nous a fallu user d'artifice lorsque nous avons voulu quand même conserver les divisions des Sphéropsidés et des Pyrénomycètes de Saccardo, et celles des Discomycètes charnus de Boudier, etc., etc. Nous avons agi ainsi, parce que nous avons jugé qu'avant tout il fallait aider les chercheurs à trouver leur voie et non point les égarer dans des sentiers qui, pour être nouveaux, n'en eussent été que plus impraticables. Pour les mêmes raisons, nous nous sommes abstenu, autant que possible, de créer de nouveaux noms ; et, lorsque cela nous est arrivé nous l'avons fait uniquement pour éviter, en conservant les anciens, de créer des équivoques dans l'esprit des lecteurs. En résumé, partout et pour tout, nous avons tenté de faire une adaptation raisonnée et enchaînée aussi logiquement que possible des connaissances qui nous viennent des travailleurs passés et présents.

Nous ferons la même observation pour l'*Énumération des genres* que nous publions aujourd'hui, dans le but de justifier les divisions acceptées par nous pour le *Synopsis* et le « Tableau synoptique ». Il nous a semblé qu'il nous fallait faire connaître d'une manière un peu moins concise la composition de nos groupes : séries ou familles, en disant de quels types chacune d'elles se compose ; car, alors seulement, nous aurons fourni les éléments indispensables pour asseoir le jugement et la critique des lecteurs.

Avant d'entrer dans les détails, il nous est utile d'appeler l'attention sur quelques points.

Comme on a pu le voir, nous partageons la classe des Mycophytes en deux sous-classes : 1° Celle des Mycomycophytes, 2° celle des Mycophycophytes ; la première correspondant à ce que l'on a l'habitude d'appeler les Champignons, la seconde correspondant aux Lichens. Nous n'avons pas cru devoir céder au courant actuel qui tend à faire rentrer la seconde dans l'une des divisions de la première, nous dirons en temps et lieu ce qui nous a porté à agir ainsi.

1. Dans les *Mycomycophytes* ou Champignons, nous avons deux divisions : celle des Asporomycés ou Champignons n'ayant pas de spores proprement dites, d'autres auteurs les nomment imparfaits ou incomplets ; 2° celle des Sporomycés, Champignons à spores proprement dites, autrement dits Champignons parfaits ou Champignons complets.

Un grand nombre de mycologues ne réunissent point en un ensemble spécial les Asporomycés, sous prétexte que ce ne sont que des formes passagères des Champignons sporomycés, et, à cause de cela, ils n'en parlent qu'incidemment, pour ainsi dire. Nous donnons les raisons qui nous ont décidé à nous rallier à l'opinion de ceux qui pensent qu'il faut tenir compte de toutes les productions fongiques quelles qu'elles soient, pour permettre à l'observateur de les reconnaître et de les classer, ce qui est d'autant plus utile que c'est ordinairement sous ces formes de début qu'elles sont le plus actives, accomplissant, souvent, toutes les phases de leur vie primaire sans arriver à l'état parfait, à l'état complet. Dans les Asporomycés nous admettons des *cohortes* qui se composent de *séries* de genres dont l'un, bien défini et plus particulièrement connu, sert de type. Dans le cas où la série est trop nombreuse, nous la découpons en *sections*.

Tous les mycologues sont à peu près d'accord sur la composition de l'ensemble du groupe auquel nous avons imposé le nom de Sporomycés. Nous y admettons quatre *alliances* et chacune d'elles se divise en *ordres*, *familles*, et, lorsque cela est nécessaire, en *tribus* et *sous-tribus*.

Dans chacune des alliances de Sporomycés, nous avons deux ordres qui sont distincts l'un de l'autre par la position des organes reproducteurs : d'où les qualificatifs d'*endo*..... et d'*ecto*..... qui se répètent. Dans les deux dernières alliances, nous avons introduit un troisième ordre, celui des *haplo*..... : ce qui nous a donné *haplothécés* et *haplobasidés*. Chacun de ces deux ordres contient des Champignons bien vraiment munis de thèques pour les premiers, de basides pour les seconds, mais qui ne peuvent pourtant rentrer ni dans l'un ni dans l'autre des deux ordres de leur alliance respective : leur structure ne permettant pas de dire, à cause de sa simplicité, si les organes reproducteurs sont enfermés (*endo*...) ou exserts (*ecto*...). Les hyphes qui composent ces Champignons ne forment pas tissu, ils sont rapprochés et plus ou moins enchevêtrés, mais non soudés en faux parenchyme ; ils rappellent les *haplonématés* de la cohorte des Nématomycétales et, si ce n'était la présence de thèques ou de basides qui remplacent les conidies, on en ferait des « Moisissures ».

II. La seconde sous-classe, celle des *Mycophycophytes*, est moins nombreuse, mais malgré cela elle est, peut-être, plus difficile à saisir parce que l'on est moins familiarisé avec les mycophytes qu'on y a renfermés. L'étude des Lichens est, il faut l'avouer, généralement peu attrayante pour les débutants ; toutefois, lorsque l'on est arrivé à faire partie du groupe des initiés, on y trouve des charmes qui peuvent devenir tels qu'on se passionne pour leur étude jusqu'au point d'user sa vie à leur détermination, sinon à leur rangement. Mais si l'on n'est pas du nombre de ces initiés, on rencontre, plus encore que pour les Champignons, des difficultés qui, pour les raisons qui seront données plus loin, proviennent de la méthode de travail et du peu d'entente des spécialistes qui s'en occupent : les choses en sont arrivées à un tel point que, sous peine de se perdre irrémédiablement, il faut, pour l'instant, prendre un guide unique, choisir son chef et le suivre aveuglément.

Plusieurs mycologues pensent tourner la difficulté en faisant rentrer tous les Lichens dans les Champignons. Certains de ceux-ci, en effet, leur ressemblent par les détails de leurs organes de reproduction. Cette incorporation, cette réunion ne peut s'opérer que si l'on fait complètement abstraction de la singulière structure de leurs organes végétatifs et des phénomènes physiologiques qui résultent de l'amalgame de deux éléments aussi distincts que le sont les hyphes fongiques et les Phycophytes associés ou *gonidies*.

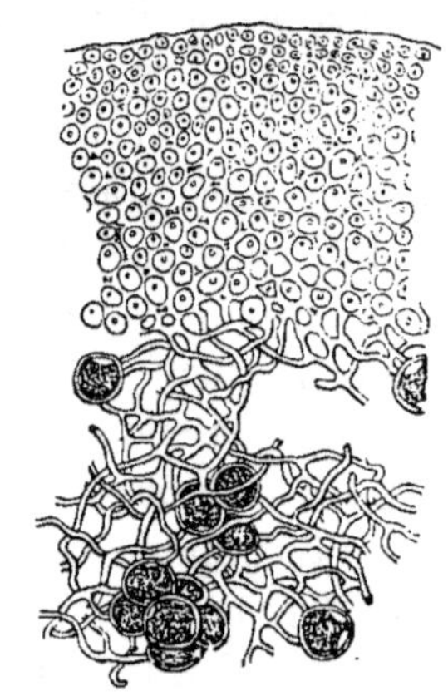

Fig. 2. — *Ramalina reticulata* Krempln.

Coupe de la fronde montrant des *Protococcus* (?) dans la couche gonidiale.

Explication de la figure 1 : *Ramalina reticulata* Krempln (*Chlorodictyon foliosium* J. Ag).

A, port de la plante ; B, rameau grossi portant : des apothecies *ap*, et un scutelle à spermogonies *sc* ; C, coupe grossie d'une apothécie ; D, thèques et paraphyses grossies ; E, spores ; F, coupe grossie d'un scutelle montrant les spermogonies ; G, spermaties

Il faut bien reconnaître cependant que si, la plupart du temps, la lichénisation est nettement caractérisée, il est des cas où il est loin d'en être ainsi : soit que les gonidies existent en nombre si restreint ou soient si petites qu'elles échappent à l'observation, alors que les hyphes restant seules, on se croit en face d'un Champignon, soit que le contraire arrive et que les gonidies demeurant seules apparentes, on pense avoir une Algue devant soi. Une erreur (fig. 1 et 2) peut être vite commise dans ces cas, un objectif trop faible ou un défaut d'éclairage suffisent... Aussi compte-t-on un certain nombre d'espèces et même de genres indécis qui sont renvoyés d'une sous-classe à l'autre sous-classe. C'est pour réunir ces égarés que nous avons ouvert quelques casiers où ils pourront être provisoirement reçus jusqu'à ce qu'on ait décidé de leur sort.

Dans la sous-classe des *Mycophycophytes*, nous avons admis deux alliances, celle des Thécalichens qui, jusqu'à ce jour du moins, est la seule qui soit vraiment imposante par le nombre, et celle des Basidiolichens, qui ne compte que trois ou quatre espèces. L'alliance des Thécalichens nous a donné deux sous-alliances basées sur la considération de la structure : celle des Théc.-homœomères et celle des Théc.-hétéromères. Les Théc.-hétéromères y sont subdivisées en Endo... et Ecto... thalamiés. Les divisions de cette deuxième sous-classe correspondent donc, sauf quelques détails, à celles de la première.

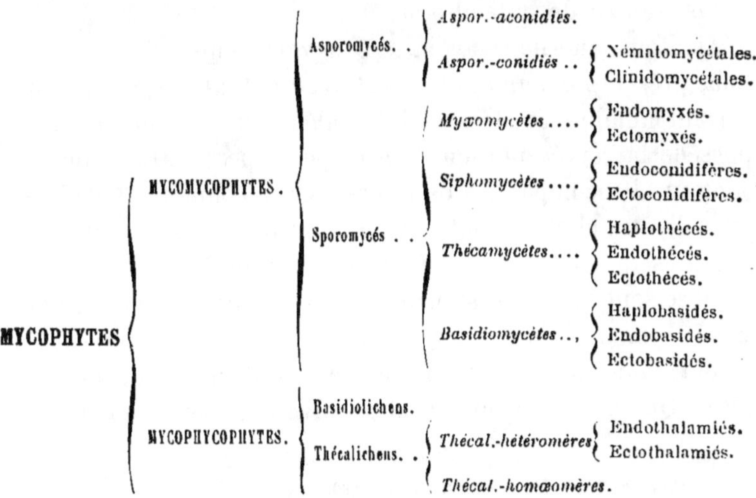

Les Sous-Classes, Divisions, Cohortes ou Alliances et les Ordres sont les grands cadres dans lesquels, après avoir été réunis en genres d'abord, en familles ensuite, doivent être répartis tous les représentants de la classe des Mycophytes. Il ne nous semble pas inutile avant d'arriver à cette répartition d'examiner quelle méthode doit être préférée pour le rangement des cadres eux-mêmes. Cela, au reste, nous permettra de donner certaines notions qui ne trouveraient peut-être plus leur place ailleurs.

En publiant notre *Synopsis*, nous écrivions : « Les mycologues ne s'étonneront pas quand nous leur dirons que nous n'avons pu arriver seul à parfaire cette œuvre, qui reste certainement imparfaite et incomplète, malgré l'aide qu'ont bien voulu nous donner E. Boudier et N. Patouillard pour les Mycomycophytes et A. E. Huc pour les Mycophycophytes. Les difficultés du sujet ne nous ont pas toujours permis d'utiliser, malheureusement, comme nous l'eussions désiré, les lumières que nous fournissaient ces savants et les renseignements que nous puisions dans le *Sylloge* de Saccardo et le *Kryptogamen-Flora* de Rabenhorst, etc. »

Ajoutons que nous avons cru devoir, dans le travail que nous présentons aujourd'hui, *éclairer* le texte *ingrat* par un certain nombre de dessins intercalés. Chacune des familles possède la représentation d'un de ses types ; certains détails sont aussi accompagnés de figures. On reconnaîtra quelques-unes d'entre elles qui se trouvent partout : elles sont tellement parfaites que l'on n'a pu faire mieux ; mais le plus grand nombre sont des figures inédites dont les dessins nous ont été gracieusement offerts par N. Patouillard. Ces nouveautés seront, nous n'en doutons pas, le grand attrait du présent livre ! Que notre savant ami en reçoive nos remerciements.

Fouras, Tour-des-Rosiers, 10 juin 1895.

PROLÉGOMÈNES

Erit mihi magnus Appollo qui ....
LINNÉ.

Chacun sait [1] que l'on peut ranger les êtres vivants, les uns par rapport aux autres, soit dans une seule série et l'on a la *disposition linéaire*, soit sur plusieurs séries parallèles ou rayonnantes, mais dans un seul plan, c'est la « *disposition mappaire* », soit enfin en séries, rayonnantes encore, mais alors se dirigeant dans tous les sens, suivant tous les plans, dans l'espace en un mot; c'est la *disposition cosmique*. Il n'y a plus à discuter sur la valeur relative de chacune de ces trois dispositions : tous les naturalistes sont d'accord sur ce point. Tous reconnaissent d'une part : 1° que la première, la seule admise autrefois sous le nom d'*échelle des êtres organisés*, est la moins naturelle de toutes, brisant à chaque instant les affinités les plus incontestables et, cela, dans les plus petits groupes comme dans les plus grands ; 2° que la seconde moins artificielle permet de plus nombreux rapprochements; 3° que la dernière bien comprise pourrait seule reproduire les rapports exacts des êtres entre eux et par suite mériter la qualification de « naturelle ». Mais, d'autre part, tous reconnaissent aussi que, quelles que soient ses imperfections, la première est la seule qu'on puisse suivre dans l'enseignement oral et écrit, dans les cours et dans les livres; que la seconde peut se représenter par un graphique, enfin que la « disposition cosmique » ne peut qu'être exposée à l'esprit d'une façon abstraite, parce qu'il est impossible de trouver un moyen de la fixer pour les sens.

1. MARCHAND (Léon). *Bot. crypt.*, *pharm. médic.*, 1 vol. 1883, p. 97.

Il en est des Cryptogames en général et des Mycophytes en particulier comme des autres êtres organisés ; aussi nous pourrions nous contenter des notions qui précèdent s'il n'était intéressant d'insister sur certains détails qui feront connaître quelques-unes des raisons qui nous ont guidé dans le rangement des familles dont nous entreprenons d'énumérer les genres.

A. Disposition linéaire. — Il nous a fallu, puisque, ainsi que nous venons de l'expliquer, la nécessité s'en impose, adopter la disposition linéaire, c'est-à-dire à série unique. Nous nous sommes efforcé de la faire aussi rapprochée que possible de la « nature », en allant de « l'imparfait au parfait », de « l'incomplet au complet », en un mot, du simple au composé. C'est ainsi que sont venus d'abord les « Asporomycés » et ensuite les « Sporomycés ».

Si nous nous arrêtons un peu à ces derniers nous saisissons de suite le défaut de ce mode de rangement en série unique. Les deux premières alliances s'enchaînent assez bien. Nous avons, en effet, sur le premier échelon, l'alliance des Myxomycètes contenant des mycophytes à protoplasma nu et mobile presque pendant toute la vie ; sur le second, nous avons l'alliance des Siphomycètes dont le protoplasma est encellulé et, inversement à ce qui se rencontrait tout à l'heure, accidentellement nu et mobile. Ajoutons que, toujours, les hyphes végétatives sont unicellulaires, c'est-à-dire de la plus grande simplicité. La place respective de ces deux alliances ne semble prêter à aucune hésitation, mais il n'en est plus de même quand il s'agit de choisir celle des deux autres alliances qui doit occuper le troisième échelon et par conséquent confiner les Siphomycètes. Les difficultés commencent ; si nous avons donné la préférence aux Thécamycètes, ce n'est certes point parce que les plus simples de leurs représentants : les haplothécés, nous ont semblé avoir une structure moins compliquée que celle des représentants les plus simples des Basidiomycètes : les haplobasidés, mais bien plutôt parce que les représentants supérieurs des Basidiomycètes : Polyporacés et Agaricacés, sont réputés être plus élevés en organisation que les représentants supérieurs des Thécamycètes : *Helvella*, *Morchella*, etc. Il est bien évident que ceux qui ont une opinion autre sur la suprématie respective des Basidiomycètes et des

Thécamycètes peuvent, sans grand dommage, intervertir l'ordre que nous admettons ici et adopter, pour les premiers, le troisième échelon, tandis que les Thécamycètes obtiendraient le quatrième. Dans ce cas ce seront les haplobasidés des familles des Ustilaginacés et des Exobasidiacés qui confineront les Siphomycètes et ils seront là aussi légitimement à leur place que le sont dans notre rangement les haplothécés des familles des Glycozymacés et Taphrinacés. Dans le premier cas, le passage se fera par les Ectoconidifères : Péronosporacés et Entomophtoracés ; dans le second, il se fera par les Endoconidifères : Mucoracés, Saprolégniacés. Nous remarquerons, toutefois, que dans un cas comme dans l'autre, nous rencontrons un écueil qu'il nous est impossible d'éviter. En effet, si nous plaçons les Thécamycètes sur le troisième échelon, il arrivera qu'après nous être élevés à des Champignons supérieurs comme les *Morchella* et *Helvella*, nous retomberons à des haplobasidés aussi simples que les *Ustilago* et les *Exobasidium* (voir le tableau, page xv). Si, au contraire, ce sont les Basidiomycètes auxquels nous assignons le troisième échelon, après nous être élevés jusqu'aux *Polyporus*, *Boletus*, *Amanita*, etc., nous retomberons à des Mycophytes aussi simples que les *Saccharomyces* et *Exoascus*, haplothécés qui occupent les hauteurs du quatrième échelon. On conçoit, dans cette occurence, combien il est difficile de décider à quelle alliance il y a lieu de donner la préséance. C'est ce qui explique comment nous avons, en 1877, placé les Champignons à basides avant ceux à thèques ; nous avions, à cette époque, été porté à agir de la sorte surtout parce que nous voulions rapprocher les Lichens des Thécamycètes, pensant, alors, qu'il n'y avait que des Thécalichens. Cette raison n'existe plus aujourd'hui qu'on a découvert des Basidiolichens. En résumé, chacune des deux opinions se défend et se vaut, aucune des deux alliances ne semble avoir le pas sur l'autre : elles se développent parallèlement.

B. Disposition mappaire. — La considération qui précède nous amène tout naturellement à la conception d'une « disposition mappaire », c'est-à-dire d'un rangement dans lequel les Mycophytes sont étalés sur un plan, suivant deux ou plusieurs séries. Les Basidiomycètes et les Thécamycètes, disions-nous, semblent se développer suivant deux séries parallèles. Il suffit de jeter les yeux sur le « Tableau synoptique » pour reconnaître que, au moins dans leurs traits principaux, les deux alliances se correspondent terme à terme : les haplothécés sont sur le même rang que les haplobasidés et, de même, l'on a des endo et ectothécés qui font pendant à des endo et ectobasidés. Et ces concordances se poursuivent dans les divisions et les subdivisions, en certains points elles deviennent même telles que la confusion est possible. Il est des endobasidés : *Melanogaster* (fig. 3), *Hymenogaster*, *Scleroderma*, qui ressemblent tellement à certains endothécés : *Tuber* (fig. 4), *Terfezia*, *Elaphomyces*, que plusieurs mycologues les réunissent encore sous la dénomination commune de Gastéromycètes; et si, d'un autre côté, on compare les ectothécés aux ectobasidés l'on ne s'étonne nullement de voir réclamer pour les *Geoglossum*, *Spathularia*, *Helvella* (fig. 117), *Mitrophora* (fig. 118) la qualification d'Hyménomycètes que les puristes Friésiens réservent aux seuls ectobasidés comme *Calocera Clavaria* (fig. 140), *Cyphella*, *Hydnum*, Agaricacés, etc. Il faut, dans ces cas, pour opérer des disjonctions invoquer un caractère peu facile à constater à première vue, mais auquel on attribue une grande valeur, nous voulons parler de celui que l'on tire du mode de sporulation : certaines spores étant *portées* extérieurement par la cellule mère ou basilaire et, pour cela, *réputées exogènes*, tandis que d'autres étant formées et conservées jusqu'à maturation dans la cellule mère sacciforme dès lors sont dites *endogènes*.

Il semble donc bien établi que les deux alliances Basidiomycètes et Thécamycètes forment deux séries parallèles ; mais qu'advient-il des deux autres et aussi de ces types que nous avons placés dans la division des Asporomycés? Si nous nous occupons de ces derniers tout d'abord, nous constatons que tous les Asporomycés de la sous-division des Asporomycésconidiés partagent avec les Basidiomycètes le caractère de *porter* sur leurs cellules-mères basilaires (dites *conidiophores* et *clinides*) des corps reproducteurs libres ou en chaînettes. Les conidiophores sont-ils donc des basides? Il faut avouer qu'ils se prêtent assez à cette assimilation. Ainsi, d'une part, on trouve souvent, sur un même hyménium, à côté de basides bien constitués, normaux couronnés de stérigmates sporifères au nombre de 4 à 8, des basides à 3, 2 ou même 1 spore. Ces basides monospores sont-ils bien différents des

clinides? Et les spores qu'ils portent diffèrent-elles beaucoup
de ces conidies qui les accompagnent soit sur le même hyménium, soit sur une partie autre du Champignon, soit même

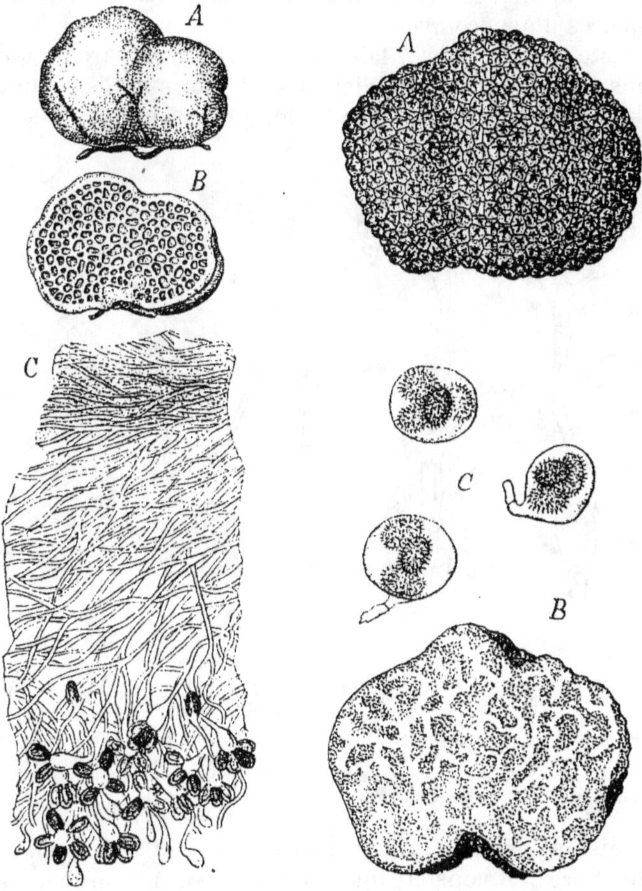

Fig. 3. — *Melanogaster varie-*
gatus Tul.

A, port de la plante ; B, coupe verticale ; C, une portion du tissu,
considérablement grossi, montrant
la disposition des basides.

Fig. 4. — *Tuber melanosporum* Vitt.

A, port ; B, coupe ; C, thèques avec spores
hérissées de pointes. Le nombre de ces
spores varie, il est le plus souvent infé-
rieur à quatre.

dans l'intérieur du tissu? Dans ces cas ces conidiophores ne
sont-ils pas tout simplement des hyphes qui, normalement destinés à donner des basides vrais, ont dû, sous l'influence

d'une cause non encore déterminée, se contenter de porter une spore au lieu de 2, 4, 8…? D'autre part, les basides dits *pseudo-basides* prennent souvent des formes telles qu'il devient difficile de donner le *criterium* qui les sépare de certains conidiophores d'Asporomycés.

Au reste il n'y a plus à faire la preuve de la parenté qui lie les uns aux autres : conidiophores, sporophores, clinides, pseudobasides et basides. Il y a longtemps que B. Pisani et

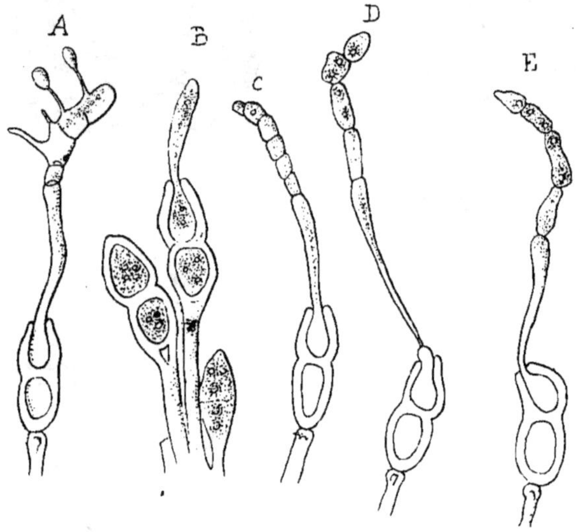

Fig. — 5. Formes conidiales des pseudo-basides de *Puccinia Malvacearum* Montg. et de *P. Torquati* Passer.

A, pseudo-baside normalement développé ; B, hypnospores à divers états de développement l'une d'elles laisse échapper un tube qui semble destiné à devenir un pseudo-baside ; C, il s'est allongé et divisé en plusieurs cellules par des cloisons ; D, E, ces cellules forment des chaînettes qui se désarticulent (*Torula*).

C. Bagnis ont vu les pseudobasides de *Puccinia* devenir des conidiophores, et constaté que le baside anormal, au lieu d'évoluer en donnant trois ou quatre cellules à stérigmates sporifères (fig. 5, A), s'arrêtait parfois après le cloisonnement, pour donner simplement des cellules superposées (C, D, E) qui se désarticulaient (D, E) en spores (?) ou conidies (?). Il en est de même pour les vrais basides ou basides normaux. De Seynes et Patouillard, qui ont relevé déjà un assez grand nombre de cas de présence de conidies (microconidies et macroconidies) chez les Basidiomycètes, ont vu le passage des basides couronnés de quatre stérigmates au clinide qui n'est souvent qu'un baside monospore. Patouillard l'a très récemment encore figuré sur l'*Aleurodiscus disciformis* (Fr.) Pat. (fig. 6). D'autre part les mêmes faits ont été constatés expérimentalement par E. Boulanger sur l'*Hirsutella (Matruchotia) varians*, E. Boul. Des basides bispores se sont, par la culture, changés en clinides monospores. L'auteur en tire la conclusion suivante : « Le baside des Champignons supérieurs semble n'être qu'un appareil conidien différencié, où la forme de l'appareil et le nombre des spores tendraient vers un état limite qui est le baside normal tétraspore ». Et il poursuit: « Bréfeld a émis cette idée et la justifie par la mise en série

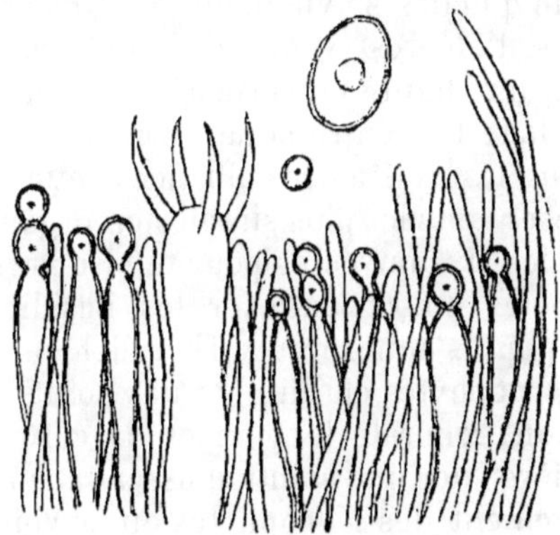

Fig. 6. — *Aleurodiscus disciformis* Pat.

de formes conidiennes complexes se réduisant peu à peu jusqu'à la cellule basidiale simple ». Ces observations expliquent pourquoi certains mycologues donnent indifféremment le nom de « baside » à toute cellule qui porte des corps reproducteurs et comment d'autres concluent que les basides ne sont que les formes les plus parfaites des conidiophores et des clinides.

Il résulte de tout ce qui vient d'être dit que l'annexion des Asporomycés-conidiés aux Basidiomycètes se trouverait à peu près justifiée. Peut-on songer à annexer de même les deux alliances Siphomycètes et Myxomycètes aux Basidiomycètes ou aux Thécamycètes? Cela ne paraît pas possible, pour l'instant du moins; il apparaît d'abord qu'on ne peut les faire entrer, en bloc, ni l'une ni l'autre dans aucune des deux séries à cause de la différence de structure; ensuite l'on trouve que si l'on veut en disjoindre les éléments pour les incorporer, par parties, on n'arrive qu'à détruire ces deux alliances, sans donner satisfaction à aucune des deux alliances conservées. Nous avons déjà constaté comment les Basidiomycètes et les Thécamycètes se rejoignaient, chacun de leur côté, aux Siphomycètes; les liens qui les rapprochent sont aussi serrés d'une part que de l'autre. Cela prouve que les Siphomycètes doivent rester indépendants. Les Myxomycètes se refusent, eux aussi, à toute incorporation et à tout partage, autant que le font les Siphomycètes. Il résulte de là que les quatre alliances ne peuvent se fondre en deux séries et qu'elles restent autonomes. Toutefois, comme l'on a remarqué qu'elles se viennent joindre par leurs familles les plus simples, l'idée est venue de représenter la classe des Mycophytes, par une figure ou carte ayant la forme d'une étoile étalée sur un plan. Le centre serait occupé par les Siphomycètes, tandis que les trois autres alliances rattachées au centre par leurs représentants les plus simples en organisation iraient en s'écartant : les Myxomycètes pour tendre vers les animaux, les Basidiomycètes pour s'annexer les Basidiolichens et les Thécamycètes pour s'annexer aux Thécalichens, gagnant ainsi la classe des Phycophytes chacun par des points différents.

Si d'une façon générale le plan ou la carte ainsi obtenus donne, à première vue, une solution assez satisfaisante au problème du rangement des Mycophytes on se voit, malgré cela, forcé de reconnaître que l'on n'est pas encore arrivé à éviter un grand nombre d'observations. En voici quelques-unes, qui ont bien leur importance.

a. Nous venons de faire des Asporomycés-conidiés des annexes des Basidiomycètes en nous basant surtout sur les ressemblances que présentent les organes de reproduction à l'époque de la maturation : dans les uns comme dans les autres les corps reproducteurs sont *portés* à l'extérieur d'une cellule basilaire, dont ils procèdent. Mais, réflexion faite, on se demande si, en raison de leurs relations de parenté, ces Asporomycés-conidiés ne seraient pas bien mieux annexés aux Thécamycètes, la plupart des premiers n'étant que des états primaires des derniers. C'est par hasard que, dans les Asporomycés-conidiés, nous en trouvons qui comme ceux des séries : *Uredo, Æcidium, Ptychogaster* (fig. 7 et 54) et *Ceriomyces* (fig. 53) s'allient à des Mycophytes à basides : Pucciniacés et Polyporacés; toutes les autres séries : *Penicillium* (fig. 8), *Aspergillus*, *Tubercularia*, *Sphæropsis*, *Zythia*, etc., sont des états primaires de Mycophytes thécasporés : Erysiphacés, Nectriacés, Sphériacés, etc. Bien mieux, il arrive, le plus souvent, que c'est le même mycélium qui porte successivement l'état asporomycé et l'état sporomycé ; si bien que les clinodes deviennent des hyméniums pendant que les périclinides passent à l'état de périthèces. Dans ces cas on peut donc dire : que *les mycophytes à corps reproducteurs* PORTÉS *à l'extérieur de la cellule mère sont des états précurseurs de mycophytes à corps reproducteurs formés à l'intérieur de leur cellule-mère.* A ne tenir compte que de ces considérations

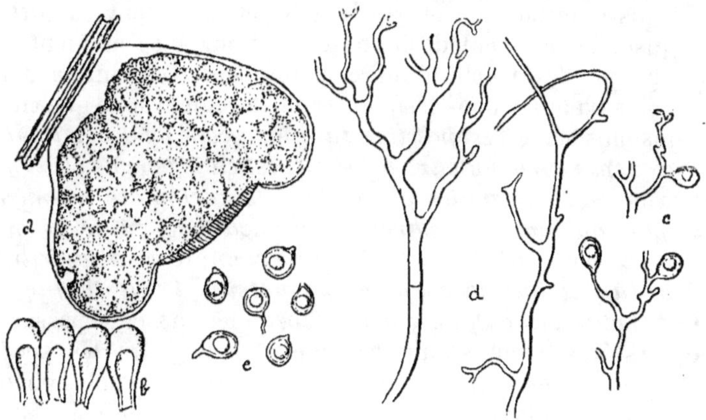

Fig. 7. — *Ptychogaster Lycoperdon* PAT.

a, coupe longitudinale ; *b*, cellules de la pellicule ; *c* et *d*, conidiophores ; *e*, conidies.

biologiques, les Asporomycées-conidiés seraient donc bien plutôt des annexes de Thécamycètes ; mais ces considérations physiologiques sont d'un ordre si difficile à apprécier qu'il est presque impossible de s'en servir pour les rangements *pratiques*. Pour établir ces derniers, on *essaye* de faire mieux en n'utilisant que des caractères qui tombent sous les sens et, plus particulièrement ici, sous celui de la vue aidée de la loupe et, au besoin, du microscope. Encore, à combien d'erreurs n'est-on pas exposé !

b. L'on est bien souvent trompé par les apparences ; car ni la loupe ni le microscope ne peuvent, lorsqu'un corps reproducteur est arrivé à maturité, décider si ces corps sont de formation exogène comme doivent l'être ceux des basides ou s'ils sont endogènes. Ceci demande quelques explications.

Dans le baside comme dans la thèque on a, au début, une cellule-mère remplie de protoplasma qui, suivant les cas, se partage successivement en deux, puis quatre, puis huit parties, etc. Pour la thèque, chaque globule de protoplasma s'isole, s'arrondit dans la cellule-mère et en fin de compte s'enveloppe d'une tunique de cellulose attendant, *libre de toute part*, le moment de la dissémination. Dans le baside, les globes protoplasmiques au nombre de 2, 4, 8 (rarement 8 ou 9) s'élèvent vers le fond de la cellule-mère et en sortent en gélifiant devant eux la paroi; étirant, le plus souvent, un tube hyalin plus ou moins long (acicule ou stérigmate) et ils restent, là, *attachés* jusqu'au moment de la dissémination. A ce moment, ils se séparent de la cellule-mère et tombent. Ce sont là deux exemples typiques dans lesquels, contrairement à ce que nous disions plus haut, *il est possible au microscope de décider entre deux corps reproducteurs celui qui est endogène de celui qui est exogène : ce dernier portant ou le stérigmate lui-même ou, plus ou moins apparente, la cicatrice qui s'est produite au point où il tenait à ce stérigmate ou à la cellule-mère, tandis que le corps reproducteur de la thèque ne montre rien d'analogue à sa surface.* Si les choses se passaient toujours ainsi, tout serait facilement réglé entre les spores endogènes et les spores exogènes. Malheureusement les phénomènes se compliquent et c'est ce qui amène les confusions.

c. Le corps reproducteur du baside monospore est de formation exogène comme ceux des autres basides; les corps que portent les clinides semblent être, aussi, de formation exogène, bien des Trichoconidiés sont dans ce cas. Mais il n'en est plus de même des Arthroconidiés. Là il faut distinguer ; tous les Arthroconidiés ont leurs corps reproducteurs rassemblés en chaînettes, mais toutes ces chaînettes ne sont pas de même nature.

Si l'on suit un *Saccharomyces* en végétation (fig. 13), on voit la cellule remplie de protoplasma pousser, en différents points, des hernies qui se gonflent en forme de petites sphères; de chacune de ces sphères en sort une seconde et ainsi de suite jusqu'à quatre ou cinq; le plus jeune corps reproducteur étant le plus éloigné, la formation est dite *exogène acropète*. Dans le *Cystopus* les débuts sont les mêmes, mais la production se fait en sens inverse (fig. 79) : c'est le plus jeune corps reproducteur qui est le plus proche de la cellule-mère ; il y a encore la formation exogène, mais elle est devenue *basipète*. Dans les deux cas, chacun des corps reproducteurs, à l'exception de ceux occupant les extrémités, qui n'en auront qu'une, porteront deux cicatrices. Le même fait se reproduira encore dans le cas où du protoplasma enfermé dans une hyphe après s'être, par une cloison, isolé du reste de la plante, se partagera en une série de globules dont le nombre varie suivant les circonstances et qui se disjoignent par scissiparité.

Il ressortirait donc de ce qui précède *que si les corps reproducteurs de formation endogène ne présentent aucun hile, ceux qui sont de formation exogène en présentent un ou deux*. Mais, hâtons-nous de le dire, un tel *criterium* est faux.

d. Lorsqu'on suit la formation des corps reproducteurs des *Aspergillus* et des *Penicillium* (fig. 8) qui, lors de la maturation, se réunissent en chaînettes en tout semblables à celles des Arthoconidiés dont nous venons de parler, on voit apparaître de grandes différences. Dans ces cas, le protoplasma réuni dans une cellule sacciforme plus ou moins allongée se partage en globules superposés qui s'arrondissent et qui prennent chacun une enveloppe de cellulose, comme cela arrivait pour les spores des thèques, mais qui ensuite se gonflent, s'appliquent sur la cellule mère et la distendent par places, de manière à la rendre toruleuse. On a proposé de nommer *chlamydospores* ces corps reproducteurs soudés au sac de la cellule mère. Arrivées à ce point, ces chaînettes endogènes ont toutes les apparences des chaînettes exogènes du cas précédent et, comme elles, se désarticuleront en corps reproducteurs qui, tout en étant de formation endogène, portent des cicatrices en tout comparables à celles des corps reproducteurs de formation exogène.

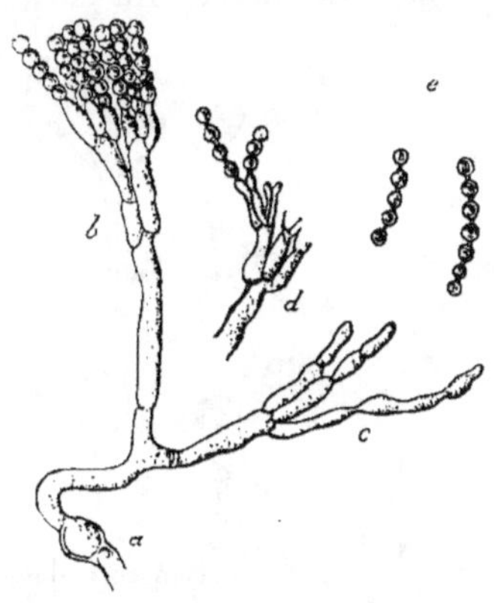

Fig. 8. — *Penicillium glaucum* LINK.

a, chlamydospore ; *b*, sommité fructifère portant ses conidies ; *c*, une semblable dont les conidies sont tombées ; *d*, autre état moins avancé ; *e*, chaînettes isolées.

Les faits sont les mêmes dans bien d'autres Arthroconidiés. Il suit de là que *le caractère donné pour distinguer les corps reproducteurs endogènes des corps reproducteurs exogènes n'est rien moins qu'absolu : la présence ou l'absence de cicatrice hilaire ne prouve rien.* Mais existe-t-il donc au fond une grande différence entre les premiers et les seconds ?

e. Les hypnospores des Pucciniacés, plus connues sous le nom de teleutospores, sont de formation endogène comme les corps reproducteurs des *Aspergillus*, etc. Il y a longtemps que le fait a été constaté. Dans les *Puccinia*, on voit une cellule du mycélium se renfler se gonflant de protoplasme,

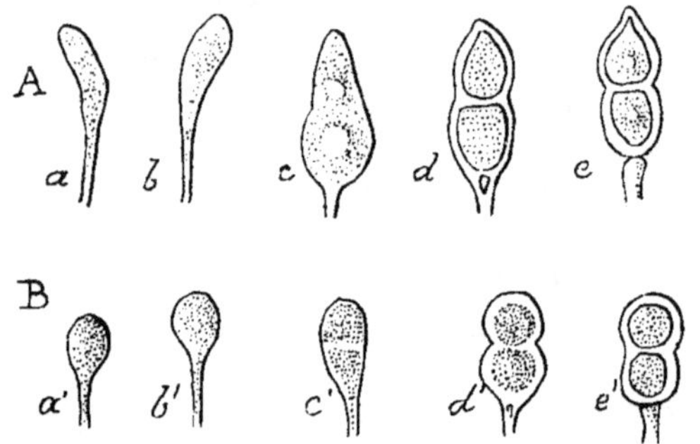

Fig. 9. — Genèse endogène des hypnospores (téleutospores).

A, chez le *Puccinia Malvacearum* MONTG.
a, b, les filaments mycéliens se renflent pour donner des hypnospores ; *c,* formation de deux noyaux ; *d, e,* les cloisons sont formées.
B, chez le *P. Torquati* PASSER.
a' b' c' d' e', états correspondant aux précédents.

puis s'isoler par une cloison du reste de l'hyphe. Alors apparaissent deux noyaux autour desquels se groupe le protoplasma en deux globules qui deviennent distincts, s'enveloppent d'une membrane cellulosique qui s'épaissit très rapidement et restent à l'intérieur de la cellule mère. La même chose a lieu dans le *Triphragmium* avec trois noyaux, et dans le *Phragmidium* avec un grand nombre, etc. Ces faits ont été depuis longtemps entrevus sur le *Puccinia graminis* et ils ont été plus récemment constatés sur le P. *Malvacearum* et le P. *Torquati* (fig. 9).

Les Pucciniacés rappellent donc par ces processus physiologiques ce que nous avons vu se passer dans la formation des spores endogènes des Thécamycètes (ou mieux de certains

Arthroconidiés); la ressemblance s'accentue encore lorsque l'on constate que, comme dans les Mycophytes de cette alliance, les spores endogènes succèdent aux spores exogènes, non seulement sur le même support, mais sur le même clinode : c'est ainsi qu'on voit l'*Uredo linearis* PERS. céder la place au *Puccinia graminis* PERS. La parenté ne peut pas être plus grande (fig. 136).

Ces considérations : 1° justifient la prudence de ceux qui, au lieu de séparer les corps reproducteurs en endogènes et exogènes, dont les caractères sont si difficiles à démêler lorsque les fructifications sont mûres, adoptent tout simplement pour différencier les Basidiomycètes et les Thécamycètes les expressions : *portés sur* la cellule mère pour les premiers et *enfermés dans* la cellule mère par les seconds; 2° elles démontrent quels liens rattachent entre elles les alliances en apparence si distinctes; 3° elles expliquent les craintes que Tulasne [1] avait déjà il y a vingt-cinq ans, de voir les lumières apportées par la physiologie, amener la confusion dans la Taxinomie. Ces craintes seraient autrement sérieuses s'il lui était donné de vivre de nos jours et d'entendre E. Bommer annoncer que le *Mylitta australis* est un Thécamycète-tubéracé donnant naissance à un *Polyporus* qui doit, par conséquent, en être regardée comme l'appareil conidien...

C. DISPOSITION COSMIQUE. — Tant que l'on reste, pour les descriptions, sur un terrain où il est possible de représenter les idées par des cartes, plans ou tableaux, arbres généalogiques, etc., permettant de les rendre appréciables à la vue, la démonstration, quoique quelquefois difficile, reste encore accessible à l'esprit du plus grand nombre. Nous n'en voulons, comme preuve, que le chapitre précédent, chacun a pu comprendre comment nous pouvions, sur un plan, placer les quatre alliances en positions *assez* naturelles les unes par rapport aux autres. Mais l'effort a été certainement plus grand lorsque nous sommes entrés dans des détails pour montrer qu'il existait bien des rapports dont on ne pouvait tenir compte dans une disposition sur un plan unique. En effet, les êtres ont des relations si diverses entre eux qu'il faut arriver à les supposer placés, dans l'espace, comme le sont les corps célestes les uns par

---

1. TULASNE. *Selecta Fung.-Carpolog.*, I, p. 32.

rapport aux autres. Quelque difficulté qu'il y ait à le tenter nous allons essayer d'en donner un aperçu.

Disons d'abord que nous nous figurons les quatre alliances comme formant chacune une sphère, lesquelles, pour composer la classe, se disposent les unes par rapport aux autres à la manière d'un tétraèdre : trois d'entre elles formant la base et la quatrième le sommet. Cette disposition a l'avantage de multiplier les points de contact et de mettre, s'il est utile, chaque alliance en rapport avec les trois autres.

1° *Siphomycètes*. — Le rôle que nous faisons jouer aux Siphomycètes dans la « disposition linéaire » et dans la « disposition mappaire » a démontré un grand nombre d'affinités entre cette alliance et les trois autres. Nous ne les relèverons pas à nouveau pour ne pas nous répéter. Au reste, dans les paragraphes qui vont suivre, nous allons avoir à les rappeler et à montrer qu'il en est d'autres encore à ajouter à celles déjà signalées. Mais il est des relations qu'il nous faut faire ressortir ici parce que nous n'aurons pas occasion d'y revenir : ce sont celles que ces Siphomycètes ont avec les Phycophytes. Les Siphomycètes étaient, il n'y a pas bien longtemps encore, désignés sous le nom de Phycomycètes, ce qui signifie Algues-champignons ; c'est qu'en effet les premiers représentants de ce groupe étaient retirés de la classe des Algues dont ils faisaient partie. L'habitat aquatique, la structure, les éléments de la reproduction et les actes qui accompagnent celle-ci étaient, il faut l'avouer, de nature à donner le change et à permettre l'erreur (?). En voyant, par exemple, les zoospores rostrés et à point oculiforme des *Saprolegnia*, tantôt ovoïdes avec deux cils antérieurs, tantôt réniformes avec un cil antérieur et un cil postérieur, ou, encore, en suivant la fécondation par pollinodes des *Achlya* (fig. 76) ou par anthérozoïdes des *Monoblepharis* (fig. 10), on penserait avoir sous les yeux des Phycophytes bien plutôt que des Mycophytes. Les Saprolégniacés par leurs affinités se sont réunis avec les Péronosporacés et les Mucoracés, mais cela ne doit pas faire oublier les rapports qu'ils ont eus avec leurs premiers alliés. Ainsi donc, pour nous, les Siphomycètes touchent aux Phycophytes-achromophycées comme, d'un autre côté, les Thécamycètes et les Basidiomycètes touchent aux Phycophytes-chromophycées par les Lichens à thèques et à basides.

2° *Myxomycètes*. — Ces Mycophytes qui, pendant la durée

de leur existence active, sont « presque » des animaux par leur protoplasma nu et mobile errant et vagabondant à la recherche de sa nourriture (fig. 11), ne s'encellulosent qu'au moment de fabriquer leurs spores avec les provisions accumulées. Ils confinent les Siphomycètes au moment où ceux-ci, encellulosés pendant leur vie mycélienne ou végétative, perdent leur cellulose et deviennent *momentanément* et partiellement nus et mobiles pour accomplir leurs fonctions de reproduction. Beaucoup de Siphomycètes sont dans ce cas, mais ceux qu'il faut particulièrement signaler sont les *Chytridium*, *Ancylistes*, *Myzocytium*, qui voisinent avec les *Vampyrella*, *Protomonas*, *Plasmodiophora*, leurs alliés il y a quelque temps à peine et qui sont, pour l'instant, devenus des Myxomycètes, ce qui prouve toutefois combien sont grandes leurs relations anatomiques et physiologiques.

Plusieurs classificateurs, Payer entre autres, ont rapproché les Ustilaginacés des My-

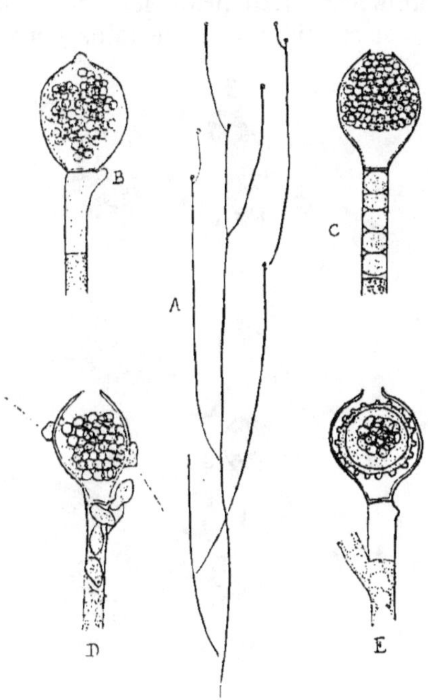

Fig. 10. — *Monoblepharis sphærica* CORN.

A, port de la plante ; B, oogone en voie de formation ; en haut papille de l'oogone, au-dessous de l'oogone est l'anthéridie ; C, la papille de l'oogone s'est dissoute, le contenu s'est rassemblé vers l'orifice, les anthérozoïdes se disposent à sortir de l'anthéridie ; D, oogone chez lequel la fécondation s'apprête, les anthérozoïdes s'échappent de l'anthéridies ; deux sont fixés sur l'oogone ; E, oogone avec ospore mûre, l'anthéridie est vidée.

xomycètes. La jonction se fait par les Chytridiacés qui, comme nous venons de le voir, touchent aux Myxomycètes et qui, comme nous le dirons dans un instant, s'allient aux Ustilaginacés. Ces Ustilaginacés diffèrent des Myxomycètes en ce qu'au lieu de vivre à l'état de liberté et en saprophytes, ils s'installent

en parasites qui circulent dans les tissus de plantes victimes. A
part cela le mode de vie est le même dans les deux cas, les
Ustilaginacés ont des mycéliums ambulants circulant dans les
espaces intercellulaires ou se frayant un chemin au travers des
cellules, enfonçant des suçoirs, sortes de pseudopodes pour
détourner à leur profit les sucs alimentaires et, à la fin de la
vie, se réunissant en certains lieux d'élection pour former, à

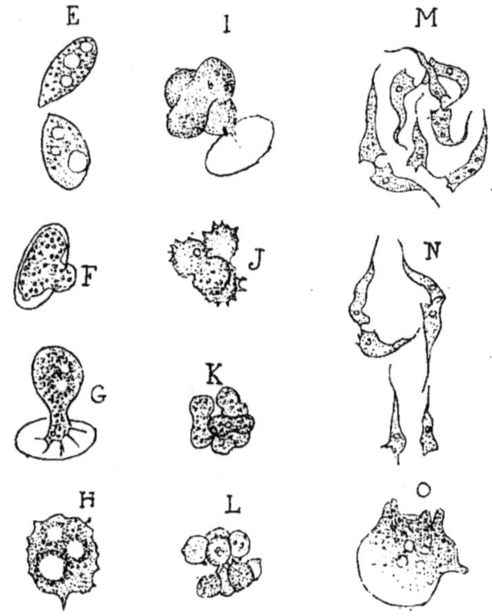

Fig. 11. — *Ceratiomyxa hydnoïdes* (Alb et Schw) Schret.

E, spores détachées des pédicules ; F, une spore en germination ; G, épanchement du
protoplasme intérieur ; H, I, J, K, L, partitions successives amenant la formation de
huit corps distincts ; M, chacun d'eux s'est transformé en zoospores ; N, ceux-ci se
séparent et nagent dans les liquides, perdent leurs cils et deviennent des myxoamibes ;
O, ceux-ci se divisent s'accroissent, se fusionnent en un plasmodium mobile P. (Voir
fig. 64).

l'intérieur d'organes choisis, des masses rappelant les *œtha-
liums* des Myxomycètes, et, enfin, se transformant de même
en spores et capillitium.

Autrefois, avant que de Bary ait décrit les actes singuliers
qui caractérisent la première période de l'existence des
Myxomycètes, ces Mycophytes, aujourd'hui réunis en une
alliance bien circonscrite, étaient dispersés suivant leurs
ports, en des groupes assez éloignés les uns des autres. Les

dénominations qu'on leur donnait alors indiquent assez les places qu'ils occupaient : les *Mucor* et *Mucilago* allaient aux Mucoracés ; *Nidularia*, *Clathrus*, *Clathroïdes*, *Clathrodiastrum*, *Bovista*, *Lycoperdon*, se trouvaient dans ce qu'on nommait alors les Gastéromycètes, enfin les noms de *Peziza*, *Isaria*, *Polysticta* (*Polyporus*), désignaient ceux dont les corps reproducteurs s'étalaient à l'extérieur. Famintzin et

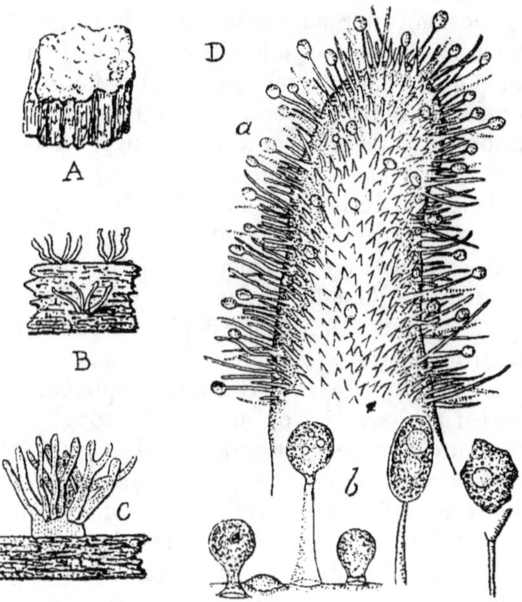

Fig. 12. — *Ceratiomyxa hydnoïdes* (ALB. et SCHW.) SCHROET.

A, port gr. nat.; B, vu à la loupe; C, plus grossi encore; D, une branche au microscope; *a*, spores en place portées sur leurs pédicules: *b*, grossies, à divers degrés de développement.

Woronin [1] en tirent la conséquence que dans les Myxomycètes il y a quatre types : *a*, le type Gastéromycète, qui comprend la plupart des espèces ; *b*, le type Mucoracé avec le *Dictyostelium mucoroïdes* ; *c*, le type Hydnacé avec le *Ceratiomyxa hydnoïdes*, (ALB. et SCHW.) SCHROET; *d*, le type Polyporacé avec le *Ceratiomyxa porioïdes* (ALB. et SCHW.) SCHROET. Quoique réunis actuellement sous le nom commun de Myxomycètes, en

1. FAMENTZIN und WORONIN. *Ueber Zwei neue formen Von Schleimpilzen*, 1873.

2

une alliance spéciale, ces Mycophytes n'oublient point pour cela leurs anciennes relations.

Pour finir avec ces relations des Myxomycètes, rappelons que Roland Thaxter a créé dernièrement un nouveau groupe de Cryptogames, qu'il nomme famille des Myxobactériacées et qui est en partie composée de types considérés jusqu'à ce jour comme des Champignons. Ces Myxobactériacées sont des « Orga- « nismes mobiles en forme de bâtonnets, se multipliant par « scission, sécrétant une base gélatineuse et formant des agré- « gats ressemblant à des pseudoplasmodiums ; ils passent en- « suite à un état de repos accompagné de production de kystes, « dans lesquels les bâtonnets enkystés peuvent ne subir aucune « modification ou bien, au contraire, peuvent se changer en « masses de spores ». Il est bien évident que ces bâtonnets mobiles sont des Bactériens et sont des Phycophytes : l'on a des zooglées de Bacilles ou de Bacters. si bien que les Myxo- bactériacées, malgré leurs apparences de Myxomycètes, doivent être rangées dans les Algues. De telle sorte que nous trouvons que, par eux, les Mycomycophytes passent aux Phy- cophytes–achromophycées, comme, d'autre part, les Mycophy- cophytes passent aux Phycophytes-chromophycées. Et peut- être viendra-t-il un jour où l'on donnera la zooglée du Képhir (fig. 147) comme une association algo-lichénique, (*Saccharo- myces cerevisiæ* et *Dispora caucasica*) comparable à celle des vrais Lichens avec cette différence cependant que, dans le Képhir, les gonidies seraient dépourvues de chlorophylle. On aurait ainsi un Lichen (?) de nature nouvelle qui servirait à resserrer les liens qui réunissent ces deux grandes classes.

3° *Thécamycètes*. — Les Thécamycètes se soudent, avons- nous dit déjà, aux Siphomycètes par les Haplothécés et, en particulier, par la famille des Glycozymacés. Le type le plus au- torisé de cette famille est le *Saccharomyces* (fig. 13); or ce *Saccharomyces* n'était connu, il n'y a pas bien longtemps encore, que par ses formes asporomycées. C'est en effet à l'état des conidies (*Coccospora* ou *Torula*) qu'il accomplit ses fermentations remarquables qui ont appelé sur lui l'attention et provoqué tant de recherches. A l'état sporomycé il se trouve en une phase de repos complet. Cet Haplothécé se rapproche des Siphomycètes par les Mucoracés qui sont unicellulaires, comme lui, et dont certaines espèces peuvent, en des conditions déter- minées, provoquer des fermentations si parfaites qu'il est bien avéré que quelques Mycophytes pris, en raison de ces actes physiologiques, pour des *Saccharomyces* n'étaient que des *Mucor* dont l'état sporé n'avait pas été reconnu. D'autre part, la reproduction de quelques Glycozymacés, du *Carpozyma apiculatum* Eng., par exemple, rapproche cette famille de celle des Chytridiacés; dans le *Carpozyma* il y a une copulation intracellulaire qui rappelle celle des *Myzocytium* et une maturation de la spore dont les périodes semblent être calquées sur celles du *Protomyces macrosporus* Ung. qui, pour nous, relève des

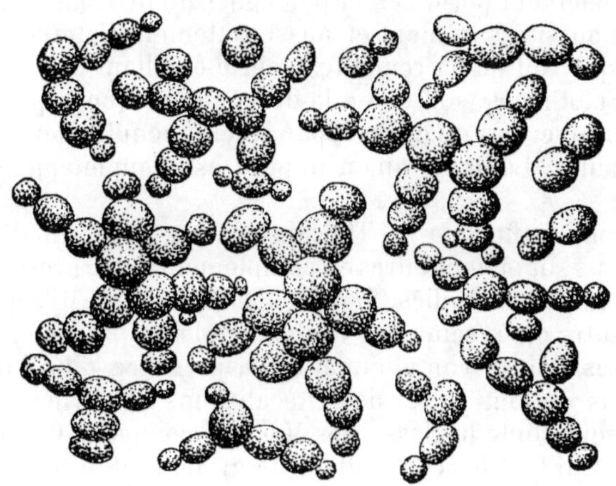

Fig. 13. — *Saccharomyces cerevisiæ* Meyen.
De levure haute en bourgeonnement.

Chytridiacés de la tribu des Myxochytridinés. Ce genre *Protomyces*, il faut l'avouer, a des caractères tels qu'il peut être réclamé par d'autres familles, celle des Ustilaginacés entre autres; toutefois plusieurs mycologues, le réunissant aux *Entyloma* qu'ils détachent de ces Ustilaginacés, en composent une famille nouvelle (celle des Entylomacés), ce qui ne les avance guère, car la famille est aussi difficile à placer que l'étaient les deux genres séparément. Aux Glycozymacés se trouvent réunis les Haplothécés de la famille des Taphrinacés qui, par leurs thèques exsertes, nous font passer aux Mycophytes de l'ordre des Ectothécés, tandis que les Gymnoascés, avec leur faux péridium, nous relient aux Mycophytes de l'ordre des Endothécés.

Nous avons fait rentrer encore dans les Haplothécés ces bizarres parasites des insectes que l'on a réunis dans la famille des Laboulbéniacés ; ces Mycophytes, par leurs pseudoparaphyses qui rappellent des polinodes, se relient aux Saprolégniacés et Péronosporacés, tandis que par leurs mœurs et leurs habitats ils semblent servir de trait d'union entre les Siphomycètes (Entomophtoracés) et les Thécamycètes (Onygénacés et Nectriacés).

Les Thécamycètes proprement dits se tiennent et s'enchaînent de telle façon que si les familles extrêmes sont les unes franchement péridiées et par conséquent Endothécées et les autres aussi assurément et aussi nettement Ectothécées, on constate que soit qu'on remonte la série en allant des Endothécés aux Ectothécés, soit qu'on la descende en sens opposé, on ne peut trouver le moyen de séparer nettement les deux ordres l'un de l'autre. La limite qu'on impose est complètement arbitraire.

Rappelons enfin que les Thécamycètes accaparent d'abord, comme états supplémentaires ou complémentaires, presque tous les Asporomycés-conidiés, les plus simples des Mycophytes, et, d'un autre côté, semblent vouloir englober presque tous les Mycophytes qui se compliquent de la présence d'un hôte associé, nous voulons parler des Thécalichens qui forment à eux seuls presque toute la classe des Mycophycophytes. Ces Thécalichens ont, il faut le reconnaître, de grandes affinités avec les Thécamycètes, nous avons même été obligé d'opérer l'incorporation de la famille des Myriangiacés et si nous n'avons point fait de même pour les autres familles de Lichens, ce qui nous paraît excessif et d'une utilité contestable, nous avons, du moins, créé des familles qui seront comme des refuges pour les genres et les espèces qui, à chaque instant, se trouvent ballottés et comme pourchassés d'une sous-classe à l'autre.

4° *Basidiomycètes.* — Nous avons assez insisté, un peu plus haut, sur les rapports que pouvaient présenter les conidiophores des Asporomycés-conidiés avec les basides et les pseudobasides pour qu'il soit inutile de revenir sur ce sujet un peu troublant, il faut le reconnaître. Nous ne nous arrêterons que pour dire que les relations des Basidiomycètes ne le cèdent en rien comme richesse à celles des autres alliances. Les Ustilaginacés dont il a déjà été parlé sont, pour nous, des Basidiomycètes, ils forment la première famille que nous rencontrons dans les Haplobasidés ; nous ne reviendrons pas sur ses liens avec les Myxomycètes, mais nous signalerons ceux dont se réclament les Siphomycètes qui, suivant Heckel et Charreyre, les confinent par les Mucoracés et, suivant de Bary, les touchent soit par le *Cladochytrium* soit par le *Protomyces* dont il vient d'être question un peu plus haut à propos des Thécamycètes.

Mais là n'est pas la question la plus ardue. Les Ustilaginacés ont des basides anormaux et ils partagent ce caractère avec les Pucciniacés, aussi trouverait-on ces deux familles réunies si, au lieu de prendre la structure comme caractère dominateur, on prenait la forme des basides. Dans ce cas les Ustilaginacés seraient certes rapprochés de leurs anciens alliés les Pucciniacés, mais, pour être logiques, il nous faudrait faire suivre ces deux familles de celles des Trémellacés, des Auriculariacés et des Calocéracés qui ont, eux aussi, des basides anormaux de même forme que ceux des Ustilaginacés. D'autre part, les Exobasidiacés qui, dans les Haplobasidés, sont, comme simplicité de structure, sur la même ligne à peu près que les Ustilaginacés ont, malgré cela, des basides normaux semblables à ceux que l'on trouve chez les plus parfaits des Basidiomycètes; et, alors, ils deviendraient tête de ligne pour former, parallèlement à celle des Basidiés anormaux ou Hétérobasidiés, la série des Homobasidés qui serait composée, outre les Exobasidiacés, des Théléphoracés, Clavariacés, Hydnacés, Polyporacés et enfin Agaricacés. Certes, en agissant ainsi, on maintiendrait en état de complet voisinage les Ustilaginacés et les Pucciniacés qui sont restés si longtemps associés dans les classifications que leur séparation apparaît comme une hérésie, mais en étant obligé de faire les deux séries dont nous parlons plus haut, on briserait des liens bien autrement anciens et bien autrement importants que ne le sont, en résumé, ceux qui unissent les Rouilles noires aux Rouilles rouges.

C'est que, en effet, malgré ces différences dans la forme des basides, les Mycophytes qui composent l'alliance des Basidiomycètes, se montrent tout aussi unis entre eux et même peut-être plus, que ne le sont les Thécamycètes. Presque toujours c'est insensiblement que l'on passe d'une famille à l'autre, et, presque toujours aussi, les relations des familles sont multiples. De telle sorte qu'on se trouve souvent très embarrassé pour savoir d'abord où sont leurs limites et, ensuite, pour trouver la manière de les orienter. Les Exobasidiacés par l'*Exobasidium* mènent aux Théléphoracés, les Auriculariacés par les *Auricularia* confinent les Trémellacés et, par les *Calocera*, les Calocéracés touchent aux Clavariacés. D'autre part, le *Tremellodon* est réclamé en même temps par les Trémellacés et les Hydnacés. Ceux-ci, par l'*Irpex*, nous conduisent aux Polyporacés (l'*Irpex fusco-violaceus* est un état du *Polyporus-abietinus*). Enfin les Polyporacés se relient aux Agaricacés et, même, les Bolétés, tribu de la première de ces familles pour la plupart des mycologues, mériterait, suivant Patouillard, de passer aux Agaricacés !... De plus, on retrouve une cohésion aussi grande entre les deux ordres des Endo et Ectobasidés. Les Podaxinés, qui sont des Endobasidés-endogastrés, simulent, lors de la rupture du péridium, un épanouissement analogue à celui d'un grand nombre d'Agaricacés, tandis que les Endobasidés-exendogastrés, avec leur volva se déchirant avant la maturité, se conduisent comme des Amanites, qui sont regardés comme étant les types les plus élevés de la famille.

Disons encore que les *Ecchyna* (fig. 129) relient les Basidiomycètes aux Thécamycètes par les *Pilacre* avec lesquels on les a confondus jusqu'à ce que E. Boudier ait assigné à chacun des deux genres une place définitive.

Enfin, rappelons que si l'on incorpore les Thécalichens aux Thécamycètes, on doit incorporer de même les Basidiolichens aux Basidiomycètes. Au reste, à l'heure actuelle, ces Lichens ne sont représentés que par quelques Mycophytes à *facies* de Théléphoracés dans la structure desquels on a trouvé des *gonidies* (Algues) associées aux hyphes fongiques (fig. 152).

Les lecteurs qui nous ont suivi dans l'exposé très compliqué, mais pourtant très succinct, que nous venons de faire des relations qu'ont, entre elles, les quatre alliances qui se partagent les Mycophytes, doivent être frappés, surtout, de l'indécision et du vague des limites de chacune d'elles ; et, en voyant ce chevauchement incessant des unes sur les autres, ils en ont certainement conclu que ces limites sont absolument fictives et arbitraires. Si, pénétrant plus avant dans l'étude des êtres qui composent chacune de ces alliances, le travailleur cherche à les agencer les uns par rapport aux autres, il est vite convaincu que ce qui était vrai de l'alliance l'est également de ses divisions et subdivisions jusqu'aux dernières ; l'espèce ne semble pas fixe, et l'individu, lui-même, ne peut se targuer de l'être beaucoup plus : tant la matière fongique est influençable ! Qui ne connaît ce *Byssus* qui se forme parfois dans les lieux humides s'étalant comme toile d'araignée aux reflets blancs argentés ou irisés, pouvant atteindre jusqu'à la superficie de 30 centimètres carrés et qui, au moindre attouchement, voire même sous le soufle de l'haleine, disparaît subitement ne laissant, pour toutes traces, qu'une ou deux gouttelettes d'un liquide où l'on ne retrouve plus rien de la structure qu'elle avait quelques secondes auparavant. Certains des faits énoncés plus haut suffiraient, au reste, pour montrer combien l'individu est variable.

Dans de telles conditions, si nous nous reportons à la fiction que nous avons exposée plus haut d'après laquelle les quatre alliances seraient représentées par quatre sphères s'agençant pour former un tétraèdre dans l'espace, il nous semble voir se fondre l'une dans l'autre les quatre surfaces enveloppantes, comme aussi disparaître en même temps les barrières de seconde, troisième, etc., importance qui partageaient chacune d'elles. Nous restons, en fin de compte, en face d'un TOUT dans lequel les rapports si nombreux, si variés des parties, semblent, sous l'impulsion provoquée par les découvertes incessantes de la Science, devenir comme mobiles et donnent l'illusion d'évolutions sans cesse renouvelées, dont la variabilité et l'instabilité déconcertantes expliquent pourquoi les rangements se succèdent et pourquoi il est impossible d'en trouver un définitif : la vérité d'aujourd'hui étant erreur demain ! L'esprit, en effet, se perd quand il essaye de suivre les composants de ces groupes d'importance et de valeur inégale qui peuplent l'espace à la manière des corps célestes, chacun d'eux étant, à la fois, centre d'un système et satellite d'un autre ; et il est désorienté au milieu de ces séries enchevêtrées dans tous les sens, se heurtant, se coupant et se greffant de toutes parts les unes avec les autres, se fondant même si bien qu'on a peine à retrouver les parties constituantes. Et, pour compléter la comparaison, on a : ou des types indociles qui, comme le *Phallogaster* Morg., restent des exceptions ; ou des types aberrants comme cet Agaricacé, à hymenium anotrope et non plus catotrope, qu'on nomme le *Rimbachia* Pat. (fig. 135) ; ou, encore, comme cet *Ecchyna* à basides vrais qui cherche sa place dans les Hétérobasidiés!... types qui les uns et les autres viennent nous dérouter... Voilà ce qu'est la « disposition cosmique ». C'est là l'ordre naturel...

Cet ordre naturel, qui est tel que le physiologiste peut en formuler les lois et en prédire les conséquences, semble être le plus grand des chaos pour celui qui, pour la première fois, cherche à en pénétrer les secrets. C'est alors que commence le rôle du taxinomiste : à lui revient le soin de guider celui qui veut apprendre à connaître les êtres qui composent cet inextricable ensemble; à lui revient la tâche de trouver le fil conducteur (classification ou rangement), nécessairement linéaire, qui permettra de les passer tous en revue sans en omettre aucun. En envisageant le sujet et en le retournant sur toutes ses faces, on reste convaincu qu'il n'est pas un point par lequel on ne puisse essayer d'en tenter l'exploration et que, comme conséquence, le nombre des classifications peut être illimité. Aussi aucune ne peut avoir l'espoir de s'imposer que si, tout en restant simple et facile à retenir, elle fait, néanmoins, oublier qu'elle est fatalement artificielle en se rapprochant le plus possible de l'Ordre naturel, c'est-à-dire en respectant le plus grand nombre des affinités des sujets classés, quelle que soit leur valeur.

Le rangement que nous avons déjà présenté et que nous suivons dans notre « Énumération » est loin, avons-nous dit, d'être parfait : aussi, en insistant comme nous l'avons fait pour montrer les difficultés qu'on rencontre dans un travail de ce genre, nous avons eu pour but, surtout, de nous faire, à l'avance, pardonner son insuffisance et nous permettre de réclamer l'indulgence des lecteurs.

CLASSE
DES MYCOPHYTES

(Champignons et Lichens)

Les *Mycophytes* sont des végétaux qui généralement n'atteignent pas de grandes dimensions mais qui, par contre, sont le plus souvent petits et même microscopiques. Cette classe de Cryptogames compte à elle seule plus de représentants que les trois autres réunies; on connaît environ 50,000 *formes* (on comprendra bientôt pourquoi nous ne disons pas 50,000 *espèces*).

Cette classe est difficile à bien définir tant ces *dites formes* sont non seulement variées, mais variables et changeantes : établie par enchaînement, c'est en vain qu'on cherche un caractère commun qui puisse servir de *criterium*. On peut même dire que le cryptogamiste n'a, le plus souvent, pour se guider que les connaissances antérieurement acquises par lui et qui peuvent lui permettre, une plante étant donnée, de l'accepter comme Mycophyte par souvenir de types analogues et plus encore, peut-être, par l'impossibilité dans laquelle il se trouve de l'admettre dans l'une ou l'autre des autres classes. Encore est-il nécessaire d'ajouter que, s'il lui est facile de ne pas se méprendre sur la place respective d'un *Amanita*, d'un *Fucus*, d'un *Equisetum*, d'un *Aspergillus*, d'un *Spirogyra* et d'un *Saprolegnia,* etc., il a bien des hésitations à vaincre quand il s'agit, pour lui, de décider, par exemple, la place de la famille des Bactéries : ce qui fait qu'on la voit tantôt parmi les

Mycophytes tantôt parmi les Phycophytes, suivant l'esprit des auteurs, les caprices des théories et même la « mode courante ». Il en est de même de bien d'autres ; aussi malgré toutes les précautions prises, on voit encore de grosses erreurs se glisser dans les ouvrages les plus recommandés.

On définit néanmoins les Mycophytes[1] : des Cryptogames cellulaires, amphigènes, à protoplasma sinon incolore, du moins ne contenant ni chlorophylle granulée ni chlorophylle amorphe.

Voyons ce que valent ces caractères : 1° *cellulaires*, ils le sont comme les Phycophytes et les Bryophytes ; 2° *amphigènes*, les Phycophytes le sont au même degré qu'eux ; 3° *non chlorophyllés*..., ce serait le seul caractère qui leur soit propre ; mais ce caractère bien net, bien précis, il y a quelques années encore, tend chaque jour à perdre de sa valeur et, aujourd'hui, on ne peut l'admettre qu'avec des réticences : on est obligé de le discuter, de l'interpréter, enfin de fournir des explications qui, encore, ne semblent pas toujours satisfaire tous les cryptogamistes.

Aujourd'hui, en effet, on range les Lichens parmi les Mycophytes ; or, les Lichens renferment dans leur tissu fait de cellules incolores, d'autres cellules dont le protaplasma se trouve coloré par de la chlorophylle soit pure, comme celle qui se trouve dans les Algues chlorophyllophycées, soit unie à un pigment bleu comme dans les Algues phycochromophycées. Les cellules incolores sont regardées comme étant de même nature que les *hyphes*[2] qui forment le parenchyme[3] des Champignons ; les cellules à chlorophylle sont ce qu'on nomme *gonidies* et *gonimies*. De telle sorte que l'on n'a plus seulement, dans la classe des Mycophytes, des végétaux sans chlo-

---

1. Mycophytes, μύκης, ητος, champignon ; φυτόν, végétal.
Le mot grec φυτόν est neutre, ce qui autorise à accepter indifféremment comme masculins ou comme féminins les noms français terminés en *phyles* : Mycophytes, Phycophytes, etc. L'Académie donne la préférence au masculin, en sous-entendant le mot végétal ; mais les naturalistes écriront plutôt ces noms en sous-entendant le mot plante. On ne doit donc pas s'étonner de rencontrer couramment l'une et l'autre désinence. Il en est de même du mot cryptogame. — (Voir MARCHAND (L.), *Bot. Crypt.*, *Pharm. méd.*, t. I, p. 3).

2. Le mot *hyphe*, qui vient d'ύφη : tissu, est, *malgré cela*, employé pour désigner les filaments isolés tissulés ou non.

3. Les Champignons, suivant de Bary, n'ont que des faux parenchymes ; toutefois, l'explication étant donnée, nous dirons parenchyme et tissu parenchymateux.

rophylle c'est-à-dire comburants, consommateurs d'hydrates de
carbone forcés de vivre aux dépens d'organismes vivants (parasites) ou d'organismes ayant vécu (saprophytes), mais que l'on
y trouve, à côté de ceux-là, d'autres végétaux qui sont organisés
de façon à fabriquer eux-mêmes leurs hydrates de carbone et
sont ainsi des êtres libres, se suffisant à eux-mêmes, en un
mot travaillant comme les Cryptogames ou Phanérogames
munis de protoplasma chlorophyllien. Dans ces conditions il
semble difficile de continuer à donner l'absence de chlorophylle comme un caractère distinguant les Mycophytes des
autres classes de Cryptogames.

Pourtant, c'est ce que l'on admet encore généralement
aujourd'hui; mais pour cela on fait abstraction des *gonidies*
et des *gonimies* qu'on traite d'étrangères, de commensales
accidentellement (?) associées aux *hyphes fongiques;* ainsi
dégagées, ces plantes redeviennent des Champignons qu'il
est désormais permis non seulement de regarder comme
des Mycophytes, mais que des savants veulent, de plus,
intercaler dans certaines familles comme genres spéciaux,
voire même comme de simples espèces des genres fongiques
définis.

Ces réserves faites, nous pouvons à la rigueur définir les
Mycophytes: des Cryptogames cellulaires, amphigènes, achlorophyllés.

Toutefois, tout en admettant, le fait qui ne paraît plus contestable de l'association de certains Champignons avec des
gonimies ou des *gonidies,* qui *sont, à n'en point douter,* des
Algues au moins génériquement reconnaissables, nous conservons à cette association algolichénique une autonomie relative. Entre les Champignons et les Lichens il y a cette différence, capitale selon nous, à savoir : que dans les premiers il y a
une structure et une vie complètement fongique, tandis que,
dans les seconds, la structure se complique par l'intrusion
d'éléments chlorophylliens fournis par la classe des Phycophytes, qui déterminent des phénomènes biologiques de
toute autre nature que ceux que l'on trouve dans les premiers.
C'est pour cette raison que nous faisons des Lichens une sous-
classe, celle des Mycophycophytes (φῦκος, Algue, et Mycophytes)
dont les coupes établies parallèlement à celles de certains
groupes de la première sous-classe, celle des Mycomycophytes
(μυχης Champignon et Mycophyte), permettront aux partisans

de l'émiettement des Lichens d'établir la comparaison et, s'ils y tiennent, la confusion.

Les Mycophytes se divisent donc en deux sous-classes :

1° Celle des Mycomycophytes, où ne se rencontrent que des éléments fongiques;

2° Celle des Mycophycophytes, dans la structure desquels des Phycophytes se trouvent unis à de ces mêmes éléments fongiques.

Technologie. — La classe des Mycophytes, à cause du nombre considérable de ses représentants (50,000), a besoin d'être divisée et plusieurs fois redivisée; aussi peut-on dire que l'on a épuisé, pour elle, tous les termes usités dans la taxinomie, encore ne sont-ils pas assez nombreux! Il en a été ainsi, le plus souvent, non parce que les espèces à ranger se sont trouvées trop variées, mais, bien plutôt, parce qu'elles étaient mal définies et que l'on a été obligé d'ouvrir pour elles de nouveaux cadres, ne pouvant les faire rentrer dans ceux déjà existants. La sous-classe des Mycophycophytes peut être citée comme exemple; après avoir usé de tous les termes connus pour désigner les divisions et subdivisions, on trouve que l'on n'en a pas encore assez. Cela tient, évidemment, à ce que les espèces et les genres sont mal définis par leurs auteurs et surtout à ce que les diagnoses sont, le plus souvent, comme à plaisir laissées incomplètes. On est ainsi forcé de faire des divisions multiples en attendant que les lichénographes se décident à se mettre d'accord.

Nous avons admis dans la classe des Mycophytes deux sous-classes comme il a été dit plus haut, et dans chaque sous-classe : l'alliance, l'ordre, la famille, le genre, qui lui-même se compose d'espèces; chacun de ces groupements pouvant, quand besoin se fait sentir, se partager, de sorte qu'on peut avoir sous-classe, sous-ordre, etc., etc. Chacune de ces coupures est distinguée des autres par une désinence particulière; de même que la terminaison *phyte* indique les classes, de même la terminaison *acés* désigne les familles comme au reste cela se rencontre chez les Phanérogames. Dans la sous-classe des Mycomycophytes les alliances se distinguent par la terminaison *mycètes* et, dans celle des Mycophycophytes, par celle de *lichens;* chez les uns comme chez les autres les ordres sont en *és* ou *iés*. Les genres ont conservé le nom latin. Quant aux sous-classes, sous-alliances, etc., nous les avons toujours rattachées à leurs coupures principales, soit en conservant, comme trait d'union, la terminaison, ex. : Mycomycophytes, Mycophycophytes, soit en ajoutant au nom de l'alliance ou de l'ordre, etc., un adjectif qualificatif approprié, ex. : Thécalichens-homœomères, Thécalichens-hétéromères ou encore Ectobasidés-hétérobasidiés, Ectobasidés-homobasidés, etc. Nous avons été obligés de partager la sous-classe des Mycomycophytes en deux groupes correspondant à ceux appelés ailleurs *Champignons parfaits* et *Champignons imparfaits*, cela nous a fait adopter le terme *division* et, pour chaque division, la désinence *mycé* : les *Asporomycés* sont les *imparfaits*, et les *Sporomycés* sont les *parfaits* (voir p. XII).

Les relations qu'on admet entre les Mycomycophytes-asporomycés ou imparfaits sont, il faut le reconnaître, très artificielles ; on se contente parfois d'un caractère de forme pour réunir des individus qui, plus tard, seront versés dans des familles très distantes. Si nous prenons pour exemples ces Asporomycés que l'on désigne sous le nom de *Sclerotium :* nous trouvons le groupe composé d'une infinie variété d'organismes de même nature, de formes très analogues, souvent, ayant les mêmes fonctions, mais qui ne peuvent, malgré cela, être réunis en une famille. A lui seul le type *Sclerotium* contient des productions que se partagent non seulement les Sporomycés mais encore les Asporomycés eux-mêmes (fig. 32). Nous ne pouvions dans ces conditions songer à garder pour ces imparfaits les coupures *famille* et *alliance*, et nous avons été amené à les remplacer par celles de *série* et de *cohorte* qui n'engagent aucune parenté. Les cohortes ont reçu la terminaison *mycétales*. Les séries étiquetées par le genre le plus caractéristique sont pour la même raison partagées en *sections* et non en *tribus*.

Autant que nous avons pu, nous n'avons adopté pour distinguer nos groupes, quelle qu'en ait été la valeur, que les caractères qui sont fournis par l'anatomie, les caractères physiologiques étant toujours fugaces et aléatoires lorsqu'il s'agit de végétaux si facilement influencés par l'action des éléments extérieurs.

Enfin, considérant que l'on dit : un Champignon, un Lichen, nous avons adopté partout la désinence masculine, en sorte que nous écrivons *Agaricacés, Mucoracés, Tubéracés, As-*

poromycés, *Ectothécés,* etc., etc. Et comme, par contre, on dit : une Algue, une Mousse, une Hépatique, une Fougère, etc., nous gardons pour les groupes qu'elles concourent à former les désinences féminines : Phycées, Marchantiacées, Equisitacées, etc., en sorte que, à première vue, on saura si l'on a affaire à des plantes de l'embranchement des Cryptogames achlorophyllés ou, au contraire, à l'une de celles que du groupe des Cryptogames chlorophyllés. (Voir note 1, page 26).

MYCOMYCOPHYTES

CHAMPIGNONS PROPREMENT DITS

Cette sous-classe contient tous les Mycophytes dans la structure desquels il n'entre que des cellules fongiques (μύκης, Champignons et Mycophytes) ce qui les distingue des Mycophycophytes, qui sont les Mycophytes dans lesquels on admet, comme nous l'avons dit plus haut, qu'un élément, *Algue*, s'ajoute à ces mêmes cellules fongiques (φῦκος, Algue et Mycophytes) pour former des végétaux bien différents des précédents par leur structure et par les phénomènes physiologiques qui en sont la conséquence.

La sous-classe des Mycomycophytes renferme tous les Mycophytes que, de nos jours, on est habitué à englober sous la désignation de *Champignons*, — les Anglais disent *Mycétales* et les Allemands *Pilze*. — Autrefois la portée du mot Champignon était plus restreinte qu'elle ne l'est aujourd'hui : elle ne s'appliquait qu'à certains d'entre eux ayant la forme d'un parasol ou d'un globe arrondi, une structure spongieuse et un habitat plus spécialement champêtre; ce qui explique pourquoi les Latins les nommaient *Fungi* (σφογγος, éponge) et les Italiens, *Campinioli* (*campus* champs) dénomination qui se rapproche fort de celle que l'on a adoptée en France.

L'Agaric des champs, *Agaricus campestris* Lin. (fig. 14) ou Pratelle (*prata*, prés) *Pratella campestris* Pers., avec son pied dressé supportant, par son centre, un disque bombé puis plus ou moins étalé en parasol, sous-tendu par des lames rayonnantes, roses puis brunes ou pourpres, semble être le type autour duquel sont venus se grouper tous ceux qui, de près ou de loin, pouvaient lui ressembler. C'est ainsi qu'on a réuni tous les Mycophytes charnus à disque et à pied, que la

chair soit molle, coriace et même ligneuse, que le pied soit
devenu court et comme nul, que le disque soit redressé, cam-
panulé, excentrique ou dimidié et qu'au lieu de lames il porte
en-dessous des alvéoles, des trous, des pores, etc. C'était ce
groupe que les anciens désignaient plus spécialement sous le
nom de *Fungi*. Ses représentants avaient seuls attiré l'attention
des botanistes anciens, quand en 1729, Micheli, le premier,
élargit le cadre, exemple qui fut suivi par ses successeurs. C'est
ainsi que furent incorporées les Moisissures et les Rouilles
blanches avec les Rouilles noires et colorées, c'est-à-dire les

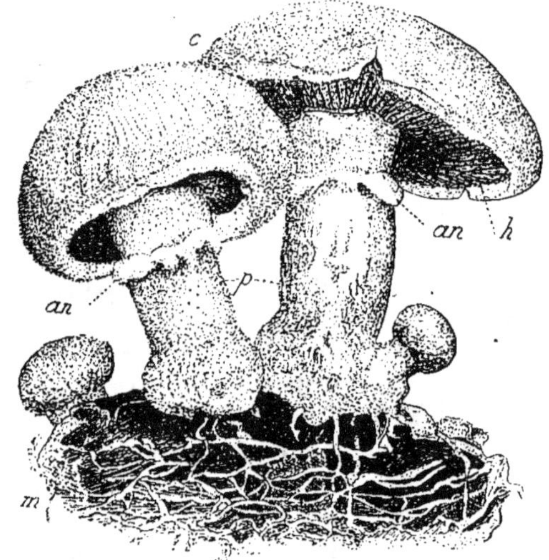

Fig. 14. — *Pratella campestris* Pers.

m, mycélium; *p*, pied ou stipe; *c*, chapeau; *h*, hyménium; *an*, collerette ou anneau.

Pucciniacés et les Ustilaginacés; puis ce fut le tour des Péronosporacés qui entraînèrent les Moisissures aquatiques qu'on
désigna sous le nom de *Saprolégniacés* amenant à leur
suite les Entomophtoracés, les Chytridiacés, les *Vampyrellacés*... et, aussi, ceux qu'on nomme *Myxomycètes*, êtres
bizarres que certains naturalistes tendraient encore à regarder comme des animaux. Ces recrues décidèrent pendant
quelque temps les mycologues à faire deux parts dans les
Mycophytes : la première contenant les Champignons *vrais* ou
Foncidés ; la seconde réunissant les espèces de végétaux qui

s'en rapprochent ou Fongoïdés. Depuis on a reconnu que beaucoup de ces Fongoïdés n'étaient que des états particuliers, des phases, des Fongidés. La division des Fongoïdés répond, à peu près, à nos Asporomycés.

Les Mycomycophytes sont souvent microscopiques ; jamais, même anormalement, on ne les rencontre avec de grandes dimensions. Ils sont cellulaires ; par exception, il en est qui pendant la plus grande partie de leur existence sont réduits à leur seul protoplasma (ou mieux plasma), le phytocyste ne venant couvrir les phytoblastes rapprochés ou agglomérés qu'au moment de la fructification. Au reste, ce protoplasma (ou phytoblaste), libre ou encellulé, hyalin ou coloré par les différents éléments d'assimilation ou de désassimilation et par des teintes de toutes nuances qui peuvent l'imprégner, ne présente jamais, ainsi que nous l'avons dit, de chlorophylle amorphe ou granulée. Ce sont donc des êtres destructeurs, consommateurs, réduisant les matières ternaires du *substratum*, les brûlant comme le font les animaux, les rendant aux milieux sous forme d'acide carbonique et de vapeur d'eau, mais les transformant, tout d'abord, en leurs substances propres qui sont : 1° une cellulose particulière, dite *fongine* ; 2° des matières sucrées : mannite, glycose, tréhalose.... ; 3° des matières grasses, des essences, du latex, des acides..... Ils possèdent la propriété de combiner ces matières ternaires à de l'azote, emprunté aux milieux extérieurs, pour en former de nouveau protoplasma et assurer ainsi leur accroissement et la propagation des espèces.

Le plus simple des Mycomycophytes est celui qui se réduit à un globule protoplasmique phytoblaste amiboïde et mobile (fig. 11) ; et, il n'y a pas grande complication encore, lorsqu'en attendant le moment de la sécrétion de la cellulose, plusieurs de ces globules s'unissent en une masse plasmodique, *plasmodium* de volume quelquefois assez grand (fig. 64). Mais ces cas sont rares et, le plus souvent, dès leur apparition, les Mycomycophytes ont leur phytoblaste protégé par le phytocyste. Alors, parfois, toute la plante n'est représentée que par un seul phytoblaste encellulé, une seule *cellule*, comme l'on dit pour abréger ; c'est le cas du *Saccharomyces cerevisiæ* Mey. (fig. 13). Cette cellule forme à elle seule un végétal complet qui grandit et se reproduit par scissiparité (conidies) ou par graines (spores). Les Champignons les plus développés ne sont pas autre chose que des associations de cellules analogues à celles du *Saccharomyces* mais qui, dans les plus compliqués, se groupent en appareils dont les uns sont plus particulièrement végétatifs, et, les autres, plus spécialement reproducteurs. Les cellules du *Saccharomyces* sont sphériques ou ovalaires. Beaucoup de cellules groupées en tissu restent, de même, avec des dimensions à peu près égales dans tous les sens; mais par la pression les surfaces se modifient et elles deviennent polyédriques de sorte que sur la coupe, elles sont rectangulaires, hexagonales, polygonales, plus ou moins irrégulières. Certaines cellules libres ou associées, au lieu de rester sphériques, s'allongent en tubes, deviennent cylindriques, affectent la forme de filaments (hyphes); c'est ce qui se rencontre chez les *Siphomycètes*. Ces cellules s'allongent ainsi constamment sans être cloisonnées; les cloisons ne se montrent qu'aux points qui fructifient. D'autres filaments en apparence semblables sont bien différents; quand on les examine au microscope on les voit formés par une série de cellules qui se

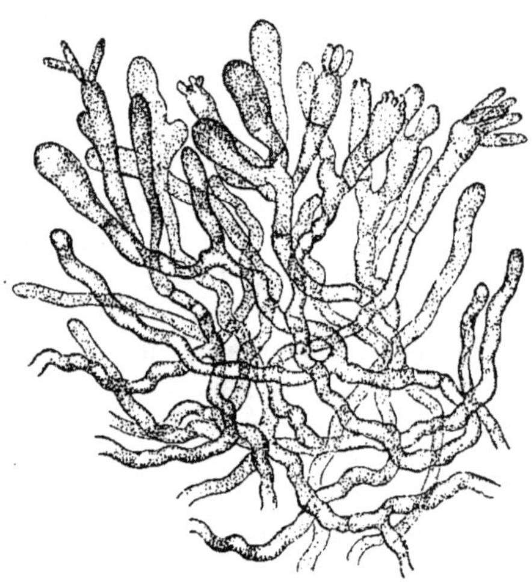

Fig. 15. — *Aureobasidium vitis* Boyer.
Bouquet de basides formant l'hyménium.

tiennent bout à bout, séparées par des cloisons plus ou moins rapprochées et épaissies. Ce sont des petites cellules-tubules qui s'ajoutent les unes aux autres : *Penicillium*, etc.; dans certains cas, les cellules restent d'égal diamètre et gardent la forme sphérique, on les dit en chapelet, et les filaments sont dits moniliformes ou toruleux. Ces filaments restent parfois libres, indépendants; mais d'autres fois ils se touchent, s'enchevêtrent, ou bien encore s'accolent, se feutrent, s'anastomosent, s'embrassent par des boucles, se multipliant chacun dans le sens de sa longueur et formant un parenchyme plus ou moins serré, plus ou moins spongieux. C'est de ce parenchyme

composé de cellules ou d'hyphes remplies les unes de protoplasma ordinaire, les autres gonflées de matériaux de composition ou de décomposition et, parfois, devenues de vrais latici-
fères, c'est de ce parenchyme, disons-nous, agencé et, pour ainsi
dire, pétri de mille façons, que sont formés les Champignons
plus ou moins charnus à quelque espèce qu'ils appartiennent.

Lorsque le Mycophyte ne se compose que d'une cellule,
celle-ci est chargée de toutes les fonctions ; lorsqu'il compte
deux ou trois cellules, on voit déjà se dessiner une spécialisation car si toutes peuvent, à l'occasion, devenir reproductrices,
il en est qui sont, au mo-
ment de l'observation, plus
spécialement désignées
pour être fertiles. Lors-
qu'on a affaire à des Mycophytes filamenteux, rami-
fiés, le phénomène s'ac-
centue davantage encore,
on peut, dans l'extrémité
qui touche au *substratum*
et s'y cramponne, recon-
naître la portion qui, à l'ins-
tar des racines, cherche
les aliments pendant que le
pied se dresse, se divise,
portant aux extrémités des
rameaux, des pointes, des
renflements plus ou moins

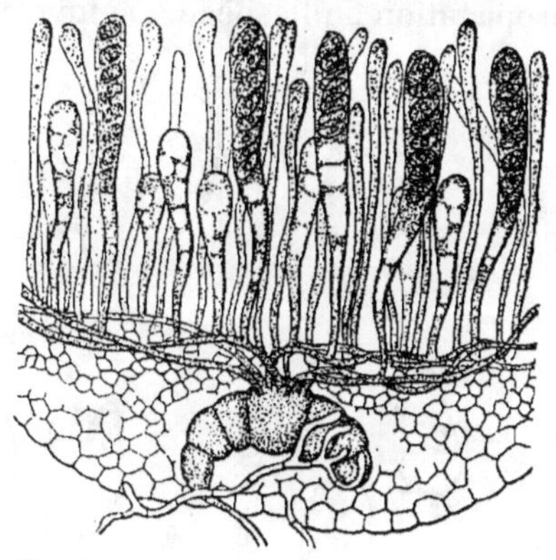

Fig. 16. — *Ascobolus furfuraceus* Pers.

Schéma d'après Janczewski montrant : 1° l'union du
scolécites avec les branches anthéridiennes ; 2° les
phases du développement des thèques et des
spores contenues ; 3° les rapports des thèques et
des paraphyses et la différence de leurs origines.

prononcés qui, ou bien se couvrent de corps reproducteurs :
Aspergillus (fig. 36), *Verticillium*, ou bien les tiennent enfermés jusqu'à ce qu'ils soient mûrs : *Rhizopus* (fig. 63). Les plus
compliqués de tous les Champignons peuvent se ramener à ces
exemples si simples. Tous, en effet, peuvent être considérés
comme des faisceaux, des bouquets, diraient les fleuristes, de
ces Mycophytes filamenteux à rameaux plus ou moins gonflés
portant les corps reproducteurs soit à leur surface (basides)
(fig. 15), soit dans leur intérieur (thèques) (fig. 16). De telle sorte
que ce qu'on est accoutumé d'appeler Champignon n'est pas
autre chose que l'ensemble des *sommités fleuries*, plus ou
moins distinctement rapprochées, c'est-à-dire l'inflorescence,

ou encore le RÉCEPTACLE des fruits : conidies ou spores[1], tandis que la portion cachée dans le sol, ou pour mieux dire, dans le *substratum*, est la partie végétative qui a préparé la floraison et qu'on nomme MYCÉLIUM.

I. *Organes de végétation.* — MYCÉLIUM. — Le mycélium (quelques botanistes disent encore le thalle[2]), est l'ensemble des cellules qui sont plus spécialement chargées des fonctions de végétation, c'est-à-dire qu'elles ont pour rôle d'absorber et de transformer les principes alimentaires empruntés aux milieux et destinés à assurer la croissance de l'individu, aussi bien que la propagation de l'espèce. Ce mycélium a pour point de départ le

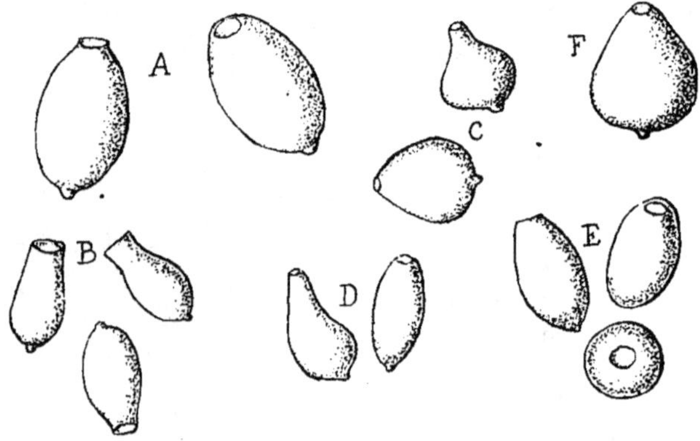

Fig. 17. — Pores germinatifs des spores.

A, *Coprinus ovatus* Fr. ; B, *C. micaceus* Fr. ; C, *C. hemerobius* Fr. ; D, *Psathyra gyroflexa* Fr. ; E, *Galera tener* Fr. ; F, *Coprinus semi-striatus* Pat.

corps reproducteur, dont il sort : soit par une ouverture préparée à l'avance (pore germinatif) (fig. 17), soit par une déchirure s'opérant sous l'effort du gonflement du protoplasma enfermé.

À sa sortie, il peut rester à l'état de plasma et, sous cette forme, tout en s'accroissant, s'allongeant, se ramifiant, s'anastomosant et composant des trames, il garde sa mobilité natu-

1. Nous verrons plus loin qu'il y a des spores proprement dites et des spores conidiales ou conidies ; pour l'instant la distinction importe peu.

2. PAYER (J.) a depuis longtemps défini ces deux mots : « On donne le nom de *thalle* aux filaments ou aux membranes dont les utricules renferment de l'endochrome comme dans les Algues et les Hépatiques, et on réserve le nom de *mycélium* aux filaments dont les utricules ne renferment pas d'endochrome comme dans les Champignons ».

relle, c'est le *mycélium malacoïde*; ou bien, dès sa sortie, il se couvre d'une membrane de *fongine* (sorte de cellulose) et alors, comme dans le cas précédent, il grandit, se ramifie, anastomose ses filaments, soitpour former une membrane, *mycélium hyménoïde*, soit pour se pelotonner en masses stupacées : *mycélium stupacé* ou *floconneux*, soit, enfin, pour composer des petites cordelettes écartées donnant des mailles ou des réseaux : *mycélium filamenteux*. Tous ces mycéliums qui sortent directement du corps reproducteur sont dits *primaires*, en opposition avec d'autres qu'on a appelés *mycéliums secondaires* qui sont une transformation des premiers. En effet, sous l'influence de certaines circonstances, les mycéliums primaires peuvent, à certains moments, s'arrêter dans leur développement et s'enkyster, comme chez les Myxomycètes ou bien serrer leurs filaments condensés : soit en cordons simulant des racines (*Rhizomorpha*) ; soit en masses tuberculoïdes (*Sclerotium*, *Mylitta*, *Mycelites*, etc.); les

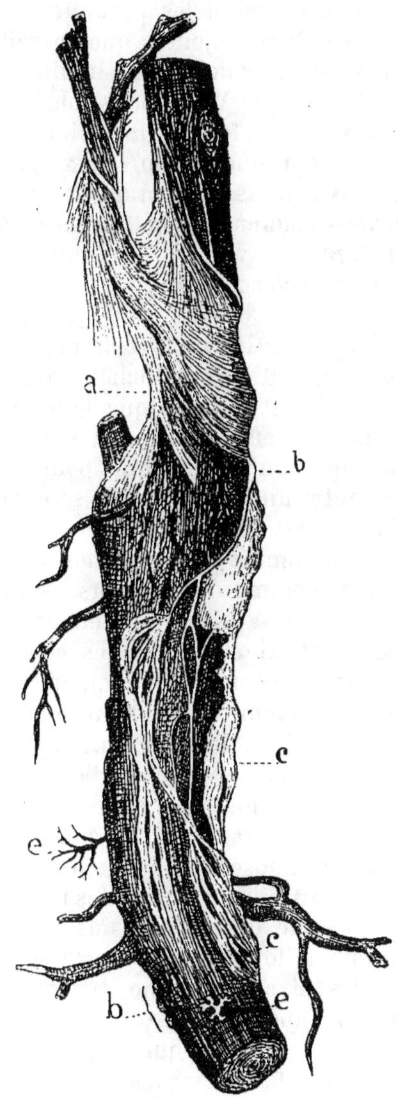

Fig. 18. — Divers états du mycélium du *Dematophora necatrix* HART.

a, mycélium floconneux, membraneux; *b*, cordons rhizomorphes subdivisés en *c,c*; *e*, rhizomorphes poussant de l'intérieur; *d*, sclérotes.

uns et les autres formant autant de réservoirs où s'accumulent
et se conservent les produits du travail des mycéliums primaires. Il faut ajouter que ces différentes sortes de mycélium
peuvent se rencontrer simultanément sur la même plante ;
c'est ainsi que Viala, dans son étude sur le Pourridié, a signalé
une série de formes mycéliennes concourant à la production
et à la reproduction du *Dematophora necatrix* (fig. 18). A côté
de mycéliums membraneux et floconneux, il a montré des
formes filamenteuses (*Rhizomorpha fragilis*, var. *subterranea*
et *R. fragilis* var. *sub corticalis*) et aussi des mycéliums tuberculeux (*Sclerotium*[1]).

La production du mycélium par les spores, qui sont regardées
couramment depuis Micheli comme les semences des Champignons, n'est point ce que l'on se l'imagine généralement. On
pense, en effet, qu'il doit suffire de semer une spore d'un
Champignon quelconque pour que cette graine reproduise,
de suite, un Champignon semblable à celui qui l'a fournie.
Mais il est loin d'en être ainsi, on ne fait pas pousser les
Truffes comme des pommes de terre, ni le Champignon de
couche comme des haricots. Seules les espèces rudimentaires
se prêtent à la culture et, encore, faut-il noter qu'elles se
montrent exigeantes sur les conditions qu'on leur offre : telle
qui naît à profusion lorsqu'on ne la demande pas et toujours
avec une même forme bien déterminée, se refusera à paraître
lorsqu'on l'y sollicitera, ou, si elle se montre, ce sera sous des
aspects tels, souvent, qu'elle est méconnaissable. C'est que le
protoplasma fongique est doué de la plus grande sensibilité, il
préfère disparaître plutôt que de se soumettre aux lois qu'on
veut lui imposer ou bien, s'il ne disparaît pas, il se transforme.
Cette sensibilité explique les récoltes de raretés, souvent provi-
soires, que découvrent nos cultivateurs de laboratoire dans
leurs bouillons de veau et de poulet ou sur leurs gélatines, sols
que les Mycophytes ne rencontrent généralement pas dans
leurs vagabondages à travers la nature ; cela explique également
le polymorphisme qui se produit quand c'est la nature elle-
même qui fait varier les milieux de germination et de production comme aussi les agents qui commandent à ces milieux.

---

1. Voir plus loin, à propos des Mycophycophytes, le parallèle à établir entre
le mycélium des Champignons et le thalle des Lichens.

Toutes les conidies et toutes les spores ne sont pas sensibles au même degré. Si l'on suit la germination des conidies du *Peronospora gangliformis* BERK. ou celles du *P. Alsinearum* CASP., etc., etc., on voit que toutes germent toujours de suite. Il n'en est pas de même pour le *Phytophtora infestans* DE BY.. Une conidie restant *à la surface* d'une goutte d'eau et à la lumière, sur une feuille de *Solanum tuberosum*, donnera un petit filament, qui, à son extrémité, ramasse tout le protoplasma et reforme un corps globuleux, sorte de rénovation de la spore initiale. Cette seconde conidie se conduit comme la première et ainsi de suite jusqu'à complet épuisement si les conditions ne changent pas. La même conidie placée *dans* une goutte d'eau à l'obscurité se gonflera, divisera son protoplasma en un certain nombre de petits globules arrondis qui s'agitent bientôt au centre de la cellule, devenue cellule-mère, et qui finissent par s'échapper munis de deux cils : un postérieur et un antérieur. Ce sont des zooconidies. Celles-ci devenues libres nagent dans le liquide, se fixent sur la feuille par leur partie rétrécie, leur rostre, introduisent leur filament mycélien qui s'avance en se ramifiant. Il y a dans ces plantes, au moment de la germination, comme une sorte de tâtonnement du protoplasma qui essaye plusieurs fois le milieu, à la merci duquel il se trouve, avant de chercher à y vivre. Les Ustilaginacés forment une famille où ces tâtonnements semblent avoir été poussés à l'extrême.

La famille des Ustilaginacés se compose de Mycophytes connus sous le nom de « Rouilles noires » qui s'attaquent aux Phanérogames et deviennent de vrais fléaux pour l'agriculture quand ils envahissent les champs de céréales. Les plus connus sont les « Charbons » *Ustilago* (fig. 126), et « la Carie » *Tilletia caries* TUL., (fig. 127) autour desquels se groupent une vingtaine de genres moins redoutables, mais tout aussi intéressants pour le naturaliste. Dans tous il se produit sur les plantes infestées, des tumeurs de grosseur variable, remplies de corps reproducteurs noirs, spores, qui, pour des raisons que nous exposerons plus loin, sont nommées *hypnospores*. Ce sont ces hypnospores que nous allons voir en travail de production de mycélium.

Lorsque l'hypnospore sort de sa période de repos pour entrer en action elle manifeste son retour à la vie active de plusieurs manières différentes. — A. Le cas le plus simple est celui dans

lequel l'hypnospore *germe* en donnant directement une hyphe
végétative qui s'allonge et se ramifie en un mycélium. Il n'en
est pas toujours ainsi et l'on voit souvent le filament germinatif
s'arrêter dans son évolution, ramener son protoplasma en une
sorte de globule sphérique qui n'est, en résumé, que l'hypnospore transformée ; certains mycologues appellent cette spore
de deuxième venue une *sporidie*[1]. A un moment donné, celle-
ci germe à son tour, pousse un filament qui ou bien peut donner un mycélium s'il rencontre des conditions favorables ou
bien ramène son protoplasma, reconstitue un nouveau globule
de troisième venue que certains mycologues ont nommé *sporidiole*[1]. Celle-ci recommence et le phénomène peut se répéter
jusqu'à ce que le mycélium soit enfin formé ou que le protoplasma meure, épuisé de tant d'essais, — B. Dans certains
Ustilago, Tolyposporium, Schizonella, etc., l'hypnospore, au

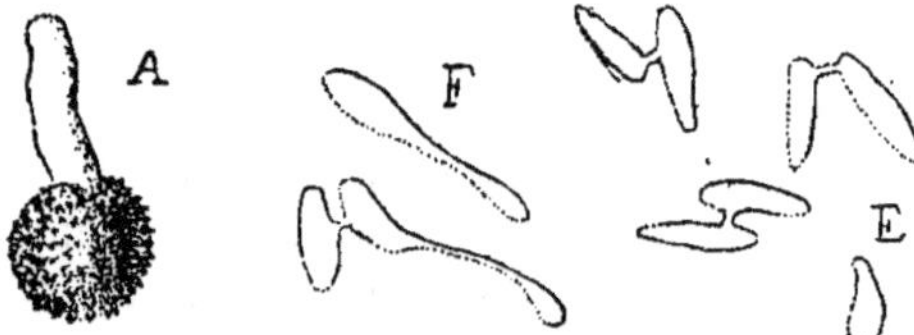

Fig. 19. — *Ustilago receptaculorum* Fr. — var. *Tragopogonis*.
A, pseudo-baside sortant de l'hypnospore ; E, spores (accouplées et non accouplées) ;
F, les mêmes, en germination.

lieu de fournir un filament mycélien, pousse une cellule cylindrique, courte et trapue, que l'on a généralement nommée
promycélium[2] (fig. 19) et qui reçoit le protoplasma de l'hypnospore, puis, suivant la vigueur de celle-ci, se partage ordinairement par trois cloisons transversales, de telle sorte qu'on a
quatre loges superposées. Chacune d'elles pousse un stérigmate à l'extrémité duquel se forme, avec le protoplasma de la
loge correspondante, un petit cylindre en bâtonnet étranglé à
la base. Ces bâtonnets sont forcément latéraux (pleurogènes),
excepté celui qui provient de la loge extrême qui *peut* être
acrogène (fig. 126). Ce sont encore là des spores qui, suivant
les uns, seraient des spores vraies : des basidiospores, et, sui-

1. Les mots *sporidie* et *sporidiole* étant employés dans d'autres acceptions
doivent être rejetés, ils sont au reste inutiles.
2. Promycélium est pseudo-baside pour nous, protobaside pour Bréfeld et
d'autres, conidophores pour Vuillemin.

vant les autres, des spores conidiales ou conidies(nous y reviendrons). Ou bien ces spores germent directement en donnant un mycélium, ou bien s'unissent deux à deux par zygose et ne germent qu'après cette... anastomose (fig. 19). Leur germination présente toutes les singularités que nous avons décrites pour A, nous n'insistons pas. — C. Dans les *Tilletia*, *Entyloma*, *Schroeteria*, etc., la complication devient plus grande encore. Le cas le mieux étudié est celui du *Tilletia Caries* (fig. 20) : comme dans B, l'hypnospore produit une cellule grosse, courte et trapue, mais ici elle ne se divise plus par des cloisons, elle reste continue et c'est sur son sommet qu'apparaissent 8, 10, 12 bâtonnets : cellules allongées amincies à chaque extrémité, spores vraies, conidies pour quelques-uns, ordinairement conjuguées, c'est-à-dire réunies par un canal court qui les fait

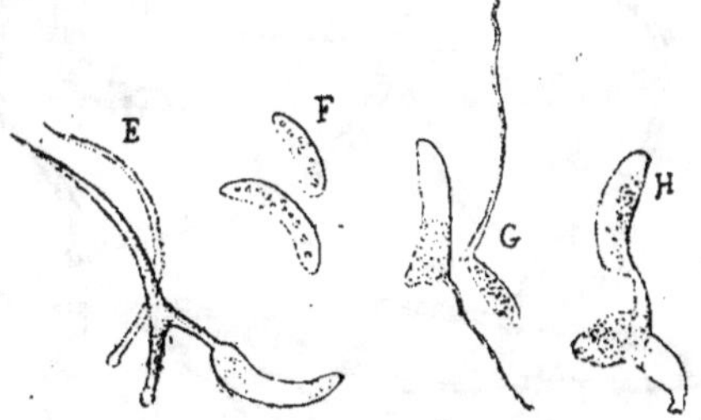

Fig. 20. — *Tilletia Caries* Tul.

E, spores accouplées avec une spore secondaire (*sporidie* des auteurs); F, deux de celles-ci isolées; G, les mêmes en germination; H, spores tertiaires.

communiquer, en sorte que chaque paire ressemble à une H (fig. 127). Chacun de ces couples peut pousser, de l'un des bâtonnets, un mycélium direct ou reproduire tous les phénomènes constatés pour A; ou bien ces couples peuvent donner de nouvelles spores, produits de la zygose (zygospores?) qui à leur tour peuvent faire comme l'hypnospore A. (fig. 20). Comme on voit, le mycélium n'est pas toujours d'une production facile.

II. *Organes de reproduction*. — RÉCEPTACLES. — Les réceptacles sont les parties apparentes des Mycomycophytes et beaucoup de ceux qui les collectionnent ignorent, encore de nos jours, l'existence du mycélium, de telle sorte que pour beaucoup, toute la science du mycologue se résume dans la description des formes réceptaculaires et dans leur rangement systématique.

Les formes des réceptacles sont nombreuses; mais, cependant, en ne tenant compte que de leur structure, on peut les diviser en trois groupes. Dans l'un de ces groupes nous aurons tous les Mycomycophytes qui, comme les « moisissures », par exemple, ont les cellules plus ou moins étirées en hyphes restant libres et indépendantes ou à peine rapprochées les unes des autres; ces réceptacles sont dits : *réceptacles némates* (fig. 21). Dans un autre groupe, au contraire, seront rangés ceux dont les hyphes se réunissent, s'entrecroisent, s'accolent, s'anastomosent, se soudent pour faire ce parenchyme

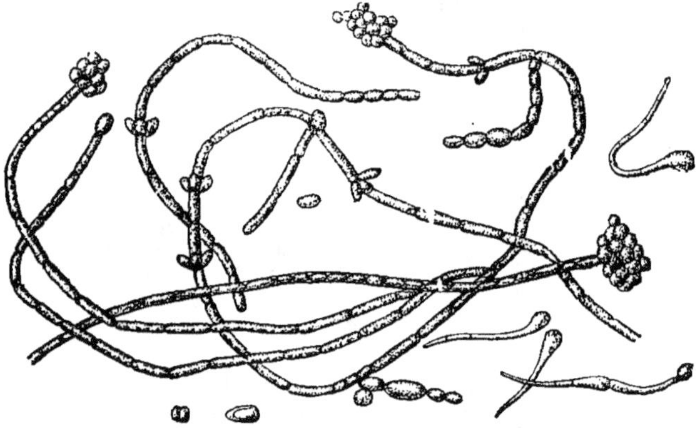

Fig. 21. — *Oïdium (Saccharomyces) albicans* (CH. ROB.) REES
de la maladie appelée : le Muguet.

charnu dont nous avons parlé plus haut; ces réceptacles, qui sont ceux des Champignons proprement dits, sont désignés sous le nom de réceptacles « *sarcodés* » ou charnus (fig. 14). Entre ces deux casiers, renfermant les termes extrêmes, on peut en ouvrir un troisième pour les Mycomycophytes dans lesquels les cellules sont rapprochées, assez enchevêtrées pour n'être plus indépendantes, comme dans les némates, mais pas assez contractés et tissulés pour être charnus-sarcodés. On peut dire que ces réceptacles sont « *stromatés* », tels sont ceux des *Nectria, Tubercularia, Stilbum, Dematophora* (fig. 22), etc. Mais il ne faut dans aucun cas prendre ces délimitations comme absolues, car il y a passage d'une forme à l'autre.

Les filaments des « némates » restent bien rarement simples, ils se ramifient le plus souvent et, alors, les rameaux se disposent suivant les cas : en épis, en grappes, en verticilles, en corymbe, en capitule, etc , portant chacun, à son extrémité, soit une spore ou une conidie unique, soit des spores ou des conidies en chaînettes, soit des spores ou des conidies enfermées. Il est fort probable que lorsque ces mêmes filaments sont réunis pour former les réceptacles charnus les ramifications s'opèrent de la même façon ; en tout cas on peut constater qu'à leurs extrémités les corps reproducteurs se disposent de même. On a ainsi des *clinides* avec spores ou conidies uniques ou en chaînettes, et, si les extrémités se renflent, pour donner les corps reproducteurs, en général *en nombre réduit*, on a des *basides*, quand ces corps sont exserts, ou des *théques* s'ils sont également en *petit nombre* et renfermés.

Dans les réceptacles charnus il arrive fréquemment que toutes les ramifications stériles ou fertiles viennent s'épanouir au même niveau, à côté les unes des autres, de manière à former une nappe-fructifère qu'on a nommée *hyménium* et qui mérite bien, en certains cas, le nom de membrane, provenant d'une trame sous-hyméniale de laquelle se dressent les cellules fertiles, accompagnées de

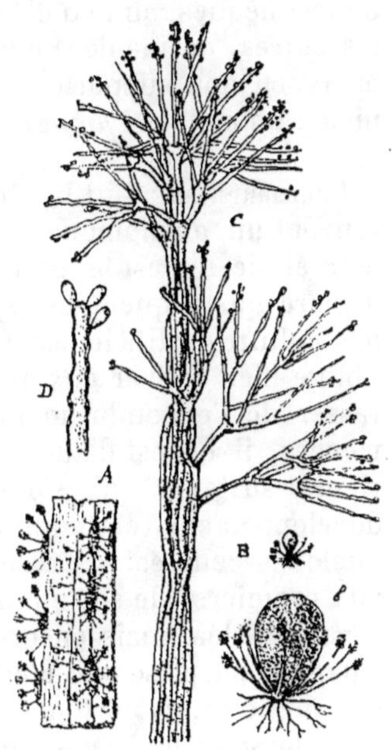

Fig. 22. — *Dematophora necatrix* HART.

A. Racine de vigne couverte de sclérotes, sur lesquels poussent des appareils conidiaux ; B, un périthèce avec les mêmes appareils conidiaux en goupillon ; *b*, un périthèce grossi ; C, un des goupillons fortement grossi ; D, une branche conidifère, pour montrer le mode d'insertion des conidies.

cellules stériles qui ont des fonctions spéciales. Cet hyménium tapisse les saillies, les pointes, les lames, les anfractuosités que les réceptacles peuvent porter à leur surface : Agaricacés, Polyporacés (avec des basides), Pézizacés, Morchellacés (avec des théques). Dans d'autres cas le réceptacle n'étale pas ses fruits à l'extérieur, il les renferme à son intérieur, comme dans un ventre (γαστήρ), et, alors, c'est sur des saillies internes des plis sinueux qui se réunissent pour former des logettes que s'étale l'hyménium de basides : Hyménogastéracés, Lycoperdacés, etc., ou de thèques : Tubéracés, Onygénacés. Il s'en faut de beaucoup que l'hyménium affecte toujours la régularité à laquelle nous venons de faire allusion. Dans bien des cas les basides ou les thèques, au lieu d'être contigus ou serrés les uns contre les autres, de manière à former une membrane sont éloignés, épars et non supportés par une trame spéciale sous-hyméniale : on a alors l'*hyménium disjoint*.

Polymorphisme. — Chez les Mycomycophytes on constate bien souvent un phénomène qui vient singulièrement compliquer leur étude : c'est le polymorphisme. On peut avancer tout d'abord que si quelques espèces inférieures vont au devant de nos cultures artificielles et expérimentales, à ce point qu'on est obligé d'en arriver aux grands moyens pour pouvoir se débarrasser de l'encombrement qu'elles apportent dans nos expériences, il en est d'autres, parmi les Mycomycophytes supérieurs surtout, qui s'obstinent à cacher leurs modes de développement à ceux qui veulent les suivre. Ils donnent à peine quelques cellules, se réservant, et, en cela, ils ressemblent aux premiers, de se montrer là où non seulement on ne les a pas appelés, mais encore là où l'on les voit apparaître avec autant de surprise que d'ennui. Aussi le mycologue, dans ces cas, doit être, avant tout, observateur ; pour lui l'expérimentation, lorsque le hasard le met en rapport avec des espèces moins rebelles, se réduit à confirmer les observations qu'il a faites dans la nature.

Nous constatons en premier lieu qu'un grand nombre d'espèces de Mycomycophytes, (un jour peut-être viendra où l'on dira toutes) se présentent sous des formes différentes suivant les circonstances dans lesquelles elles vivent. Cela a lieu aussi bien quand elles sont *homoïques*, c'est-à-dire quand elles se montrent toujours sur un seul substratum, que lorsqu'elles viennent sur deux substratums différents et sont *hétéroïques*. Nous constatons, en plus, que ces formes homoïques ou hétéroïques ne sont point, ainsi qu'on pourrait le supposer, des anomalies, des monstruosités, comme il s'en rencontre, au reste, et qui sont dues en quelque sorte à la malléabilité du plasma fongique, mais bien des formes physiologiques qui, étant fertiles, passeraient pour complètes et autonomes, si ces corps séminaux, au lieu de reproduire simplement la forme dont ils sont sortis, ne produisaient aussi d'autres formes de tout point différentes. Il résulte de ce phénomène que ces formes se trouvent toutes enchaînées les unes avec les autres et peuvent, en certains cas, passer pour des stades, des états de générations alternantes. Quelques exemples expliqueront ces réflexions.

1° *Saccharomyces*. Si l'on vient à semer un *Saccharomyces cerevisiæ* Mey., dans un liquide sucré bien riche, la cellule pousse autour d'elle des bourgeons qui quelquefois restent en chapelet, puis se résolvent en poussière. On a une production dite conidiale (κόνις poussière) (fig. 13 et 148). Que le liquide s'appauvrisse, que la levure s'échoue sur un point où elle ne peut se nourrir, la cellule se fait cellule mère, le protoplasma, au lieu d'être poussé à l'extérieur comme un bulbille, reste enfermé, se partage en petites masses qui se recouvrent de cellulose et l'on a une sorte de sporange ou de thèque. On a là deux états différents et cependant tout le Champignon se réduit à une seule cellule [1] !

2° L'Ergot de seigle (*Sclerotium Clavus* D. C.) est un mycélium secondaire bien connu; il se présente sous forme d'un tubercule brun-violet en forme d'ergot, craquelé, se développant dans les épillets du seigle. Au retour du printemps, sur la terre où il a passé l'hiver, il sort de son repos et pousse en plusieurs endroits de sa surface de petits Mycophytes en forme de clous à tête purpurine, *Claviceps purpurea* Tul.. A la maturité, la tête se trouve creusée de petites cavités lagéniformes, des conceptacles, qui contiennent eux-mêmes un certain nombre de petits sacs, thèques, sortes d'étuis, renfermant chacun huit spores fines comme des aiguilles. Ces spores emportées par le vent sur les stigmates des ovaires de seigle, développent une matière glutineuse qui explique le nom de *Spermædia* donné par Fries à cette glaire qui s'organise en un mycélium primaire dont les filaments approchés les uns des autres forment une moisissure blanche qui se sèche rapidement; on la nomme *Sphacelia segetum* Lév.. Les cellules fertiles sont des bâtonnets *(clinides)* réunis en palissade, chacune donnant une poussière de corps ovalaires. Ces

---

1. Marchand. L. *Bot. crypt. pharm. médic.* I. pp. 176-177 et fig. 36 et 37.

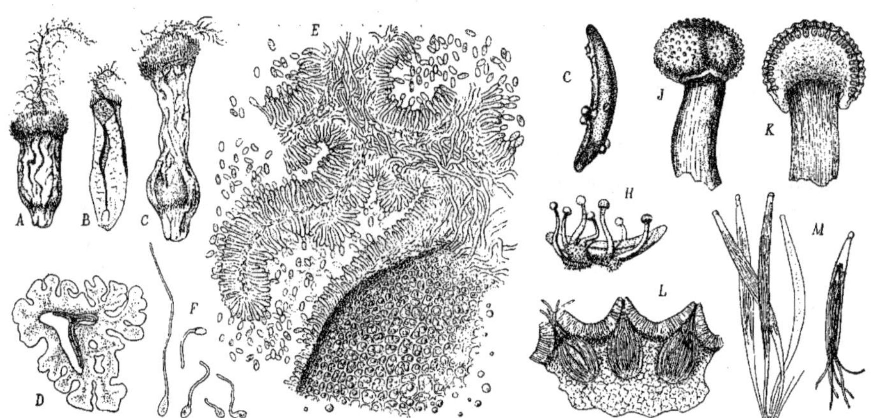

Fig. 23. — *Claviceps purpurea* Tul.

A, très jeune ovaire de Seigle avec la spermogonie; B, coupe longitudinale du même, montrant les débuts de l'Ergot (*Sclerotium*); C, le même, plus développé: D, coupe transversale d'une spermogonie grossie; E, la même, très fortement grossie; F, spermatie en germination comme une spore vraie; G. Ergot (*Sclerotium clavus*) en végétation; H, le même, chargé de *Claviceps purpurea* Tul.; J, sclérote grossi; K, coupe montrant les conceptacles; L, conceptacles très grossis remplis de thèques; M, thèques encore plus grossies, dont l'une laisse échapper les huit spores aciculaires.

corps (spermaties ou conidies) germent et, comme les spores aciculées du *Claviceps purpurea* Tul., donnent *Spermœdia*[1] et *Sphacelia;* puis l'un ou l'autre de ces *Sphacelia*, qu'il vienne du *Claviceps* ou des conidies de *Sphacelia*, s'organisera en un mycélium secondaire, *Sclerotium*, et, au printemps suivant, le cycle recommencera. Ici donc comme pour les *Saccharomyces*, il y a homoécie, mais avec des mycéliums spécialisés et de forme différente, tous bien certainement en relation les uns avec les autres, puisque si le *Claviceps* engendre le *Sphacelia*, ce dernier engendre à son tour le *Claviceps*, soit directement en lui fournissant son mycélium propre, soit indirectement en se reproduisant à l'état de *Sphacelia* qui fournissent aussi leur Sclérotes.

3° La Rouille des haricots (*Uredo Fabœ* Pers.) est une sorte de moisissure rousse qui se montre trop souvent sur nos légumineuses potagères et en particulier sur le *Pisum sativum*, et la fève, *Vicia Faba*, etc. Son mycélium s'introduit sous l'épiderme des feuilles, puis s'épanouit à la surface en formant une tache roussâtre faite de corps sphériques, qui se détachent, et sont emportés par le vent. Ces corps tombant sur les feuilles voisines, s'y attachent, les envahissent et reproduisent le même *Uredo*. La production des conidies (*Uredo*) se poursuit ainsi quelque temps, puis à un certain moment on voit les corps reproducteurs changer de nature; ce sont des cellules brunes irrégulières à parois épaisses. Ces corps, que l'on a nommés *Uromyces appendiculatus* Lév., sont des spores (téleutospores ou mieux hypnospores) qui donnent à certain moment, par une sorte de germination, un filament composé de quatre cellules réunies bout à bout, *promycélium* des auteurs, chacune poussant sur son côté une spore portée par un stérigmate. Cette spore reproduit l'*Uredo Fabœ* et le cycle recommence.

4° La Rouille du blé est une maladie des graminées analogue à la précédente, mais plus compliquée. Au début, on a la Rouille rouge due à l'*Uredo linearis* Pers. (fig. 136, B), formant des taches linéaires allongées, composées de corps jaunes-rouges produits par un mycélium sous-épidermique. Ces corps se semant à nouveau sur les tiges et les feuilles

---

1. Nous conservons ce nom, mais en en restreignant la portée au seul état glaireux qui précède à l'extrémité de l'ovaire le développement du *Sphacelia*, puis du *Sclerotium* et enfin du *Claviceps*.

voisines, reproduisent le même *Uredo* et cela pendant un certain temps, puis plus tard, sur le même mycélium (fig. 136 C), apparaissent, en leur lieu et place, des corps bruns, étranglés à leur milieu, formant comme deux *Uromyces* superposés. Ces taches sont devenues peu à peu couleur rouille : c'est le *Puccinia graminis* Pers.; les parois des cellules sont épaisses, conservent le protoplasma et le protègent contre les rigueurs des saisons ; ce sont les téleutospores (spores de terminaison) ou hypnospores (spores de repos) résistantes et durables. A un moment donné, il se passe pour chacun des deux compartiments ce que nous avons signalé pour l'*Uromyces :* il se produit un boyau qui se partage par des cloisons transversales en quatre cellules, chacune donnant sur le côté une spore supportée par un stérigmate (fig. 123). Ce cas jusqu'ici n'est, en rien, différent du précédent. Mais une complication survient : il y a des formes supplémentaires ou complémentaires (fig. 60-61). L'*Uredo linearis* et le *Puccinia graminis* ne se contentent pas d'infecter le froment et les autres graminées voisines, ils attaquent en même temps l'épine-vinette. Leurs mycéliums s'introduisent sous l'épiderme de cette Phanérogame, puis produisent non plus une tache exserte, mais un amas de petits sacs d'abord clos et qui s'ouvrent plus tard en forme de corbeilles au fond desquelles sont d'innombrables corpuscules plus ou moins irrégulièrement sphériques jaunes d'or; c'est l'*Æcidium Berberidis* Gmel.. Les corpuscules de cet *Æcidium* reproduisent : 1° sur les graminées l'*Uredo linearis* qui les a engendrés; 2° sur l'épine-vinette, des *Æcidium Berberidis* semblables à celui dont ils procèdent; 3° et indirectement, le *Puccinia graminis* qui vient sur les mycéliums des *Uredo linearis*. Ce n'est pas tout encore; tandis que l'*Æcidium* se développe sur la face inférieure des feuilles de *Berberis*, il se produit, sur la face supérieure, un autre Mycophyte allié auquel on a donné le nom d'*Æcidiolum (Æ. exanthematum* Ung.) qui ne se manifeste à l'extérieur que par un point au milieu duquel se voit un pertuis. Ce pertuis est l'entrée d'une cavité en forme de bouteille (spermogonie) qui est plongée dans le parenchyme et qui contient des quantités considérables de corpuscules, mais ceux-ci sont en forme de tout petits bâtonnets microscopiques, on les a longtemps regardés comme des corpuscules fécondateurs (spermaties), mais, à l'heure actuelle, on a abandonné cette idée parce qu'on a pu en faire germer quelques-uns[1]. Ainsi donc, on aurait dans le cas présent comme corps reproducteurs : 1° les spores de l'*Uredo;* 2° les spores de *Puccinia;* 3° les conidies d'*Æcidium;* 4° les conidies d'*Æcidiolum*, provenant de mycéliums habitant les graminées pour les premières , l'épine-vinette pour les secondes : le Mycomycophyte est donc hétéroïque.

5° Chez beaucoup de Mycophytes connus sous le nom de Sphériacés ou d'Hypoxylés le polymorphisme semble calqué sur celui que nous venons d'étudier; souvent même il s'exagère soit en se développant sur un seul et même mycélium, soit en se montrant sur des mycéliums différents avec homoœcie ou hétérœcie. Nous citerons, entre autres, le *Nectria cinnabarina* Fr. dont le cycle est formé : 1° par le *Tubercularia vulgaris* Tou.; 2° par un état qui le précède sur le même mycélium ou, tout au moins, sur un mycélium si voisin que parfois les pulvinules de ces deux formes, qui ne diffèrent extérieurement que par la couleur (comme *Uredo linearis* et *Puccinia graminis*, voir p. 48) se confondent; 3° par un état spermogonial, une sorte d'*Æcidiolum:* le *Nemaspora microspora* Lib.

Le *Capnodium salicinum* Montg. (*Fumago salicina* Tul.), a son cycle complété par des corps reproducteurs : 1° moniliformes superficiels répondant au nom de *Cladosporium Fumago* Link; 2° par des bâtonnets (conidies) continus et oblongs (stylopores des auteurs); 3° par des bâtonnets septés; 4° par des spermaties. Cela fait cinq états qui autrefois ont été les uns et les autres regardés comme autonomes ; encore faut-il, sans doute, ajouter l'*Antennaria pithyophila* Nées qui semble être l'état jeune du *Capnodium* et qui, lui aussi, a réclamé une autonomie que certains mycologues lui accordent.

Nous citerons pour terminer le cas moins connu et très compliqué du Pourridié dont le polymorphisme a été résumé par P. Viala. On y rencontre d'abord deux mycéliums primaires, l'un floconneux et l'autre hyménoïde , différant de couleur et tantôt blancs tantôt bruns. De ces mycéliums primaires sortent des mycéliums secondaires : *Rhizomorpha* et *Sclerotium.* — 1° Le mycélium rhizoïde : *Rhizomorpha*, auquel son action néfaste avait fait donner le nom de *R. necatrix* et qui se présente sous deux formes : l'un plus superficiel, le *R. sub-*

---

1. Cette germination rappelle beaucoup celle des grains de pollen, qui n'en restent pas moins des éléments de fécondation.

corticalis, et l'autre, plus profond mais plus rare et ne se développant que longtemps après la mort de la victime, le *R. subterranea;* ces deux formes, au reste, se confondent facilement avec des mycéliums analogues appartenant à d'autres Champignons qui s'associent pour détruire les vignobles.

2° Le mycélium secondaire sclérotoïde ou *Sclerotium* donne naissance extérieurement, tantôt à des conidiophores en capitule (fig. 22 A. C.), tantôt aussi, mais plus rarement, soit à des pycnides renfermant des conidies (fig. 24 A. B. C.), et, plus rarement encore, à des périthèces, (fig. 22 B.). Les corps reproducteurs se trouvent donc être : ou bien des conidies provenant des conidiophores externes en capitule, ou des conidies provenant des pycnides, ou enfin des spores proprement dites produites en des périthèces. Ces périthèces, que Viala regarde comme un nouveau genre de Tubéracés[1], et que Berlèse[2] assimile au *Sphæria* (*Rosellinia*) *Aquila* Tul., naissent sur les sujets morts depuis longtemps, soit des sclérotes, soit directement des mycéliums bruns poussant au milieu d'un gazon de

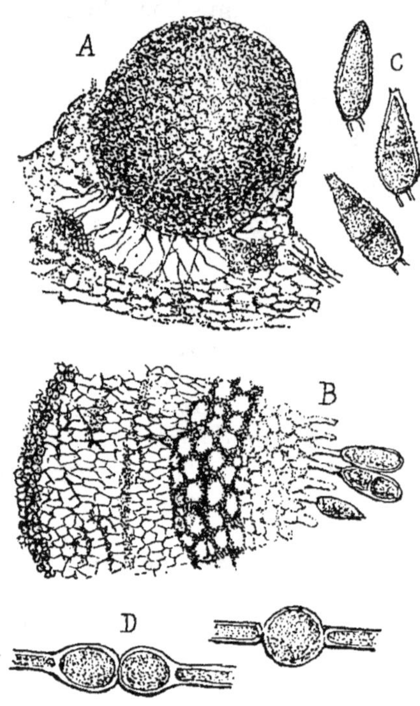

Fig. 24. — *Dematophora necatrix* Hart.

A, Pycnide × 125 ; B, coupe d'une portion de cette pycnide et du tissu sous-jacent; trois stylospores à divers états de développement × 300 ; C, stylospores simples, doubles, tricellulaires × 400 ; D, chlamydospores × 400.

---

1. Viala (P.), Monog. du Pourridié, in Ann. de l'Éc. Nat. d'Agricul. de Montpellier, VI, 1893, p. 83.
2. Berlèse (A. N.). Rapport entre les *Dematophora* et *Rosellinia*, 1894.

conidiophores (fig. 22, A. B). On doit ajouter des chlamydospores
qui se forment en certaines circonstances dans les filaments des
mycéliums primaires blancs ou bruns (fig. 24, D)...

6° Longtemps on a cru que les petites espèces de Fongoïdés
et particulièrement celles qui, dites hypodermées ou hypoxylées,
étaient les seules à montrer des états si variés, sortes d'ébau-
ches ou d'essais imparfaits préludant à l'apparition d'une forme
définitive, et l'on croyait que rien d'analogue ne pouvait se
rencontrer chez les Fongidés réputés supérieurs et parfaits. Les
découvertes faites ces dernières années sont venues démontrer
le contraire : seulement chez ces derniers, ces formes sont
plus cachées, plus dissimulées ; ainsi, de Seynes a trouvé une

Fig. 25. — *Ditangium insigne* Karst.
Appareil conidifère.

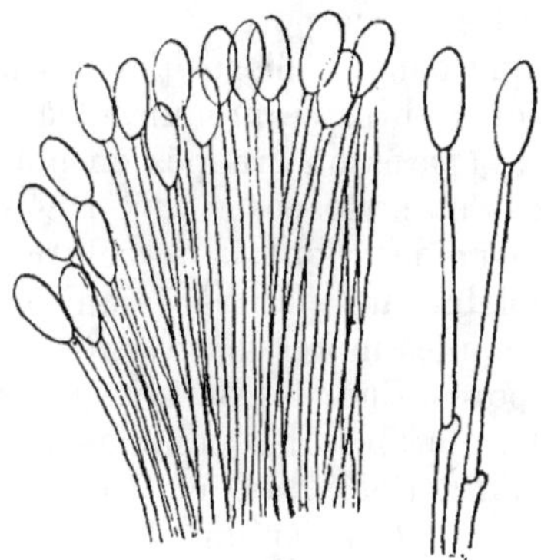

Fig. 26. — *Pistillaria rosella* Fr.
Conidies.

Fistulina hepatica Fr. qui, en tout semblable par ses caractères extérieurs aux Fistulines normales, n'était faite que
d'hyphes à conidies au lieu d'être composée d'hyphes à basides ;
et l'examen des échantillons recueillis a prouvé qu'il ne s'agis-
sait pas là d'une monstruosité, car on y trouvait le passage
entre les deux états. Bien des formes conidiales ont été signalées chez les Thécamycètes ectothécés (Discomycètes
Auct.) et même chez les Basidiomycètes (fig. 25 et fig. 26) les
plus élevés en organisation comme les Polyporacés et les
Agaricacés. L'on est arrivé à penser que leur formation
dépend uniquement des conditions extérieures; bien mieux,
on s'est trouvé amené à affirmer le fait, quand on a vu de ces
types supérieurs chez lesquels les basides faisaient place à des

conidies et d'autres, comme les *Ptychogaster* (fig. 7 et 54) et les *Ceriomyces* (fig. 53), qui jouaient près des Basidiomycètes des rôles analogues à ceux que jouent près des Thécamycètes les *Ægerita* et les *Tubercularia*.

De Seynes[1] insiste sur cette analogie dans une note qu'il a publiée en 1878, sur le *Ptychogaster* du *Polyporus sulfureus* Bull. (fig. 54). Après avoir constaté que « l'existence de réceptacles de conidies endocarpes prend le caractère d'un fait normal chez les Basidiosporés », il recherche la signification de ces organes. Il s'exprime ainsi : « Nous trouverons, je crois, la réponse à cette question en nous reportant aux organes multiples de reproduction des Thécasporés sur lesquels les travaux de Tulasne ont donné des notions si précises. Il y a chez les Thécasporés un cycle d'organes reproducteurs qui est typique dans sa disposition tertiaire et qui comprend : 1° les conidies libres se produisant à l'extrémité de filaments mycéliaux séparés ou groupés en pulvinules ; 2° les conidies endocarpes ou stylospores renfermées dans des conceptacles appelés pycnides dont la structure et quelquefois la forme est semblable aux périthèces qui les renferment; 3° les thèques ou cellules-mères du troisième ordre de corps reproducteurs ou spores. Chez les Basidiosporés, nous connaissons déjà deux de ces termes, les conidies libres (*Dacrymyces*, *Cyphella*, *Collybia*, *Coprinus*, etc.) et les spores développées sur les basides de l'hyménium. Les conidies que j'ai observées dans deux genres de Polyporés, correspondant aux stylospores des Thécasporés et les réceptacles qui ne produisent que ces sortes de conidies, me paraissent devoir être légitimement assimilées aux Pycnides. »

De nos jours on n'en est plus à s'étonner de ces cas de polymorphisme, on se contente de les enregistrer. Chaque jour, en effet, apporte des exemples nouveaux de ces productions conidiales chez les Champignons supérieurs où ces formes étaient autrefois complètement inconnues : les reconnaissances de parenté et les légitimations deviennent de plus en plus nombreuses et intéressantes[2].

---

1. Seynes (de). Sur un appareil conidien (pycnide) de *Polyporus sulfureus* Bull. ; in Bull. Assoc. p. l'avanc. des Sciences : Congrès de Paris 1878, tirage à part, p. 3.
2. Voir Patouillard N. *Hyménomycèles d'Europe*, p. 56, 1887.

Fécondation chez les Mycomycophytes. — A part quelques exceptions, les mycologues ne se sont pas servis des caractères tirés des organes de fécondation pour établir leurs classifications. Cela nous dispense d'insister dans notre Énumération sur la question si controversée de l'*agamie* chez les Champignons. Nous aurons peut-être l'occasion d'y revenir dans un autre travail, en attendant nous nous rangeons à l'avis de J. de Seynes. « De nouvelles recherches sont encore nécessaires sur ce sujet, car les observateurs devenus de plus en plus difficiles en matière d'exception aux grandes lois de la nature, admettront difficilement, *dans l'état actuel de la Science*, que des groupes fongiques, se trouvent en dehors de la loi des sexes dont l'universalité domine les deux Règnes organiques [1]. »

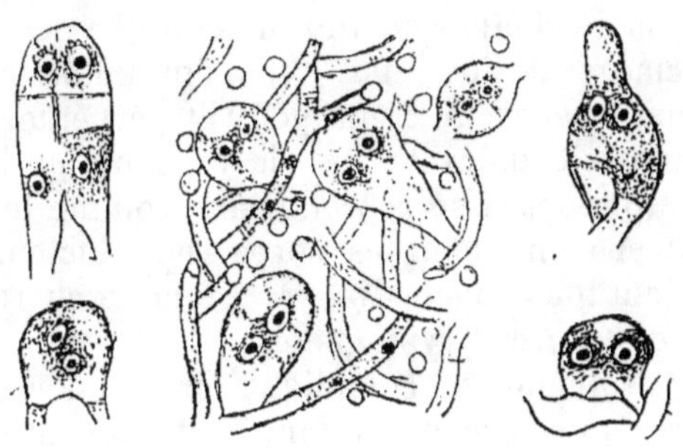

Fig. 27. — *Tuber melanospermum*, Vitt.

Divers aspects des oospores chez la Truffe, d'après Dangeard : chacune d'elles renferme deux noyaux accompagnés de leur protoplasma.

Au reste P. A. Dangeard [2] semble avoir tenu à prouver le bien fondé de ces inductions et depuis 1891 il poursuit la recherche du problème de la fécondation chez les Champignons. Ses observations l'ont amené à donner une formule qui s'applique non seulement aux Champignons mais encore à toutes les plantes et aussi aux animaux. « Toujours et partout, cette rénovation sexuelle est précédée d'une fusion, en un seul, de deux noyaux accompagnés de leur protoplasme : le noyau sexuel qui en résulte fournira, en se divisant, les noyaux de l'embryon ou des embryons. » Ses dernières recherches qui ont porté sur

1. Seynes (J. de), Art. *Champignon* in Dict. de Bot. de Baillon. I, p. 751.
2. Dangeard (P. A.), in le *Botaniste*, passim, de 1891 à 1895.

la Truffe (fig. 27) sont venues corroborer les résultats de ses observations antérieures. En résumé, c'est la confirmation de la définition ancienne : « la fécondation est l'union de deux protoplasmes, » qu'on accepte généralement. Le désaccord ne s'est produit que sur l'interprétation des conditions extérieures qui préparent et accompagnent cette fusion : sur des êtres dont l'organisation est aussi simple que l'est celle des Cryptogames en général, et des Mycophytes en particulier, on ne peut espérer trouver les procédés d'union sexuelle aussi compliqués que ceux que l'on rencontre chez les Phanérogames.

CORPS REPRODUCTEURS : — SPORES, ŒUFS, CONIDIES, ETC. — Avant que Tulasne eût découvert le polymorphisme des Champignons on réputait autonomes tous ces Mycophytes que nous venons de donner comme n'étant que des formes ou des états spéciaux, et l'on était vraiment autorisé à les traiter comme tels, car chacun d'eux pouvait perpétuer son espèce et chacun montrait un cycle de vie bien net et bien régulier : naissant, croissant et se reproduisant comme tout végétal indépendant. A ce moment les corps reproducteurs qu'ils donnaient étaient tous appelés *spores* : comme au reste toutes les semences des autres Cryptogames.

Mais le problème se compliqua lorsqu'on eut été forcé de reconnaître que, par exception, cette fertilité n'était point pour eux un caractère d'indépendance et qu'il fallait, pour faire un Champignon *parfait*, ajouter les uns aux autres et combiner en un cycle *complet* plusieurs cycles intermédiaires, comme autant d'anneaux, se succédant, se complétant, se suppléant (quelquefois avec une régularité telle qu'on a pu croire à des générations alternantes), pour former, à eux tous, une chaine sans fin plus ou moins longue et plus ou moins complexe, (v. p. 45). On dut d'abord établir qu'il y avait subordination de certaines formes à certaines autres, et ensuite décider, dans chacune des associations, quelle était la forme capitale ou, en d'autres termes, le chaînon principal auquel se rattacheraient tous les autres. Ainsi, pour l'Ergot de seigle ce fut le *Claviceps purpurea* TUL. ; pour la Rouille des blés, le *Puccinia graminis* PERS., etc., etc. Arrivés à ce point un certain nombre de mycologues déclarèrent, comme simplification, que seules les formes capitales avaient le droit de figurer dans une classification et qu'il ne fallait conserver le nom de *spores* qu'à leurs *seuls* corps reproducteurs. Quant aux formes associées, il n'y avait, disait-on, plus à en tenir compte ; pour un peu on les déclarait non avenues et en tous cas il n'y avait plus à les admettre dans les cadres : ce n'étaient que des formes *imparfaites, incomplètes*, et, avant tout, l'on devait retirer à leurs corps reproducteurs le nom de *spores* pour leur donner celui de *conidies* (fig. 28).

Existe-t-il donc un *criterium* qui permette à celui qui débute en mycologie de reconnaître, facilement, les Champignons parfaits des Champignons imparfaits et, un corps reproducteur étant donné, de dire si c'est une spore ou si c'est une conidie ? Hélas, il faut reconnaître que cette différenciation est impossible. Les unes et les autres ont des formes, des dimensions, des ornementations, des colorations variées, qui ne permettent pas de distinguer les spores des Champignons parfaits des conidies des Champignons imparfaits. Elles sont toutes construites à peu près de même. Ce sont toujours des cellules composées : 1° d'un phytoblaste, dans lequel se concentrent les facultés reproductrices de l'espèce ; 2° d'un phytocyste enveloppant, ordinairement formé de deux téguments emboîtés l'un dans l'autre, d'épaisseur variable, de couleurs diverses, lisses ou hérissés, guillochés ou alvéolés et possédant

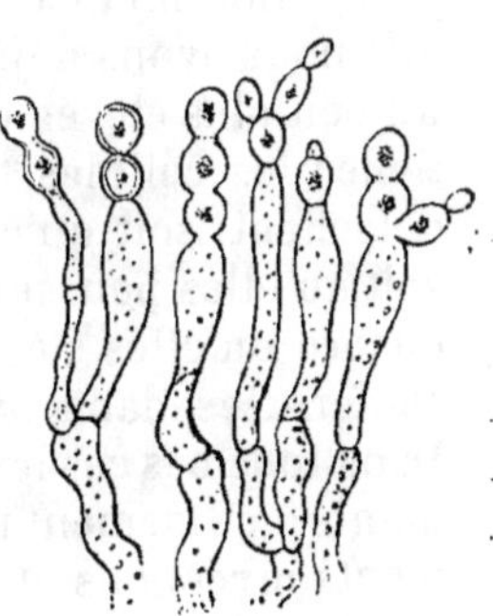

Fig. 28. — *Aleurodicus amorphus* PERS.
Appareil conidifère.

des vertus protectrices spéciales. Par leur structure et leur destination tous les corps reproducteurs semblent donc les mêmes et pourtant que de mystères se concentrent dans chacun d'eux sans que jamais ni la loupe, ni le microscope, ni l'analyse chimique aient pu, jusqu'ici, en saisir le secret ! Tel, par exemple, doit servir de suite, car sa vie est éphémère et il perdra ses vertus s'il ne rencontre pas sur le champ, réunies, toutes les conditions de son développement, tandis que cet autre, qui s'en distingue si peu par ses caractères qu'on ne peut signaler de différence entre eux, résistera longtemps, ou, même, exigera des mois de repos pour acquérir les facultés dont le premier se montrait si pressé de jouir. Il y a, là, quelque chose d'inconnu que les procédés physico-chimiques ne décèlent point, et le mycologue descripteur a dû reconnaître qu'il lui est impossible, s'il veut s'en tenir à eux, d'établir une différence entre les corps reproducteurs des Mycophytes dits parfaits et les corps reproducteurs des Mycophytes regardés comme imparfaits, c'est-à-dire entre les spores et les conidies ; en conséquence, il s'est vu forcé de chercher dans un autre ordre d'idées et de demander quelques indications à la physiologie.

Certains Mycomycophytes se reproduisent par *scissiparité* ; toutes les cellules peuvent être appelées à redonner la plante-mère, en se coupant en fragments qui se désarticulent après avoir vécu, à l'état d'union les uns avec les autres, pendant un temps plus ou moins long. Les ferments (Schizomycètes) sont particulièrement dans ce cas. Nous ne reviendrons pas sur ce que nous avons déjà dit à ce sujet. Chez les Mycomycophytes un peu plus élevés dans la série, la scissiparité n'est que partielle : les cellules terminales seules sont prédestinées et se détachent, soit qu'elles se montrent enchaînées en chapelets, soit qu'elles poussent solitaires à chaque extrémité fertile, soit encore qu'elles s'échappent en *grand nombre* après avoir été renfermées dans une cellule renflée : capsule ou sporange. Dans tous ces cas les corps reproducteurs sont fournis en grand nombre et forment une poussière (κόνις) qui saupoudre les filaments mycéliens et même les objets environnants. C'est ce qui explique le nom de conidies et les termes de conidiacés, conidiés, coniomycés, sous lesquels on les a groupés. Par leur provenance et leur manière de se former ces corps reproducteurs rappellent les bubilles, les bourgeons mobiles ou des Phanérogames.

Chez les Champignons dits supérieurs, ou Fongidés, la spécialisation du travail s'accentue ; ce ne sont plus des cellules quelconques en tout semblables aux autres qui se font accidentellement organes de reproduction, ce sont des cellules spéciales qui ont été de longue main préparées par le mycélium et dans lesquelles se trouve concentrée une vertu particulière. Le plasmodium des Myxomycètes, après avoir erré de gauche et de droite, après avoir élaboré des provisions cherchées avec peine, se recueille et façonne des corps spéciaux qui *eux* sont immobiles et bien encellulés. C'est dans ces corps que se résume le travail de la plante, l'espoir des générations à venir. Dans les Siphomycètes deux cellules se rencontrent, s'abouchent,

fusionnant leurs protoplasmas pour donner des corps reproducteurs. Dans les Thécamycètes, une cellule terminant un rameau
se renfle, accumule le protoplasma préparé, puis se partage en
petites masses (ordinairement 4 à 8) qui s'arrondissent, se pelotonnent, élaborent un nucléus et se revêtent d'une couche de
matière cellulosique, puis déchirent la cellule mère et vont à la
recherche de conditions favorables à leur germination. Dans
les Basidiomycètes, les extrémités des rameaux se renflent,
comme tout à l'heure, le protoplasma s'accumule, de même se
partage aussi (ordinairement 4 à 8), mais ces masses au lieu
de rester enfermées repoussent la paroi de la cellule qui les
tient prisonnières, la gélifient et sortent soit par les côtés,
soit, le plus souvent, par le sommet, attirant, ordinairement,
chacune un caudicule ou stérigmate et composant comme une
couronne de corps encellulés qui se détachent et se préparent
à reproduire l'espèce. C'est à ces corps reproducteurs ainsi
formés et rappelant les graines des Phanérogames qu'on réserve le nom de « spores ».

Depuis quelques années on a inventé une nouvelle espèce
de corps reproducteurs : « les œufs » ; ce seraient des sortes de
« spores » dues à la fécondation. Jusqu'ici leur présence n'était
reconnue que chez les Siphomycètes et c'est pour cette raison
qu'on les avait qualifiés du nom de « Oomycètes » ; l'on n'admettait la fusion des protoplasmas que chez les végétaux de cette
alliance. S'il venait à être démontré péremptoirement que les
conclusions de Dangeard sont vraies, toutes les spores, et
peut-être aussi toutes les conidies, deviendraient des « œufs » ;
cela nous ramènerait à faire comme les anciens, à tout ranger
sous le nom de spores.

Si l'on veut se reporter à ce que nous avons écrit plus haut
(p. 9 et 29), on jugera de la valeur de ces caractères d'ordre
biologique et l'on pèsera l'importance qu'ils peuvent avoir
pour nous. Mais dans l'état actuel de la Mycologie et sous peine
de retomber dans l'anarchie, il est nécessaire de les considérer
comme bons et de les adopter en faisant les réserves que l'on
peut croire nécessaires.

VIE ET RÔLE DES MYCOMYCOPHYTES. — Ces végétaux étant pri-
vés de chlorophylle rentrent, par cela seul, dans la catégorie des
êtres comburants, des êtres destructeurs, des êtres qui sont
chargés de ramener les organisés à leurs éléments primitifs en

les oxydant pour les décomposer et, en fin de compte, rendre aux milieux cosmiques les corps simples dont ils sont formés. Ils sont destructeurs au même titre que les représentants du Règne animal dont on les rapprochait autrefois. Mais avant de restituer aux milieux les matériaux auxquels ils s'attaquent, et surtout les matériaux hydrocarbonés, ils les transforment en leur propre substance, c'est-à-dire : 1° en une matière quaternaire azotée et sulfurée (protoplasma) qui se décompose facilement, et 2° en une matière ternaire spéciale, nommée *fongine*, qui, le plus souvent, se gélifie, se fond dans l'eau ambiante et disparaît sans laisser de traces.

Les mycéliums des Mycomycophytes sont très voraces, ils s'introduisent partout pour y rechercher les hydrates de carbone qui entrent dans la composition des êtres organisés ; ces

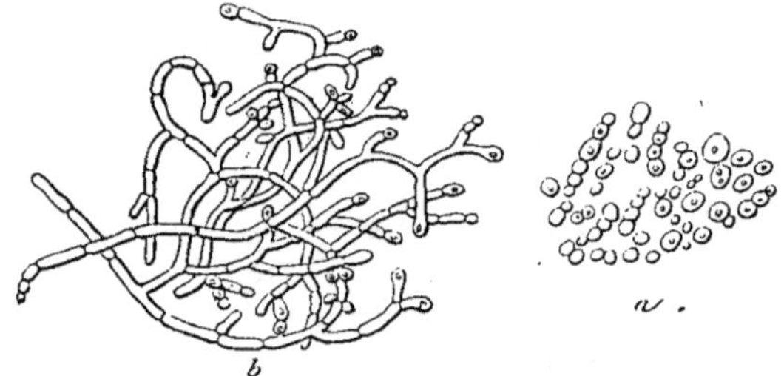

Fig. 29. — *Microsporon (Trichosis) Caninis* SALISBURY.
a, amas de spores; *b*, mycélium dans les cellules épithéliales de la peau du chien.

hydrates leur sont indispensables pour vivre, ils les prennent partout où ils les trouvent : se contentant parfois d'être saprophytes, c'est-à-dire de dévorer les organismes dont la vie s'est retirée, mais, trop souvent aussi, se faisant parasites, ce qui est grave car alors ils deviennent cause de maladies et mort. Les animaux et l'homme sont leurs victimes (fig. 29). Le Muguet des enfants et des vieillards malades (*Oïdium albicans*, fig. 21), les Teignes, la Mentagre et le *Pityriasis versicolor* sont des maladies dues à des Asporomycés conidiés ; l'Aspergille a été trouvé dans l'oreille de l'homme (*Aspergillus auricularis*, MAY.), dans les sacs pulmonaires de certains oiseaux, etc.; et, sans parler du *Botrytis tenella* SACC. qui n'a pas justifié encore les espérances que l'on avait conçues de son action destructive sur les vers blancs, nous avons le *Saprolegnia ferax* GRUITH. qui dévaste nos étangs et nos viviers, les Laboulbéniacés, les Entomophtoracés qui s'allient pour faire la guerre aux insectes, puis encore, nombre de *Cordyceps*: le *C. militaris* Fr. et le *C. Robertsii* Berk., sur les larves mortes; le *C. sphecophila* Tul. sur les guêpes qui, après les avoir, pendant leur vie, promenées avec elles, ce qui les a fait nommer *Guêpes végétantes*, finissent par succomber et deviennent leur proie après leur mort; le *Cordyceps nutans* Pat. (fig. 96), espèce chinoise qui pousse sur une Punaise, etc. Nous nous arrêtons, l'esprit de ce livre ne nous permet pas d'insister plus longuement. Les Champignons s'attaquent surtout aux organismes végétaux, car c'est là que se trouve la fabrication des matières ternaires carbonées. Saprophytes, ils se développent dans les bois de charpente et de construction dont ils ne laissent souvent que le squelette. Dans les liquides sucrés ils opèrent la fermentation en transformant le sucre en alcool. Parasites, ils sont des fléaux redoutables qui font le malheur de nos cultures : ce sont les Rouilles, les Charbons; le Blanc du Cresson ou Meunier, (*Cystopus candidus* Lév. fig. 79), les Oïdiums, les Mildew, les Roots, le Pourridié, l'Anthrachnose, etc. Les Polypores s'attaquent à nos vergers, l'*Armillaria mellea* Fl. Dan., à nos Châtaigniers, etc., etc.

La propriété que possède le protoplasma des Champignons de transformer les hydrates de charbon et les autres éléments empruntés aux organismes étrangers et aux milieux ambiants en cellulose fongique et en matière azotée, a conduit à rechercher pour l'alimentation ceux de ces végétaux chez lesquels ces matériaux sont réunis en assez grande abondance pour former des réceptacles de dimensions assez appréciables. Toutefois, comme bien on le comprend, on n'arrête son choix que sur les espèces non lignifiées ou mieux sur celles dont les matières ternaires restent molles et spongieuses et sont gorgées des matières quaternaires azotées en proportions notables, le tout étant relevé par certaines huiles essentielles qui leur donnent des saveurs et des parfums particuliers. Mais on ne saurait trop recommander d'user de ces aliments avec la plus grande circonspection ; car s'il en est qui, non seulement sont délicieux au goût mais qui, de plus, ont une valeur nutritive assez grande pour avoir été comparée à celle de la viande, il y en a d'autres qui sont d'un usage dangereux. Il faut donc être prudent et se méfier : plusieurs contiennent naturellement des poisons, et presque tous, par suite de la rapidité de leur décomposition et, en raison de la quantité d'azote et de soufre qu'ils contiennent, peuvent fabriquer des ptomaïnes et leucomaïnes pernicieuses. Certes, le nombre des Champignons de nature meurtrière n'est pas grand, mais, par contre, considérable est le nombre de ceux qui, inoffensifs quand ils sont jeunes, doivent devenir suspects en vieillissant ou en se flétrissant, soit que leurs tissus deviennent durs et indigestes, soit qu'ils s'imprègnent de ces alcaloïdes de décomposition dont il vient d'être question.

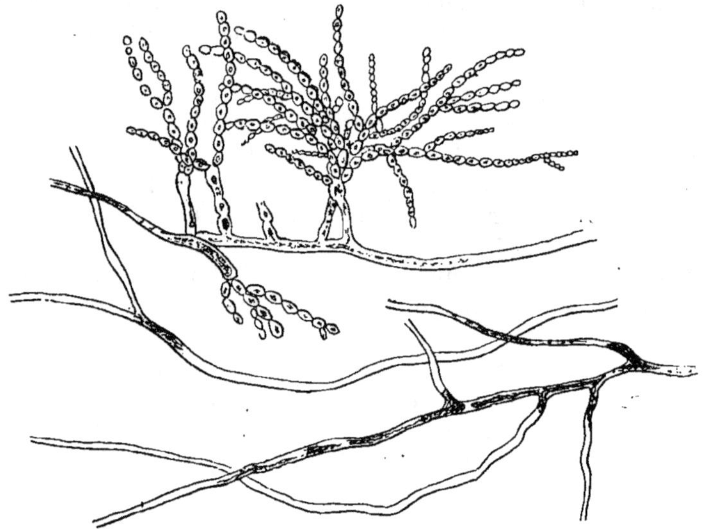

Fig. 30. — *Penicillium curtipes* BERK.
Mycomycophyte trouvé dans l'ambre jaune par le Dʳ K. Thomas × 600.

FOSSILES. — Le nombre des Champignons fossiles décrits jusqu'à ce jour est relativement peu considérable, 350 environ. On donne comme raison de cette pauvreté que leurs tissus, en général mous, spongieux, sont facilements détruits et n'ont pu en conséquence résister aux assauts qui ont déterminé les cataclysmes à la suite desquels ils ont été ensevelis. Tout le monde, en effet, s'accorde pour admettre que, de tout temps, des Champignons ont existé et rempli le même rôle que ceux qui existent de nos jours ; et il est bien étonnant, dès lors, que l'on n'en ait pas trouvé plus de traces dans les temps anciens.

La raison invoquée plus haut ne semble pas très valable : d'abord parce que, en l'admettant pour les Champignons les plus mous, elle ne serait plus plausible pour bien d'autres qui sont durs et lignifiés comme les *Polyporus*, *Lenzites*, *Merulius*, *Trametes*, etc., voire même les *Sphæria*, etc., et, d'autre part, parce qu'au nombre des fossiles connus s'en trouve un, entre autres, le *Penicillium curtipes* BERK. (fig. 30) qui est une Moisissure délicate et qu'on a rencontrée dans l'Ambre jaune. D'autre part, on a signalé la fossilisation d'organismes tout aussi sensibles et plus, peut-être, que les plus sensibles des Mycophytes : tel le *Bacillus Amylobacter* que l'on a trouvé dans les terrains houillers ; tels le *Bacterium Permiense* que Renault a découvert sur des coprolites du terrain permien. En 1885 Ch. Richon a décrit le *Leptosphærites Lemoinii*, très petite espèce qui se trouve en parfaite conservation sur les tiges des graminées fossiles ; tous les états ont presque été retrouvés. Enfin E. Bureau a signalé un *Æcidium* (*Æ. Nerii* ED. BUR.) sur une feuille de *Nerium Sarthacense* de l'époque Eocène, et N. Patouillard a décrit dernièrement (1893) un *Dothideites Nerii* sur les feuilles du même *Nerium*. Tout porte donc à espérer que, si l'on cherche mieux, on trouvera une ample moisson de nouveautés qui sont peut-être passées inaperçues jusqu'ici par suite de l'ignorance où l'on se trouvait des principes de Cryptogamie.

CLASSIFICATION. — Les Champignons ont dû apparaître en même temps que la vie à la surface de notre planète : la fragilité de leurs tissus ne leur a pas permis, peut-être, de laisser beaucoup de témoins de leur existence passée, mais il est à penser pourtant que, de tout temps, leur importance a été en rapport avec celle des désorganisations auxquelles ils présidaient et qui étaient nécessaires pour maintenir l'équilibre vital à la surface du globe. Il n'y a pas bien longtemps que l'on en était encore à trouver le premier mycète fossile et, à l'heure actuelle, la série des débris ensevelis dans les couches superposées de l'écorce terrestre n'est pas bien nombreuse, comme nous venons de le dire.

L'apparition de l'homme sur la terre n'a rien dû changer à l'économie générale de la nature et, sans doute alors, les espèces, si elles n'étaient pas les mêmes, étaient aussi nombreuses que celles qui les avaient probablement précédées et que celles qui devaient les suivre; mais sur ce point nous ne pouvons faire que des suppositions. Les anthropologistes n'ont pas signalé au milieu des gravures laissées, par nos grands ancêtres, sur la pierre, sur les os, sur le cuivre ou sur l'airain, des représentations des plantes qui nous occupent. Nous en dirons presque autant de l'homme postdiluvien car la première indication écrite de leur existence n'est trouvée que dans les Livres saints qui nous apprennent que Moïse pour se faire obéir du « Peuple de Dieu » le menaçait de la *Rouille!*

On pourrait s'attendre à être mieux renseigné en passant des Hébreux aux Grecs. Il est bien certain que ce peuple intelligent et observateur n'a pas été sans remarquer ces organismes qui ne ressemblent ni aux plantes proprement dites ni aux animaux, et se montrent partout, envahissant tout, accompagnant toute pourriture, s'imposant comme parasites ou commensaux indiscrets et tenaces chez des êtres qui, pourtant, leur sont supérieurs en organisation ; mais si tant est qu'ils les aient remarqués, il est démontré qu'ils ne s'en préoccupèrent que modérément et qu'ils les regardèrent d'un œil indifférent. Néanmoins Théophraste cite l'ὕδνον qui est devenu la Truffe et le Πεζις qui est notre Vesse-de-Loup. Les Romains décrivirent un plus grand nombre de Champignons sous des noms divers, et nous reconnaissons nos Polypores, nos Bolets, nos Lactaires, nos Clavaires, nos Oronges, dont l'une l'*Amanita cæsarea* Scop., est devenue célèbre, accusée qu'elle fut d'avoir été utilisée par Agrippine pour masquer le poison qu'elle servit à son auguste époux le César Claude 1ᵉʳ. Ces types sont à peu près les seuls que l'on trouve cités par les divers Naturalistes qui, au reste, pendant seize siècles ne font que de traduire les auteurs anciens, les copiant, les commentant et se répétant les uns les autres.

L'histoire de la Mycologie a été donnée avec tous ses détails par Richon et Roze dans l'Introduction à leur : « Atlas des Champignons comestibles et vénéneux, 1888 ». Nous y renvoyons ceux de nos lecteurs que ce sujet intéresse, nous ne voulons ici qu'indiquer sommairement celles des classifications de Mycomycophytes qui ont marqué les étapes par lesquelles on est passé pour arriver de ces temps, où l'on ne comptait que quelques types qui n'étaient même pas encore des genres, jusqu'à l'époque actuelle où le dernier dénombrement accuse 39,663 espèces.

Le premier essai de rangement date de 1526. Hermolaüs, dans ses corollaires sur le V° livre de Dioscoride, dispose les *Fungi* connus de lui, d'après leur forme : *ovati*, *digitelli*, *spongioli*, etc. Ce rangement est reproduit, dix ans plus tard 1536, par Ruelle, un autre commentateur de Dioscoride. Puis, il faut attendre un siècle et demi pour trouver la question remise à l'étude ; mais, cette fois, les savants s'en occupent avec ardeur : J. Ray (1683-1696), Magnol (1689), Tournefort et Dillen (1719), Vaillant (1729), donnent des classements divers. Linné, en 1743, dans son *Genera plantarum*, comme au reste dans ses *Fragmenta methodi naturalis*, résume les connaissances classiques de la Mycologie en admettant, en fin de compte, les genres : *Agaricus*, *Boletus*, *Hydnum*, *Phallus*, *Helvella*, *Clavaria*, *Clathrus*, *Peziza*, *Lycoperdon*, *Byssus* et *Mucor*. Le naturaliste suédois eût été mieux inspiré, si, au lieu de suivre les errements anciens, il eut tenu plus compte des découvertes de Micheli de Florence qui s'était révélé comme un savant de premier ordre, si bien que nos jours on le regarde comme le fondateur de la Mycologie.

Micheli avait, en effet, dès 1729, c'est-à-dire quatorze ans avant les œuvres de Linné auxquelles nous faisons allusion, publié son *Nova plantarum genera*. Là, tout en suivant la méthode de Tournefort, lui qui, plus que tout autre, eût été autorisé à donner une classification nouvelle, il établit le fondement de la Science des Champignons, non seulement en démontrant l'existence de leurs corps reproducteurs, mais en enrichissant ce groupe de genres nouveaux tels que : *Byssus*, *Botrytis*, *Aspergillus*, *Puccinia*, *Clathrus*, *Pseudophallus*, *Clathroïdes*, *Lycogala*, *Mucor*, *Mucilago*, etc. Micheli, en résumé, adoptait trente genres et l'on a lieu de s'étonner que Linné, qui connaissait bien l'œuvre de Micheli puisqu'il accepte ses genres *Byssus*, *Mucor*, *Phallus* et *Clathrus*, ait cru devoir condenser tous les autres, de manière à n'en présenter que onze seulement au lieu de trente.

Linné et Micheli eurent chacun leurs élèves et continuateurs, si bien qu'en nous reportant à quelques années plus tard, en 1763, nous nous trouvons en face de deux classifications qui accentuent bien les tendances de l'une et de l'autre école. D'un côté, nous avons Bernard de Jussieu *(Catal. des pl. de Trianon)* qui adopte les genres de Linné, toutefois en les réduisant de onze à dix, par la suppression du *Byssus* dont il fait une Algue. De l'autre, Adanson, qui, dans ses *Familles naturelles*, suit Micheli, adopte tous ses genres (*Aspergillus* et *Botrytis* exceptés) et en crée de nouveaux, de telle sorte que la famille des *Fungi* d'Adanson comporte cinquante-cinq genres. Pour des raisons qu'il est inutile de donner ici, la plupart des genres d'Adanson, quoique parfaitement justifiés, furent démarqués et existent à peu près tous sous des noms autres. C'est un détail qui montre que l'indélicatesse des savants est de tous les temps et de tous les âges. En passant, nous tenons à faire remarquer qu'Adanson proposait dès 1763 la réunion des Lichens aux Champignons. Nous aurons occasion d'y revenir.

La fin du xviiie siècle vit paraître (1783) l'ouvrage si remarquable de Bulliard, mais l'auteur ne traite que des Fonginés, qu'il range d'après la position des organes de reproduction. Le commencement du xixe siècle est marqué par la publication du *Synopsis* de Persoon (1800) qui, à l'exemple de Bulliard, prend pour base les rapports du réceptacle avec les organes de fructification. C'est l'application et le perfectionnement de ce système qui, en développant les travaux d'analyse microscopique, provoquèrent la classification de Link, 1810, et celle de Nées d'Esembeck, 1817, l'un et l'autre préparant celle d'Elias Fries, que beaucoup regardent comme le législateur de la Mycologie.

Fries, en effet, dans son *Systema Mycologicum*, 1821-1823, admet les cinq groupes de Link et de Nées : Coniomycètes, Hyphomycètes, Gastéromycètes, Pyrénomycètes et Hyménomycètes; mais se basant sur le mode de production des spores, il dédouble ces Hyménomycètes : 1° en Hyménomycètes proprement dits à spores exsertes, et 2° en Discomycètes où les spores sont enfermées, de telle sorte qu'il a six groupes au lieu de cinq. Cette classification est, au reste, retouchée par son auteur en 1846 dans le *Summa Vegetabilium*, etc. : les Coniomycètes et Hyphomycètes remaniés deviennent les Haplomycètes et les Gymnomycètes. — La classification de Fries produisit une grande impression sur les Mycologues; aussi, malgré certaines modifications, on la reconnaît, comme fond, dans un grand nombre de rangements qui ont été proposés depuis son apparition jusqu'à nos jours, on en sent comme le reflet dans ceux que donnèrent, par exemple, Corda en 1837 et Brongniart en 1843, etc., etc.

Pendant ce temps, Léveillé (1847 in *Dict. d'Orbigny*, art. MYCOLOGIE), appliquant à l'ensemble du groupe des *Fungi* les considérations sur les rapports des spores avec leurs cellules-mères, considérations qui, nous venons de le voir, avaient déterminé Fries à scinder les Hyménomycètes de Link et de Nées en Hyménomycètes et Discomycètes, Léveillé, disons-nous, propose de partager les Champignons en : 1° Basidiosporés, 2° Thécasporés, 3° Clinosporés, 4° Cystosporés, 5° Trichosporés, 6° Arthrosporés. Cette nouvelle classification va désormais faire échec à celle de Fries ; les mycologues vont avoir à choisir entre les deux,

Payer, en 1849, dans son *Traité de « Botanique Cryptogamique»*, suit la classification de Léveillé, tout en y introduisant quelques changements. Il conserve ses ordres : Arthrosporés, Trichosporés, Thécasporés et Basidiosporés ; mais il supprime les Clinosporés et les Cystosporés dont les éléments sont répartis dans les quatre autres ordres ; d'autre part, il fait passer à l'état d'ordre les Myxomycètes qu'il nomme Myxosporés, regardés par Léveillé comme des Basidiosporés endobasides, et il y adjoint les Ustilaginés. Quelque importance que puissent avoir ces changements judicieux, nous n'insisterions pas sur l'œuvre de Payer si ce savant n'était revenu à l'idée d'Adanson et n'avait, à son exemple, intercalé les Lichens dans les Thécasporés.

Par contre, Berkeley, 1857 *(Introd. to Crypt.)* suit Fries, mais, aussi, en le modifiant un peu. Il partage les Champignons en deux groupes suivant que les organes reproducteurs sont nus : « Sporifères », ou enfermés : « Sporidifères ». Les Sporifères réunissent les Hyménomycètes, Gastéromycètes, Coniomycètes et Hyphomycètes de Fries. Quant aux Sporidifères, si les corps sont enfermés dans des capsules, ce sont les Physomycètes (qui deviennent, en 1875, les Phycomycètes), et s'ils sont dans des asques ou thèques, ce sont les Ascomycètes, Thécasporés de Léveillé ou Discomycètes et Pyrénomycètes réunis de Fries. Cette classification a été reproduite en 1875 par Berkeley et Cooke (*Les Champignons*) et depuis par Cooke.

En 1860, puis en 1876, Lemaout et Decaisne admettent la classification de Léveillé avec quelques modifications em-

pruntées en partie à Payer. Leurs groupes sont : 1° Basidiosporés Lév. ; 2° Thécasporés Lév. ; 3° Clinosporés Lév. ; 4° Hyphos-
porés Lem. et Decaisne (Trichosporés et Arthrosporés Lév.) ;
5° Myxosporés Pay. ; 6° Oosporés Lem. et Decaisne « Champignons à œufs » correspondant aux Cystosporés Lév. et mieux
encore aux Physomycètes de Berkeley et Cooke.

C'est sur ces entrefaites que les frères Tulasne firent
paraître leurs remarquables travaux sur les Champignons
(*Selecta Fung.-carpol*, 1861 et 1865). Le polymorphisme des
Champignons y était dévoilé : les auteurs prouvaient qu'un
grand nombre de formes qu'on était accoutumé à regarder
comme autonomes et ayant une vie définie ne sont que des
morphoses successives d'une *seule* et *même* espèce. D'où il
suivait que la plupart des Champignons qu'on rangeait dans les
Coniomycètes, Hyphomycètes, Haplomycètes de Fries, ou
Trichosporés et Arthrosporés de Léveillé n'étaient que des
états transitoires des autres Champignons : Hyménomycètes,
Discomycètes, Pyrénomycètes de Fries ou Basidiosporés, Thécasporés, etc., de Léveillé. Cette découverte fut la pierre
d'achoppement des deux classifications rivales. Ses effets ne se
firent pas longtemps attendre et l'on vit de suite se dessiner
deux courants opposés parmi les mycologues. Les uns jugèrent
inutile de classer des formes qui étaient douteuses ou tout au
moins passagères et, sur ce, ils les rayèrent, ainsi que nous
l'avons vu, du nombre des Champignons ; les autres, au contraire, pensèrent qu'on devait quand même les classer et les
étudier. L'une et l'autre de ces tendances se retrouvent chez
les auteurs qui vont suivre.

Nous avons d'abord de Bary (in *Morph. und. phys. der Pilze*,
1866) et antérieurement (in *Streinz Nomencl. Fung.*, 1863) qui
n'admet que les formes définitives ; il les dispose en quatre
ordres : 1° Phycomycètes (Physomycètes Berk.) ; 2° Hypodermés comprenant les Urédinés et Ustilaginés, ce sont à
peu près les Hypodermés de Fries, qui survivent, ainsi, au
reste des Haplomycètes ; 3° Basidiomycètes de By., (Basidiosporés Lév.) ; 4° Ascomycètes ; ce sont ceux de Berkeley dans
lesquels, suivant l'exemple de Payer, il fait rentrer les Lichens.
Sachs (*Traité de Bot.*, 1868-1872) conserve la classification de
de Bary, et, comme lui, n'ouvre aucun casier pour les espèces
que l'on regarde comme des formes d'attente, comme des états
complémentaires ou supplémentaires des Champignons qui

passent pour être définitifs, et rentrent dans l'un des quatre ordres indiqués.

A cette même époque, 1869, Fuckel (*Symbolæ Mycolog.*) proposait, au contraire, de tenir compte de toutes les formes, et, en conséquence, il partageait les Champignons en deux grands groupes : 1° les *perfecti* se divisant en *Myceliophori* et *Plasmodiophori*; 2° les *imperfecti*.

Bertillon, 1874, combat cette idée d'admettre deux sortes de Champignons : les uns *parfaits* et *vrais* et les autres *douteux* et *imparfaits*. Sa classification tient de celles de Fries et de Léveillé. Les Champignons sont ou bien : I. Sarcodés, c'est-à-dire à réceptacles charnus, ou bien : II Asarcodés, sans réceptacles charnus. Les Sarcodés qui comprennent : 1° les Basidés (= Basidiomycètes Fr. ou Basidiosporés Lév.); 2° les Ascidés (= Thécasporés Lév. = Ascomycètes Berk.); 3° Clinidés (= Clinosporés Lév.), répondraient donc aux *perfecti* Fuck. en y ajoutant toutefois les Myxomycètes (= Myxosporés Pay., emend.) Quant aux Asarcodés, ils réunissent à peu près ceux que Fuckel nomme *imperfecti*. L'auteur, en effet, ne se refuse point à accepter toutes les formes, mais il n'admet pas les qualificatifs de *parfaits* et d'*imparfaits* et il veut que l'on ne se serve, pour la classification, que de caractères objectifs (nous avons vu page 55 que ce n'était pas toujours facile).

Les choses étaient en cet état lorsque nous fûmes, en 1877, convié à donner le programme de notre *Cours de Cryptogamie*. Prenant pour canevas la classification de de Bary, nous y introduisîmes les modifications suivantes : 1° sous le nom de Mucédinées, nous plaçons l'étude des *imperfecti* Fuck. comme appendice aux Phycomycètes dont ils se rapprochent le plus; 2° nous acceptons les Lichens comme Champignons à la suite des Ascomycètes, mais en leur laissant néanmoins leur autonomie; 3° à l'exemple de la plupart des mycologues, nous plaçons les Myxomycètes en tête de la classe; 4° enfin, et cela était plus grave, nous incorporons les Hypodermées dans les Basidiomycètes. De telle sorte que nous avons les quatre groupes suivants : I Myxomycètes; II Phycomycètes avec les Mucédinées comme appendice; III Basidiomycètes, ceux de de Bary et des autres auteurs, Basidiomycètes à basides normaux, auxquels, suivant les indications de Tulasne (1853 et 1865), nous ajoutons : comme Basidiomycètes à basides anormaux, A les Hypodermés (Ustilaginés et Urédinés) et B les Trémellacés; IV Ascomycètes, avec Lichens comme appendice et formant groupe de transition avec les Algues dont ils sont si voisins.

En 1884, dans son *Traité de Botanique*, Ph. v. Tieghem, traducteur de Sachs, adopte comme lui la classification de de Bary, mais il y fait quelques changements : 1° il admet, comme premier ordre, les Myxomycètes ; 2° il change le nom de l'ordre des Phycomycètes, qui deviennent les Oomycètes (= Oosporés de Decaisne) ; 3° il fait disparaître les Hypodermés dont il fait deux ordres, Ustilaginées et Urédinées. C'est cette même classification qu'il reproduit en 1891, dans sa seconde édition. L'auteur ne croit pas devoir tenir compte des états transitoires, difficiles à placer.

De Seynes n'admet pas la division de Fuckel en Champignons parfaits ou vrais et en Champignons imparfaits ou douteux, mais il est d'avis qu'on tienne compte de toutes les formes, car au point de vue taxinomique et morphologique elles ont leur importance et on ne peut les laisser dans l'ombre. Toutefois, en complet accord avec Bertillon, il pense que ce sont exclusivement les caractères objectifs qui doivent servir à une classification, « les qualificatifs tirés de considérations physiologiques ou de notre ignorance actuelle ne sauraient répondre au but qu'elle se propose ». En conséquence, il admet les sept groupes suivants : 1° Plasmodiés (= Myxomycètes) : 2° Oosporés, Decaisne (= Oomycètes V. Tiegh.) ; 3° Hypodermés de By. ou Endophytomycètes ; 4° Basidiés Bert. ; 5° Ascidés Bert. ; 6° Clinidés de Seyn. non Bert. (= Gymnomycètes Fr.) ; 7° Nématés de Seyn. (Hyphomycètes Auct.)

Aucun des mycologues dont nous venons d'analyser les classements, rangements, systèmes ou classifications ne semble, sauf toutefois Léveillé, avoir essayé d'enchaîner les groupes qui tous sont présentés comme isolés et sans liaison aucune les uns avec les autres. Saccardo [2] a essayé de vaincre cette difficulté. Disons de suite qu'il a éliminé les Lichens, mais qu'il a accepté, en principe du moins, les grandes coupes de Fuckel, il reconnaît des *Fungi* : 1° *superiores* ; 2° *inferiores*.

Voici, au reste, sauf les détails, la classification qu'il propose :

---

[1] Seynes (J. de) in *Dict. Bot.* Baillon, art. *Mycologie*, 1891.
[2] Saccardo, *Sylloge Fung*, t. VIII 1889.

I Champignons supérieurs.
  A Sans plasmodium.
     † Mycélium distinct ; rarement peu apparent ou absent.
       + Pas d'asques.
         § Réceptacle distinct avec :
           a Hyménium externe. . . . . *Hyménomycètes.*
           b   —   interne. . . . . *Gastéromycètes.*
         §§ Réceptacle nul ou peu distinct :
           * Zoospores nulles et Zygospores nulles. *Hypodermés.*
           ** · —   présentes et   —   présentes. *Phycomycètes.*
     ++ Avec des asques :
        § Champignons épigés, ayant :
          a Des réceptacles clos. . . . . *Pyrénomycètes.*
          b   —   ouverts étalés . . . . *Discomycètes.*
        §§ Champignons hypogés . . . . *Tubéroïdés.*
  B Avec plasmodium. . . . . *Myxomycètes.*
II Champignons inférieurs, formes, stades ou états
    d'Ascomycètes :
  A Avec périthèces. . . . . ·. . . *Sphéropsidés.*
  B Sans périthèces et plongés. . . . . *Mélanconiés.*
  C   —   superficiels . . . . *Hyphomycètes.*

En jetant les yeux sur ce tableau on voit qu'à l'exception des
Tubéroïdés, Sphéropsidés et Mélanconiés, tous les groupes
indiqués ont figuré dans la plupart des classifications. Les nouveaux venus déjà existants n'étaient que des sous-groupes.
Ainsi les Tubéroïdés font partie des Gastéromycètes de Fries
et des Endothèques de Léveillé ; quant aux Sphéropsidés et
aux Mélanconiés ce ne sont que démembrements des Pyrénomycètes de Fries, ou Clinosporés de Léveillé.

En 1891, O. Bréfeld, pour des raisons qu'il serait trop long
d'analyser ici, a proposé une division nouvelle s'intercalant
entre les Ascomycètes et les Basidiomycètes, c'est celle des
Mésomycètes formée de 1° Hémiascés (*Ascoïdea, Protomyces,
Thelebolus*) et 2° Hémibasidés (*Ustilago. Tilletia*, etc).

Dans l'Énumération des genres de Mycophytes que nous
présentons aujourd'hui nous reprenons le rangement que
nous avons proposé en 1877, mais en essayant, à l'exemple de
Saccardo, d'établir un enchaînement des différents groupes.

Nous avons dit, plus haut, ce que nous pensions de l'incorporation des Lichens (Mycophycophytes) dans la classe des

Mycophytes, il ne nous reste plus ici qu'à ranger les Champignons (Mycomycophytes).

Nous en faisons de suite deux divisions : 1° les uns correspondent avec des limites différentes aux *imperfecti* Fuck., *inferiores* Sacc. : ce sont les Asporomycés qui se subdivisent en Aconidiés et en Conidiés. Ils comprennent non seulement les formes imparfaites des Ascomycètes (Thécamycètes Nob.) mais encore les formes imparfaites des Basidiomycètes, etc. 2° Les autres correspondent, avec des limites différentes aussi, aux *perfecti* Fuck., *superiores* Sacc., ils composent la division des Sporomycés. Nous y plaçons quatre alliances : — A, les Myxomycètes ; — B, les Siphomycètes (Physomycètes Berk., Oosporés Lem. et Decaisne., Oomycètes V. Tiegh) ; — C, les Thécamycètes (Ascomycètes Auct.) ; — et enfin, D, Basidiomycètes dans lesquels nous conservons les Hypodermés Auct. (Urédinés et Ustilaginés) et les Trémelles. Cette réunion proposée par nous en 1877, critiquée et contestée alors, étant, en général, admise aujourd'hui [1].

Voici comment nous comprenons la sous-classe des Mycomycophytes :

I Stériles ou bien n'ayant que des conidies (pas de spores). **1re DIVISION ASPOROMYCÉS.**

† Stériles sans conidies . . *1re SUBDIVISION ASP.-ACONIDIÉS.*

†† Stériles, mais ne produisant que des conidies.. *2e SUBDIVISION ASP.-CONIDIÉS.*

* Filaments libres ou simplement rapprochés.. 1re Cohorte **Nématomycétales**

** Filaments serrés formant tissu. . . . . 2e Cohorte **Clinidomycétales.**

1. Dès 1881, G. Winter (Rabenh., *Crypt. Flora : Pilze*), admet les Urédinés et les Ustilaginés dans les Basidiomycètes à côté des Trémellacés. En 1884 Patouillard (*Des Hyménomycètes*, thèse École sup. de pharmacie de Paris). divise les Basidiomycètes en : 1° Homobasidiés (à basides normaux) et en Hétérobasidiés (à basides anormaux). Ces Hétérobasidiés étaient les Trémellacés. Depuis, en 1886, E. Boudier (*Consid. sur l'Étude microsc. des Champ.*, p. 34) pense que les Pucciniacés (Urédinés *emend.*) pourraient bien prendre place dans les Hétérobasidiés de Patouillard, à côté des Tremelles Bréfeld en 1888 (*Unters. Mycol.* VII, *Keft*, II, 27) admet nettement la réunion des Ustilaginés, Pucciniacés, Trémellacés et en constitue un sous-ordre, celui des Protobasidiomycètes. Enfin Ph. van Tieghem (*Journal de Bot.* 1893) fait à son tour rentrer dans les Basidiomycètes, les Trémellacés, les Pucciniacés et les Ustilaginacés.

II Se reproduisant par des
       spores proprement dites.. 2ᵉ DIVISION SPOROMYCÉS.

  † Filaments mycéliens *non
      encellulés*, malacoïdes.. 1ʳᵉ Alliance Myxomycètes.

  †† Filaments mycéliens *encellulés*.

    * Filaments mycéliens
        non cloisonnés, con-
        tinus . . . . 2ᵉ Alliance Siphomycètes.

   ** Filaments mycéliens *cloisonnés*.

     a Spores se formant
        dans des thèques. 3ᵉ Alliance Thécamycètes.

     b Spores se formant
        sur des basides.. 4ᵉ Alliance Basidiomycètes

1ʳᵉ DIVISION. — ASPOROMYCÉS

Cette division comprend les Mycomycophytes qui sont dits imparfaits ou inférieurs, ou encore incomplets. Cela tient à ce que, chez certains d'entre eux, on ne trouve aucun organe reproducteur et à ce que, si les autres en possèdent, ces corps reproducteurs ne sont pas des *spores proprement dites*, mais des *spores conidiales*, plus fréquemment appelées *conidies*.

Ces Mycomycophytes, quand ils sont fertiles, paraissent autonomes, ils semblent avoir le cycle de leur vie complet, puisqu'ils naissent, croissent et se reproduisent comme des êtres parfaits [1]; mais cette autonomie est illusoire, ils font en effet partie de cycles de vie de Sporomycés et ne sont en réalité que : 1° des états de *sporomycés à génération alternante* ou bien : 2° des formes transitoires, supplémentaires, complémentaires ou accidentelles de *sporomycés à développement continu ou intermittent*.

Cela étant établi, plusieurs auteurs ont, nous l'avons dit plus haut, proposé de supprimer tout ce groupe de Champignons imparfaits. N'étaient-ils pas reliés à des types supérieurs dont ils ne constituent que des chaînons transitoires? En faisant table rase de toutes ces formes encombrantes on simplifie,

1. Longtemps on a pensé que l'état conidial ne pouvait se suffire et se perpétuer sans l'intervention de la forme sporomycée. Il n'en est pas toujours ainsi : un seul exemple suffit pour le prouver. En effet, l'état coni- dial de l'*Uncinula Spiralis* B. et C. (fig. 31), Érysiphacé américain, a suffi, malheureusement trop longtemps, à entretenir en Europe la maladie de la vigne appelée *Oïdium* (*O. Tuckeri* Berk.) (fig. 44).

pensent-ils, considérablement la Science : que de noms de genres et d'espèces disparaîtraient ainsi ! et l'on resterait avec les seuls parfaits, les seuls complets, les seuls ayant leur position nettement établie.

Nous pensons que cette manière de faire serait à peine acceptable si, d'une part, on était certain, pour tous les Sporomycés, de connaître toutes les formes annexes, et si, d'autre part, tous les Asporomycés avaient trouvé à se caser dans le cycle de Champignons supérieurs sporomycés. Mais il est loin d'en être ainsi ; malgré les travaux incessants des mycologues,

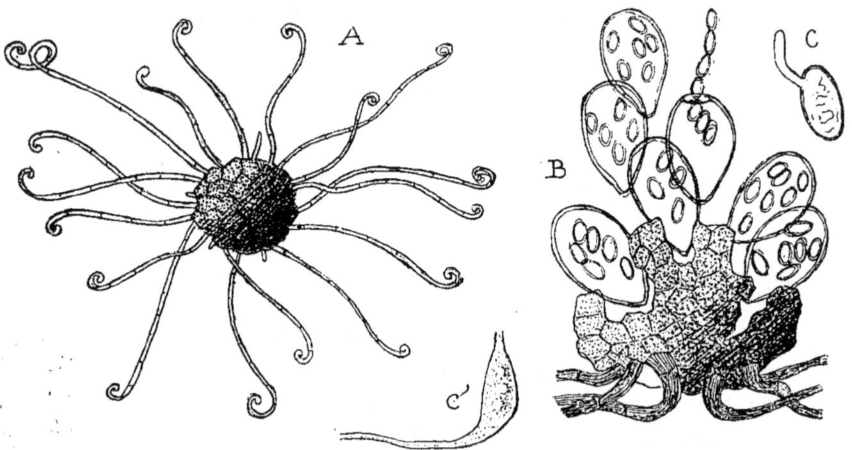

Fig. 31. — *Uncinula spiralis* B. et Cook.

A, périthèce avec ses fulcres enroulés en spirales à leurs extrémités ; B. périthèce déchiré laissant échapper les thèques contenant les spores ; c, c', spores en germination.

on ne connaît ces rapports que pour une quantité d'espèces relativement restreinte ; pour les autres, en plus grand nombre, on n'a pas retrouvé les parentés respectives. De ce que l'on sait que le *Claviceps purpurea* Tul. est allié au *Sphacelia segetum* Lév. par le *Sclerotium clavus* DC. (V. page 45) ; de ce que l'*Uredo (Trichobasis) linearis* Pers. et l'*Æcidium Berberidis* Gmel. sont en relations avec le *Puccinia graminis* Pers. (V. page 47), il ne s'en suit pas qu'on ne doive plus compter que les deux genres sporomycés *Claviceps* et *Puccinia*, car il est beaucoup d'*Uredo*, d'*Æcidium* et de *Sclerotium* qui ne sont incorporés dans aucun cycle de Sporomycés. Ces noms ne

doivent donc pas disparaître. Peut-être aurait-on une excuse
de le faire si l'on était autorisé à affirmer *à priori* que tous les
Uredo et les *Sclerotium* (pour ne pas sortir des exemples
invoqués) sont nécessairement liés, ceux-ci à des *Puccinia*,

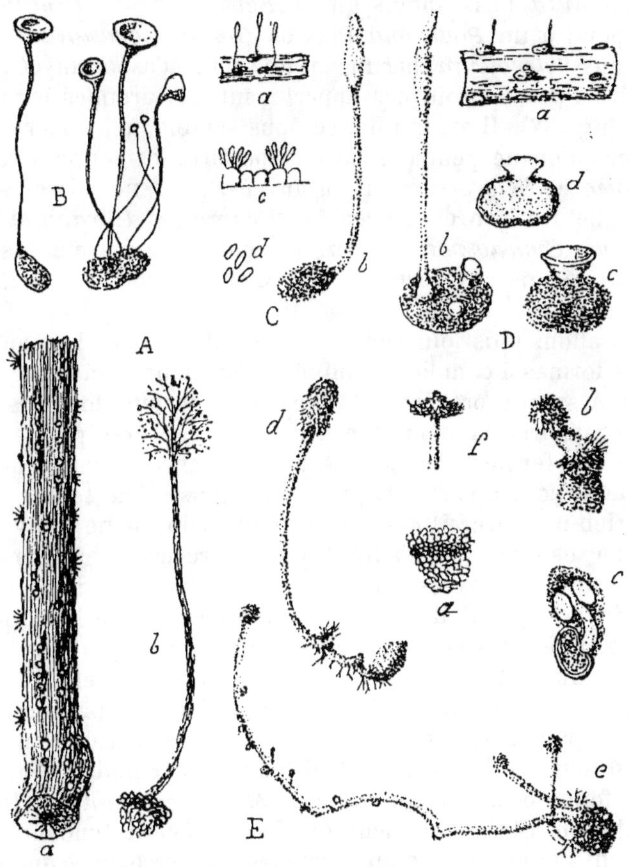

Fig. 32. — *Sclerotium.*

A de *Dematophora necatrix* HART. ; B, de *Sclerotinia libertiana* FUCK.; C, du *Typhula
gyrans* PERS. ; D, de *Pistillaria bulbosa* PAT. ; E, *Coprinus stercorarius* FR.

ceux-là à des *Claviceps* qui pourraient concentrer en eux les
appellations des formes imparfaites qui leur correspondent.

Mais il est loin d'en être ainsi et si l'*Uredo linearis* PERS. conduit à un *Puccinia*, l'*Uredo Fabœ* PERS. conduit à un *Uromyces*,
et l'*Uredo ruborum* DC. à un *Phragmidium*, etc., etc. De

même, si l'*Æcidium Berberidis* est en relation avec un *Puccinia* tout comme l'*Uredo linearis*, l'*Æcidium Fabœ* est tout comme l'*Uredo Fabœ* en relation avec un *Uromyces*, mais, par contre, l'*Æcidium Amelanchieris* DC. est suivi par le *Rœstelia cornuta* Pers. tandis que l'*Æcidium cornutum* Pers. correspond à un *Podisoma* Link ou *Gymnosporangium* DC. Quant aux *Sclerotium* chacun sait que cet état asporomycé peut conduire à des Sporomycés appartenant aux groupes les plus divers (fig. 32). Il est inutile, ce nous semble, d'insister pour prouver qu'on ne peut pas faire disparaître les genres *Uredo*, *Æcidium* et *Sclerotium*, asporomycés, pour ne laisser subsister que les genres *Puccinia*, *Uromyces*, *Phragmidium* *Rœstelia*, *Gymnosporangium*, *Claviceps*, etc., etc., sous le prétexte que ces derniers seuls sont sporomycés. Et, de même pour tous les autres Asporomycés.

Nous allons plus loin encore et nous disons que lors même que les formes à conidies, connues, s'enchaîneraient avec des formes à spores proprement dites, en affectant toujours les mêmes rapports, la même concordance, il ne serait pas permis encore de fermer les casiers de ces genres, parce qu'en admettant, pour un instant, que ces relations soient toutes rétablies, rien n'assurerait que, dès le lendemain, on ne trouverait pas une espèce qui n'aurait pour la recevoir aucune des familles de Sporomycés. En un mot, nous sommes de l'avis de J. de Seynes quand il écrit : « Tout en exprimant l'état de la Science, une classification a aussi un caractère pratique, elle doit être un instrument de travail et de progrès; elle ne peut remplir ce but si elle contient des omissions qui prennent un caractère purement théorique, quand on les généralise au delà du petit nombre d'espèces rattachées avec certitude à d'autres formes fongiques. Dans son traité des *Mucédinées simples* (1888) J. Costantin a très justement réagi contre cette tendance, en ramenant l'attention des observateurs sur des formes que leur absence des classifications modernes tendrait à faire négliger[1]. »

Comme conclusion nous disons qu'en admettant qu'il soit inutile, quand on tient du même coup le cycle complet d'un Champignon, de donner des noms nouveaux à toutes les formes alliées, il nous semble qu'on ne doit pas faire disparaître les noms des anciens genres, ni ceux des anciens groupes, qu'au contraire,

---

[1] Seynes (J. de) in *Dict. de Bot.* de Baillon, art. *Mycologie*, 1891.

on doit laisser largement ouverts ces casiers pour y garder
respectueusement les productions fongiques anciennes aussi
bien que pour y recevoir les nouvelles jusqu'à ce que les titres
de parenté de chacune d'elles soient bien établis. Ce sera le champ
fertile où le chercheur découvrira bien souvent le chaînon
manquant au cycle organique d'un sporomycé nouveau. Si l'on
était bien convaincu de cette vérité, on ne détournerait pas les
noms anciens de leur valeur première, comme on l'a fait pour
le *Penicillium* qui, parce qu'il a été prouvé que l'une de ses
espèces se trouve dans le cycle d'un Pyrénocarpé-périsporiacé
est passé aux Thécamycètes, de telle sorte que les autres *Penicillium* qui n'ont pas été encore reconnus doivent ou bien
rester dans un casier démarqué ou bien changer de nom [1]. On
a mieux agi avec l'*Aspergillus* qui est resté à son rang dans les
Asporomycés malgré l'alliance de certaines de ses espèces avec
d'autres Pyrénocarpés-perisporiacés. C'est animé de ce senti-
ment que Saccardo a dédoublé le *Kicksella* de Coëmans en
deux genres distincts, le nom de *Kicksella* est resté appliqué
à la forme thécasporée (fig. 92) pendant que celui de *Coë-
mansiella* était imposé à la forme conidifère (fig. 42).

En nous basant sur la considération de la présence ou
de l'absence des organes de reproduction, nous voyons qu'on
peut en faire deux groupes d'inégale valeur : Dans le premier,
nous plaçons toutes les formes fongiques qui sont stériles,
c'est-à-dire qui manquent d'organes propres de reproduction,
qui, par conséquent, n'ont pas de conidies, ce sont les Asporomycés-aconidiés ; dans le second, nous avons toutes les
formes fongiques qui se reproduisent par des conidies :

1ʳᵉ *Subdivision* : Asporomycés-aconidiés;
2ᵉ *Subdivision* : Asporomycés-conidiés.

Iʳᵉ SUBDIVISION. — ASPOROMYCÉS-ACONIDIÉS.

Les productions fongiques qui composent cette subdivision
ne sont, en général, que des mycéliums se rattachant à d'autres
formes d'Asporomycés-conidiés ou de Sporomycés, et qui,

[1] Pour éviter ces inconvénients, nous avons conservé le nom de *Penicillium* aux états conidiaux et créé celui d'*Ascopenicillium* pour les états
sporomycés-thécamycètes qu'on a trouvé en rapport avec des *Penicillium*.

faute de trouver les conditions nécéssaires au développement
de leurs corps reproducteurs, continuent à végéter et à s'ac-
croître. Quelques-unes après un certain temps ne trouvant plus
de nourriture, rassemblent leurs éléments végétatifs, les con-
densent et forment des paquets, des tubercules ou des cordons
serrés, véritables kystes, qui résistent plus ou moins longtemps, quelquefois presque indéfiniment, aux agents extérieurs
défavorables, toujours prêts à reprendre vie, voire même à devenir des Conidiés ou des Sporomycés, si les milieux viennent
à les favoriser. Les anciens ont fait des genres de ces différentes
productions. Si toutes les espèces placées dans ces genres
s'étaient fait reconnaître et légitimer, pour ainsi dire, par des
Sporomycés, il n'y aurait peut-être pas lieu d'en tenir compte,

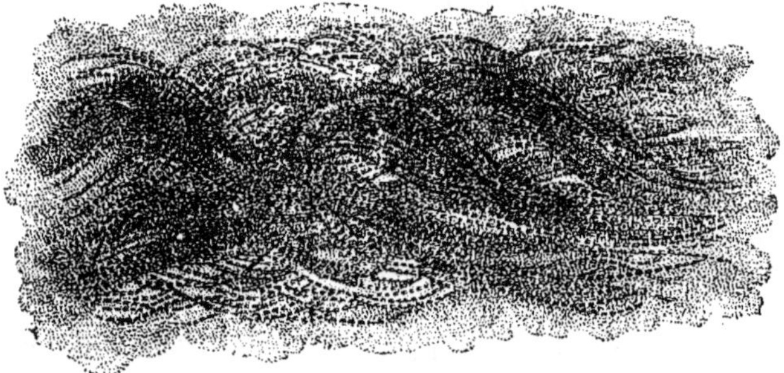

Fig. 33. — Zooglée de l'*Hygrocrocis* de la maladie
dite : Graisse des vins.

mais comme on n'en est pas encore là nous leur ouvrons une
place dans notre classification.

On peut répartir ces mycophytes en deux séries : 1° si les
filaments des mycéliums sont libres ou simplement rapprochés
on aura la série des *Himantia* ; 2° si, au contraire, les filaments sont serrés en un tissu dense, plus ou moins scléreux
et résistant, on aura la série des *Sclerotium*.

1re Série. — Himantia.

Les filaments qui composent la masse fongique sont libres
ou forment une masse non tissulée, à peine contextée. — Deux
sections :

1° **Section** des *Gloionémés*. Les filaments sont muqueux,
malacoïdes.

Genres. — *Mycomater* Fr., — *Spermœdia* Fr., — *Phlebomorpha* Pers., — *Mesenterica* Tode.

2° **Section** des *Chitonémés*. Les filaments ne sont plus transformés en matière muqueuse et mucilagineuse, l'enveloppe cellulosique forme des fils plus ou moins secs et résistants.

Genres. — *Mycoderma* (Pers.), Desmaz pr. p., — *Hygrocrocis* Auct. pr. p. (fig. 33)., — *Byssus* Mich. pr. p., — *Lanosa* Fr., — *Capillaria* Pers., — *Himantia* Pers. (= *Racodium* pr. p.), — *Xylostroma* (Tode) Pers., — *Hyphopodium* Cord., — *Tomentum* Spring., — *Tophora* Frank., — *Hypha* Pers., — *Dematium* Link. (= *Racodium* pr. p.), — *Mycorhiza* Fr., — *Fibrillaria* Pers. pr. p.

2e Série. — Sclerotium.

Ce sont des mycélium de formation secondaire dans lesquels les hyphes se sont serrées les unes contre les autres, condensées en corps de formes diverses. Un certain nombre d'espèces de plusieurs de ces genres ont pu être rattachées à des Sporomycés, mais la plupart n'ont pas été ralliées. Quelques genres même indiqués par les anciens mycologues ne semblent pas avoir été retrouvés.

Genres. — *Ozonium* Link., — *Rhizoctonia* DC., — *Pachyma* Fr., — *Mycelites* Gasp., — *Mylitta* Fr., — *Cenococcum* Fr., — *Endogone* Link., — *Sclerotium* Tode (fig. 32 et 34)., — *Xyloma* DC., — *Periola* Fr., — *Acinula* Fr., — *Pyrenium* Tode., — *Rhizomorpha* Roth.

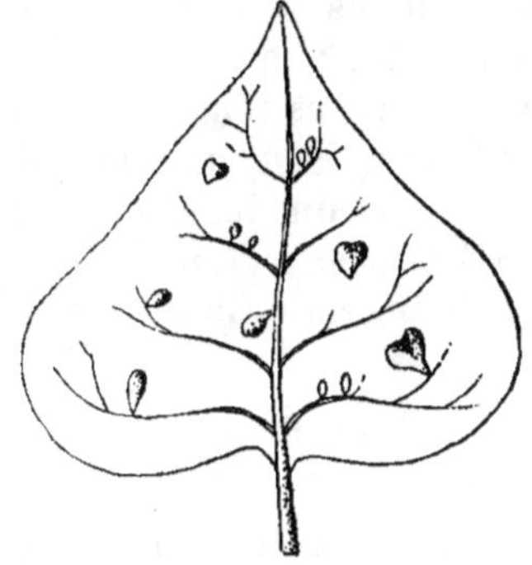

Fig. 34. — *Sclerotium complanatum* Pers.

2e SUBDIVISION. — ASPOROMYCÉS-CONIDIÉS.

Cette sous-division des Asporomycés est de beaucoup la plus importante, pour ne pas dire la seule importante ; la précédente n'étant, pour ainsi dire, inscrite ici que pour mémoire.

Sur les 39,663 espèces de mycophytes relevées dans le *Sylloge Fungorum* de Saccardo, les Asporomycés-conidiés en comptent près de 13,000.

Toutes les généralités que nous avons exposées (page 71) sur les Asporomycés nous ont surtout été inspirées par la considération des mycomycophytes qui composent cette sous-division, dans laquelle se rencontrent toutes les formes errantes qui, pour le plus grand nombre, sont rattachées aux *Basidiomycètes* et surtout aux *Thécamycètes*. Dans les autres Sporomycés les états complémentaires ou supplémentaires ont, à quelques rares exceptions près, de tels rapports avec la forme supérieure ou parfaite qu'on n'a pas lieu de les décrire à part, car, si par hasard on les rencontre errants et isolés, on est rapidement fixé sur leur valeur par les autres productions qui se montrent ensuite sur le même mycélium.

En nous basant sur la structure, nous avons partagé les Asporomycés-conidiés en deux cohortes. Dans la première les mycophytes sont formés de filaments libres ou simplement rapprochés : ce sont les Nématomycétales (νῆμα, ατος, fil) ; dans la seconde les filaments constitutifs sont agencés de manière à former un tissu, une sorte de lit sur lequel sont portées les conidies, ce sont les Clinidomycétales (χλίνις, ιδος, petit lit) ; donc :

1re *Cohorte* : Nématomycétales.

2e *Cohorte* : Clinidomycétales.

1re Cohorte. — Nématomycétales [1].

Ce sont des Mycomycophytes incolores ou vivement colorés [2] ou noirs, tous de petite taille ; la plupart appréciables à l'œil nu, surtout lorsqu'ils sont groupés, ne peuvent être bien connus dans leurs détails sans l'emploi du microscope. Saprophytes, ils vivent dans l'air ou dans les liquides et, alors, ils font fonction de ferments (Schizomycètes) ; zoophiles ou phytophiles, ils vivent le plus souvent d'organismes ou de portions d'organismes ayant vécu : beaucoup sont parasites.

1. Certains mycologues préfèrent le nom d'Hyphomycètes adopté par Fries, (1821-1833, 1842), mais nous l'avons rejeté, comme l'a fait du reste son créateur (1846), surtout parce que nos Nématomycétales ne correspondent pas au groupe visé par l'illustre Suédois.

2. En mycologie, le mot coloré désigne toutes les colorations, la noire exceptée.

Exceptionnellement, il y en a qui ne sont représentés que par une seule cellule remplissant toutes les fonctions végétales (fig. 13, 22 et 148); mais ils sont presque toujours formés d'un certain nombre de cellules qui s'ajoutent les unes aux autres, pour constituer des filaments simples ou ramifiés, libres, indé-

Fig. 35. — *Briarea elegans* STURM.

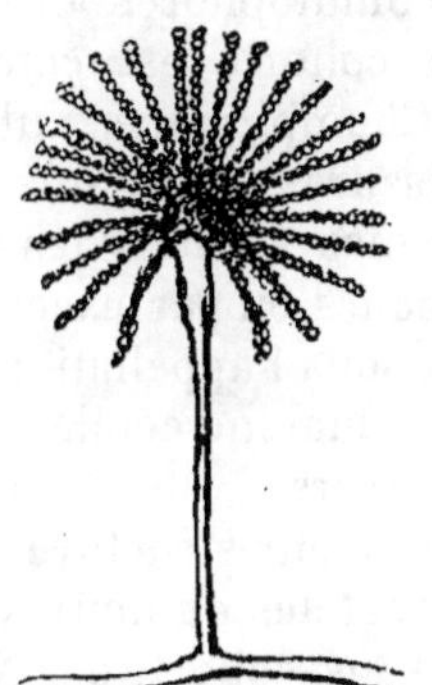

Fig. 36. — *Aspergillus glaucus* LINK.

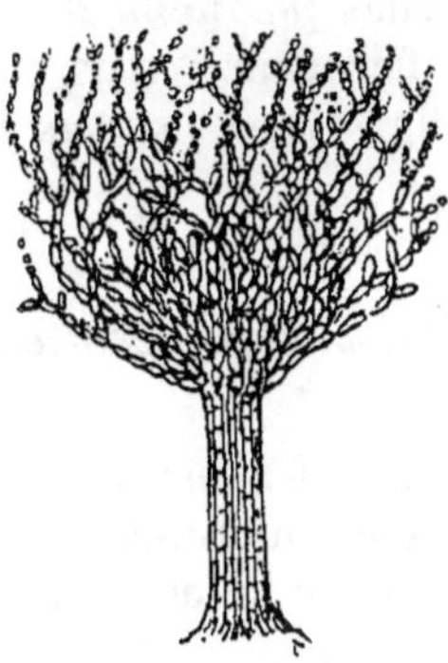

Fig. 37. — *Coremium glaucum* FR.

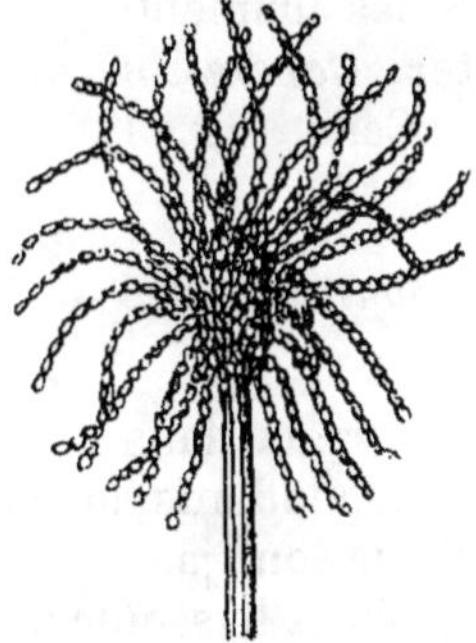

Fig. 38. — *Stysanus Caput-Medusæ* CORDA.

pendants (fig. 35 et 36), ou bien enchevêtrés et entremêlés ou encore pressés les uns contre les autres, en faisceaux serrés; toutefois chacun des filaments conserve son indépendance, en sorte qu'ils ne forment ni tissu, ni même faux tissu; il y a simple accolement (fig. 37 et 38).

Les filaments souvent ne présentent aucune différence dans

toute leur étendue; toutes leurs parties pouvant, après avoir fait fonction de cellules végétatives, devenir reproductives (fig. 43). D'autres fois seules certaines de ces cellules peuvent passer d'un rôle à l'autre : les cellules du sommet alors se changent en conidies, les filaments fertiles, ou supports, sont dits « conidiophores » (fig. 35 à 38).

Cette cohorte est composée d'une portion du groupe des petits Champignons vulgairement connus sous le nom de « Moisissures ». Les uns sont noirs en tout ou en partie, les mycologues anciens les nommaient des DÉMATIÉS, les autres sont blancs ou par exception colorés, ce sont eux qu'ils désignaient sous l'appellation de « MUCÉDINÉS ».

Ces Nématomycétales sont les formes conidiales de Sporomycés divers.

D'après leur structure, nous avons divisé la cohorte des Nématomycétales en deux sous-cohortes :

1° la sous-cohorte des Nématomycétales *haplonématés :* dans lesquels les filaments sont libres ou simplement enchevêtrés rapprochés. *Briarea elegans* STURM (fig. 35) et *Aspergillus glaucus* LINK (fig. 36 et 47) ;

2° la sous-cohorte des Nématomycétales *pléonématés :* dans lesquels les filaments sont serrés en faisceaux, mais sans se contexter. *Coremium glaucum* FR. (fig. 37), *Stysanus caput Medusœ* CORD. (fig. 38).

1re *Sous-Cohorte.* — *Nématomycétales haplonématés.*

Ce sont ceux dans lesquels les filaments constituants sont libres, indépendants, ou dans lesquels, s'ils sont rapprochés, ces filaments ne sont jamais serrés les uns contre les autres, restant enchevêtrés et byssoïdes.

Les Conidiophores sont simples ou rameux et se terminent ou bien : 1° par des conidies isolées à chacune des extrémités des rameaux : elles semblent être portées par des cheveux, Léveillé les réunissait sous le nom de Trichosporés (θρίξ cheveux) ; nous, nous dirons Trichoconidiés. Ou bien : 2° par des conidies en chaînettes moniliformes, chaque conidie se désarticulant pour donner la poussière reproductrice : Léveillé en avait fait aussi un groupe ; celui des Arthrosporés qu'il opposait aux Trichosporés ; nous, nous dirons Arthroconidiés.

En comparant les espèces qui ont des conidiophores trichoconidiés avec celles qui ont des conidiophores arthroconidiés on s'aperçoit bien vite que leurs séries se correspondent pour ainsi dire terme à terme.

En effet, les conidiophores trichoconidiés peuvent : 1° rester couchés, et alors ils se ramifient rarement, cela donne la série des *Coccospora ;* ou bien : 2° ils se dressent et se ramifient sans se renfler, on a la série des *Botrytis ;* ou, enfin, 3° ils se dressent, se ramifient parfois et se renflent par endroits, c'est la série des *Œdemium.*

De même les conidiophores arthroconidiés peuvent ou bien : 1° rester rampants et couchés, le plus souvent sans se ramifier, série des *Torula ;* ou : 2° se dresser, se ramifier sans présenter de renflements, série des *Penicillium ;* ou, enfin : 3° se dresser et renfler leurs extrémités en tête : série des *Aspergillus.*

a. *Conidiophores trichoconidiés.*

3ᵉ Série. — COCCOSPORA.

Les filaments sont couchés, ordinairement simples, exceptionnellement réduits à une cellule. Le plus souvent ils restent mycéliens dans leur première portion, plus loin les cloisons se rapprochent, les cellules de chacune des extrémités s'arrondissent, se gonflent et, à la fin, se désarticulent en conidies.

Trois sections.

1ʳᵉ Section. — *Sporotrichoïdes.* — Les conidiophores sont parfois nuls et, quand ils existent, sont peu visibles. Les conidies ne sont souvent que des désarticulations de la cellule terminale à peine distincte des autres.

Genres. — *Saccharomyces* Mey. (1ʳᵉ forme, levure basse), — *Selenotila* Lagerh., — *Massospora* Peck, — *Gymnosporium* Pers., — *Chromosporium* Cord., — *Coniothecium* Cord., — *Cycloconium* Cast., — *Soredospora* Cord., — *Stemphylium* Wallr., — *Sarcinella* Sacc. (deux formes), — *Urosporium* Fingh., — *Glomerularia* Peck, — *Echinobotryum* Cord., — *Coccospora* Wallr., — *Cheiromyces* B. et Curtis, — *Fusella* Sacc., — *Aseimotrichum* Cord., — *Asterophora* Ditm., — *Sepedonium* Link, — *Pellicularia* Cook., — *Erysibe* Wallr., — *Sporadospora* Reinsch, — *Acrothamnium* Cord., — *Sporotrichum* Link, — *Sporotrichella* Karst., — *Plecotrichum* Auct., — *Miainomyces* Cord., — *Alytospo-*

rium Link, — *Myxocladium* Cord., — *Acremoniella* Sacc.,
— *Acremonium* Link, — *Trichosporium* Fr., — *Cladorrhi-
num* Sacc. et March., — *Colletosporium* Link.

2ᵉ Section. — *Sporidesmioïdes.* — Les conidiophores très
courts sont distincts des filaments mycéliens.

Genres. — *Coniosporium* Link, — *Conidiobolus* Bref., —
Completoria Lhode, — *Empusa* Cohn (fig. 39), — *Basidiobolus*
Eidam, — *Hadrotrichum* Fuck., — *Zygodesmus* Cord., —
Hyphoderma Fr., — *Speira* Cord., — *Dictyosporium* Cord.,
— *Sporidesmium* Link, — *Stigmella* Lév., — *Papularia* Fr.,

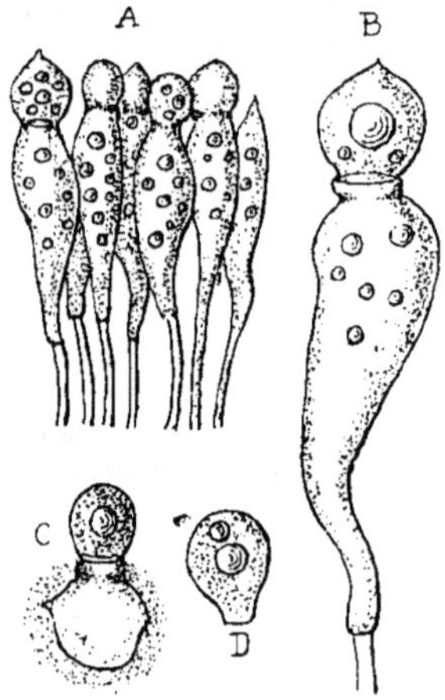

Fig. 39. — *Empusa muscæ* Cohn.

A, groupe de filaments conidiens à divers états de développement; B, l'un
d'eux grossi; la conidie est prête à
être lancée; C, conidie secondaire
sortant de la conidie primaire prête
à être lancée; D, celle-ci isolée.

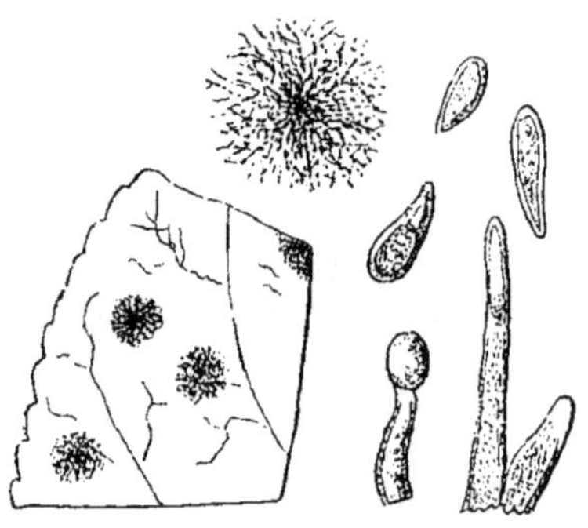

Fig. 40. — *Fusicladium dendriticum*
Wallr.

A gauche, port grand. natur.; en haut, por
grossi, en sore étoilé; à droite, conidiophores
à divers états de développement; au-dessus,
trois spores.

— *Seimatosporium* Cord., — *Napicladium* Thüm., — *Masti-
gosporium* Riess, — *Fusoma* Cord., — *Milowia* Mass., —
Clasterosporium Schw., — *Brachydesmium* Sacc., — *Stig-
mina* Sacc., — *Bactridium* Kunz., — *Hymenopodium* Cord.,
— *Ceratophorum* Sacc., — *Didymopsis* Sacc. et March, —
Didymaria Cord., — *Fusariella* Sacc., — *Dicoccum* Cord.

3ᵉ Section. — *Fusicladioïdes.* — Les filaments mycéliens
sont distincts des conidiophores qui sont assez longs.

Genres. — *Monotospora* Cord., — *Chloridium* Link, —
Periconiella Sacc., — *Periconia* (Tode) Pers., — *Macrospo-*

rium Fr., — *Mystrosporium* Cord., — *Coccosporium* Cord., — *Mydonotrichum* Cord., — *Monacrosporium* Oud., — *Dactylella* Grove, — *Dactylaria* Sacc., — *Piricularia* Sacc., — *Cercosporella* Sacc., — *Cordella* Speg., — *Helminsthosporium* Link, — *Brachisporium* Sacc., — *Cercospora* Sacc., — *Heterosporium* Klotz, — *Camposporium* Harz, — *Helicomyces* Link, — *Helicoryne* Cord., — *Helicoma* Cord., — *Mydonosporium* Cord., — *Bostrichonema* Ces., — *Polytrincium* Kunz., — *Passalora* Fr. et Montg., — *Fusicladium* Bon. (fig. 40), — *Morthiera* Fuck.

4e Série. — BOTRYTIS.

Les conidiophores sont simples et ramifiés, partout d'égal diamètre à peu près ; ils ne se renflent ni à leurs sommets, ni aux articulations pour porter les conidies. Ces conidies naissent soit directement sur le sommet tronqué du filament fertile, soit autour des articulations s'il est simple, ou bien, s'il est ramifié, sur les sommets et les articulations de ses divisions ; parfois, au lieu d'être renflés, les sommets s'effilent en pointes.

Trois sections.

1re **Section.** — *Botrytisoïdes*. — Les rameaux sont disposés sans aucun ordre.

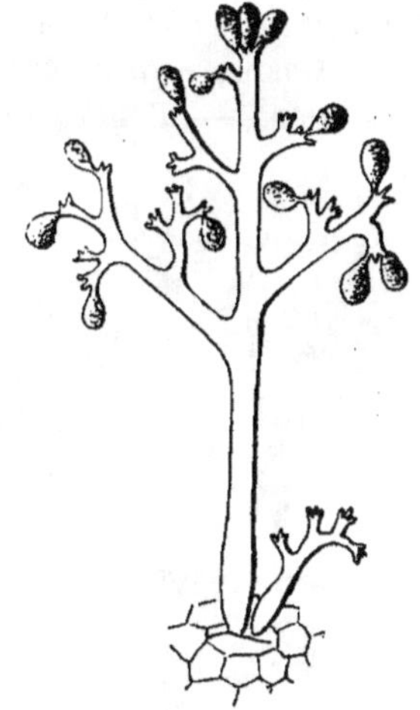

Fig. 41. — *Plasmopara viticola* Berk.

Genres. — *Helicosporium* Nées, — *Blastotrichum* Cord., — *Trichothecium* Link, — *Acalyptospora* Desm., — *Diplosporium* (Link) Bon., — *Mycogone* Link (1re forme), — *Cristularia* Sacc., — *Siphopodium* Reinsch, — *Streptothrix* Cord., — *Rhinocladium* Sacc., — *Acrospeira* B. et Br., — *Cunninghamia* Currey, — *Botrytis* Micheli, — *Peronospora* Cord., — *Phythopthora* de By., — *Plasmopara* Schroet (fig. 41), — *Choanophora* Cunning., — *Haplaria* Link, — *Virgaria* Nées, — *Campsotrichum* Ehr., — *Mycogone* Sacc., et March (2e forme), — *Langloisula* Ell. et

Everh., — *Monosporium* Bon., — *Cylindrophora* Bon., — *Cylindrotrichum* Bon., — *Menispora* Pers., — *Glenospora* B. et Curt., — *Balanium* Wallr..

2ᵉ Section. — *Verticillioïdes*. — Les rameaux fertiles sont disposés suivant un ordre qui rappelle le verticille.

Genres. — *Sphondylocladium* Mart., — *Mucrosporium* Preuss, — *Diplocladium* Bon., — *Chœtopsis* Grev., — *Mesobotrys* Sacc., — *Verticicladium* Nées, — *Verticillium* Nées, — *Acrocylindrium* Bon., — *Uncigera* Sacc., — *Polyactis* Link, *Stachylidium* Link, — *Cladobotryum* Nées, — *Acrostalagmus* Cord., — *Sceptromyces* Cord., — *Clonostachys* Cord..

3ᵉ Section. — *Acrothécioïdes*. — Les rameaux conidifères sont réunis à la partie supérieure du conidiophore.

Genres. — *Dactylosporium* Harz, — *Brachcladium* Cord., — *Pleurophragmium* Fuck., — *Drepanospora* B. et Curt., — *Phragmostachys* Cost., — *Acrothecium* Preuss, — *Triposporium* Cord., — *Scolecotrichum* Kunz. et Sch., — *Stachybotrys* Cord., — *Trichocladium* Harz, — *Cephalothecium* Cord., — *Cordana* Preuss, — *Spicularia* Pers., — *Fuckelina* Sacc., — *Prismaria* Preuss, — *Synsporium* Preuss, — *Scopularia* Preuss, — *Doratomyces* Cord., — *Rhinotrichum* Cord., — *Cylindrocephalum* Bon., — *Acrotheca* Fuck., — *Heterobotrys* Sacc. (1ʳᵉ forme), — *Cephalosporium* Cord., — *Haplobasidium* Ericks., — *Stilbodendron* Bon., — *Haplotrichum* Link, — *Hyalopus* Cord..

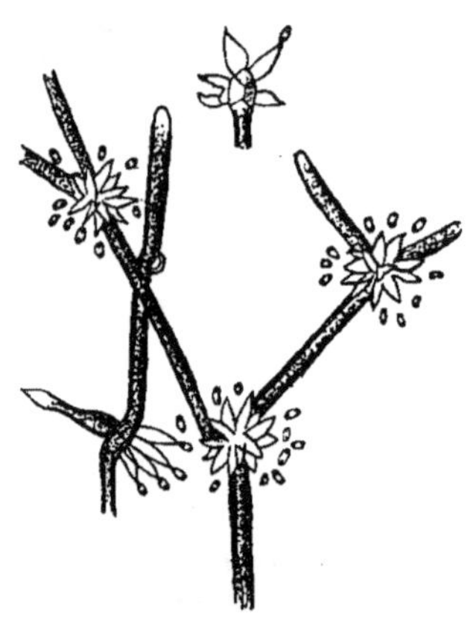

Fig. 42. — *Gonytrichum caesium* Nées.

5ᵉ Série — ŒDœMIUM.

Les conidiophores sont dressés, ils se renflent en tête, soit à leur extrémité, soit dans plusieurs points de leur longueur, là où se montrent les conidies solitaires.

Trois sections :

1ʳᵉ Section. — *Arthrinioïdes*. — Conidies sphériques, ovoïdes ou discoïdes, se montrant non seulement au sommet des conidiophores, mais en d'autres points.

Genres. — *Gonytrichum* Nées (fig. 42), — *Ceratocladium* Cord., — *Gonatobotrys* Cord., — *Gonatobotryum* Sacc., — *Arthrobotrys* Cord., — *Arthrinium* Kunz., — *Goniosporium* Link, — *Camptoum* Link.

2° Section. — *Édémioïdes*. — Conidies sphériques, ovoïdes et discoïdes, réunies en tête, mais seulement au sommet du conidiophore et de ses divisions.

Genres. — *Calcarisporium* Preuss, — *Acmosporium* Cord., — *Harzia* Cost., — *Pachybasium* Sacc., — *Tolypomyria* Preuss, — *Botryosporium* Cord., — *Nodulisporium* Preuss, — *Physospora* Fr., — *Cystophora* Rabenh., — *Cylindroden-*

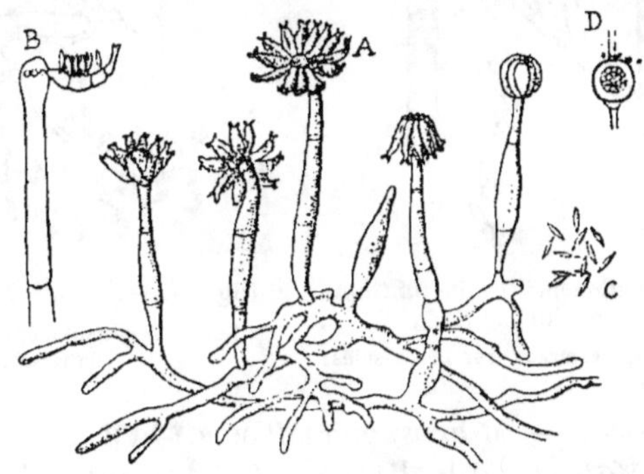

Fig. 43. — *Coemansiella alabastrina* Sacc.
A, port grossi; B, un rameau montrant l'insertion des conidies;
C, spores; D, chlamydospores.

dron Bon., — *Sigmoïdomyces* Thaxt., — *Rhopalomyces* Cord., — *Œdocephalum* Preuss, — *Stilbinum* Tode, — *Œdemium* Link. — *Nematogonium* Desm..

3° Section. — *Martenselloïdes*. — Conidies fusiformes portées dans la concavité de petits rameaux qui généralement affectent la forme de nacelles.

Genres. — *Coronella* Crouan, — *Coemansiella* Sacc. (fig. 43), — *Coemansia* V. Tiegh., — *Martensella* Coem..

b. *Conidiophores arthroconidiés*.

6° Série. — Torula.

Les filaments sont couchés, ordinairement simples; ils restent mycéliens dans leur première portion, à l'autre extrémité les cloisons se rapprochent, les cellules s'arrondissent, les filaments deviennent moniliformes et à la fin se désarticulent en conidies.

Deux sections.

1ʳᵉ Section. — *Trichodermoïdes.* — Les conidiophores sont peu visibles ou même nuls, les chaînettes sont redressées ou restent couchées, enfin, parfois, il n'y a aucune démarcation entre le mycélium et la partie fertile.

Genres. — *Saccharomyces* Mey. (levure haute) (fig. 13), —

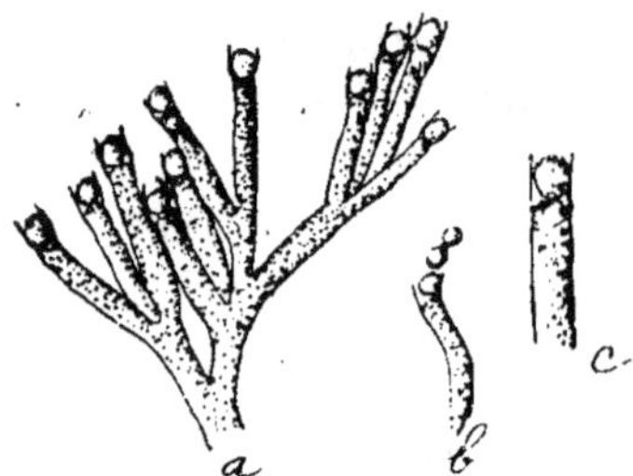

Fig. 44.— *Sporendonema (Endoconidium) temulentum* Prill. et Del.

a, fructification; *b, c,* rameaux fructifères isolés.

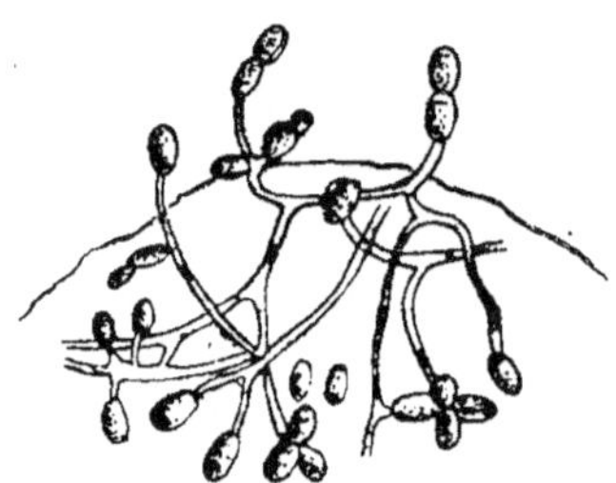

Fig. 45. — *Oïdium Tuckeri* Berk.

Sur un fragment d'épiderme de baie de raisin.

Fumago Pers., — *Microsporon* (Grub.) Vuill. [1], — *Trichosis* Salisb. (= *Malassezia* H. Bn.), — *Trichophyton* Malmerst.,—

1. L'histoire du *Microsporon* ou *Microsporum* Grub. (= *Microscoporium* Ch. Rob.) est peu claire. — P. Vuillemin y reconnaît deux espèces : 1° le *Microsporon Audouini* Grub. (emend) de la teigne décalvante, pellade, fausse pelade ; 2° le *M. vulgare* (Vidal) Vuill. du pityriasis circiné et marginé. Ayant constaté sur ce dernier des *monades* rostrées, flagellées et agiles (zoospores), s'unissant par leurs rostres, il les regarde comme les premiers états des sporules ou spores des auteurs. De ses recherches il conclut que ce genre se rapproche des Algues. « Le genre *Microsporon*, dit-il, se rattache aux Cénobiées, comme les *Entomophtora* aux Conjuguées, les *Saprolegnia* aux Siphonées, les *Beggiatoa* aux Cyanophycées. Il est intéressant de noter ces liens généalogiques ; mais au point où en est la classification botanique, il est plus pratique de ranger les Thallophytes à chlorophylle parmi les Algues, les Thallophytes privées de chlorophylle parmi les Champignons. — Les Microsporées représentent une nouvelle série parmi les Phycomycètes, c'est-à-dire dans cet ensemble hétérogène de Champignons qui gardent presque intact l'héritage transmis par les Algues » (in *Bull. soc. Mycol. de Fr.* xi, 1895, p. 94.) Le *Microsporon furfur* Ch. Rob., parasite qui détermine le pityriasis versicolor est exclu du genre et devient le *Malassezia furfur* H. Bn. Les *Trichosis caninis* Salisb. (fig. 29) et *Trichosis felinis* Salisb., ont le même sort et deviennent eux aussi des *Malassezia*, à moins que l'on préfère garder le nom de *Trichosis* Salisb. qui est plus ancien.

Pour E. Boulanger, le *Microsporon Audouini* Grub. serait une forme de *Sporotrichum* (in *Rev. gén. de Bot.*, 1895, p. 166).

Achorion Link et Rem., — *Cylindrium* Bon., — *Sirodesmium*
de Not., — *Septocylindrium* Bon., — *Polydesmus* Montg., —
Septonema Cord., — *Bispora* Cord., — *Epochnium* Link, —
Paraspora Grove., — *Rotæa* Ces., — *Cryptocoryneum* Fuck.,
— *Trichoderma* Pers., — *Papulaspora* Preuss, — *Titæa*
Sacc., — *Desmidiospora* Thaxt., — *Trinacrium* Riess. —
Tridentaria Preuss, — *Hirudinaria* Ces., — *Tetraploa*
B. et Br., — *Geotrichum* Link, — *Hormiscium* Kunz., —
(?) *Basidiolus* Cienk., — *Oospora* Wallr., — *Gyroceras* Cord..

2ᵉ Section. — T o r u l o ï d e s. —
Les conidiophores sont bien développés et bien visibles.

Genres. — *Malbranchea* Sacc.,
— *Sporendonema* Desm. (fig. 44).
(= *Endoconidium* Prill..), — *Gly-
cophila* Montg., — *Sporochisma*
B. et Br.; — *Ovularia* Sacc., —
Psiloniella Cost., — *Oïdium* Link
(fig. 45), — *Pœpalopsis* Kuhn, —

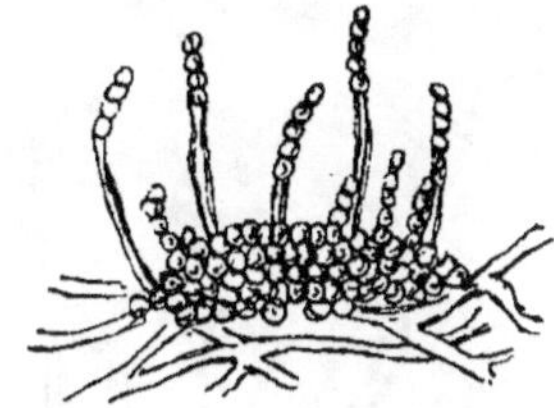

Fig. 46.— *Torula Sacchari* Montg.
Mycélium et spores en chaînettes.

Fusidium Link, — *Gongromeriza* Preuss, — *Helicocepha-
lum* Thaxt., — *Chalara* Cord.; — *Psilonia* Fr., — *Xenodo-
chus* Schlecht., — *Torula* Pers. (fig. 46).

7ᵉ Série. — Penicillium [1].

Les conidiophores simples ou ramifiés sont dressés, et partout à peu près d'égal diamètre, c'est-à-dire qu'ils ne se
renflent ni à leurs sommets, ni à leurs articulations, pour
porter les chaînettes de conidies. Ces conidies naissent direc-
tément soit sur le sommet tronqué du filament fertile, soit
autour des articulations s'il est simple; ou bien, s'il est ramifié,
sur les sommets et les articulations de ses divisions, parfois
même, au lieu d'être renflés, les sommets s'effilent en pointes.
Deux sections.

1ʳᵉ Section. — *C l a d o s p o r i o ï d e s.* — Les chaînes de conidies
sont éparses sur les conidiophores.

Genres. — *Gonatobotryum* Sacc., — *Alternaria* Nées, —
Diplococcium Grove, — *Ramularia* Ung., — *Cladotrichum*
Cord., *Cladosporium* Link, — *Sporodon* Cord. (= *Dema-*

1. Voir la note de la page 75.

tium Pers.), — *Prophytroma* Sorok., — *Heterobotrys* Sacc.
(2ᵉ forme), — *Hormodendron* Bon., — *Hormomyces* Bon..

2° Section. — *Monilioïdes*. — Les chaînes de conidies sont
réunies aux sommets des conidiophores.

Genres. — *Dendryphium* Wallr., — *Blodgettia* Wright, —
Dactylium Nées, — *Didymocladium* Sacc., — *Hormiactis*
Preuss, — *Amblyosporium* Fres., — *Trichocephalum* Cost.,

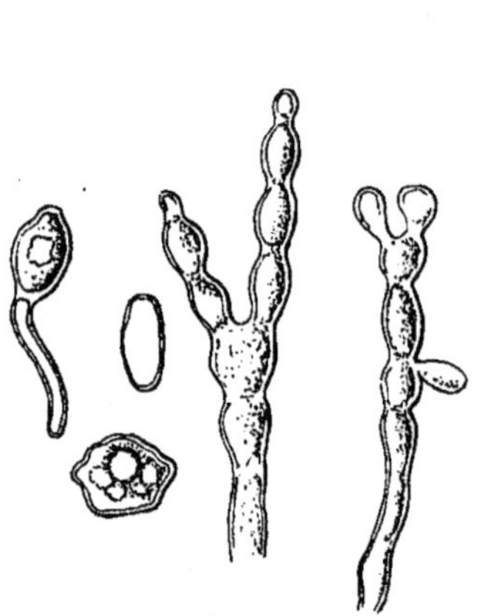
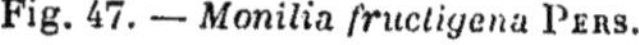

Fig. 47. — *Monilia fructigena* Pers.

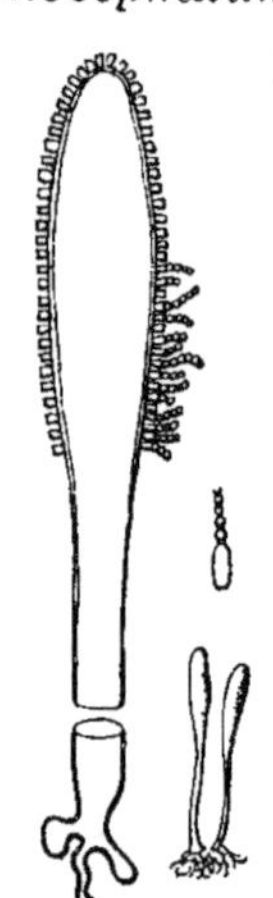

Fig. 48. — *Asper-
gillus clavatus*
Desm.

— *Spicaria* Harz, — *Briarea* Cord. (fig. 35), — *Penicillium*
Link (fig. 36), — *Gliocladium* Cord., — *Rhodocephalus* Cord.,
— *Monilia* Pers. (fig. 47), — *Hautzschia* Auersw., — *Haplo-
graphium* B. et Br.

8ᵉ Série. — Aspergillus.

Les conidiophores sont dressés, ils se renflent en tête, soit à
leurs extrémités, soit dans plusieurs points de leur longueur,
là où se montrent les chaînes de conidies.

Genres. — *Aspergillus* Micheli (fig. 36 et 48)[1], — *Dispira*
V. Tiegh., — *Sterigmatocystis* Cram., — *Dimargaris* V. Tiegh.,
— *Gonatorrhodon* Cord., — *Gonatorrhiella* Thaxt..

---

1. Les espèces de ce genre sont, pour la plupart, saprophytes : on les
trouve sur les fruits gâtés, sur les sirops mal cuits, sur les confitures mal
préparées, etc. — Nous avons dit, page 58, que l'on en avait rencontré
vivant en parasites sur l'homme et les animaux.

2ᵉ *Sous-Cohorte* des *Nématomycétales pléonématés*.

Ce sont des Nématomycètes dans lesquels les filaments s'assemblent en nombre plus ou moins grand, se serrent les uns contre les autres de manière à composer, suivant les cas, des corps en forme de coussinets, de colonnettes ou d'arbuscules que l'on croirait de prime abord composés par un tissu, alors qu'il n'y a que rapprochement, accolement de filaments qui conservent leur indépendance.

Les conidiophores peuvent ou bien : 1° être fort courts et dépasser à peine le niveau de la trame mycélienne, entremêlés de filaments stériles sétiformes, on a la sérɪᴇ des *Chætostroma ;* ou bien 2° n'être pas accompagnés de soies, former des coussinets ou taches pulviniformes, on a la sérɪᴇ des *Tubercularia ;* ou, 3°, enfin se dresser et donner des colonnettes ou stipes tantôt simples tantôt branchus, on a la sérɪᴇ des *Stilbum*.

9ᵘ Série. — Cʜæᴛᴏsᴛʀᴏᴍᴀ.

Les conidiophores sont entremêlés de filaments stériles, sétiformes, droits, courbés, ondulés, mous ou rigides. Le plus souvent, les conidiophores sont distincts des soies, mais pourtant, dans quelques cas, ils sont portés par elles.

Fig. 49. — *Myxotrichum chartarum* Kᴢᴇ.

Ensemble des hyphes fertiles et des hyphes stériles roulées en crosse; mode d'insertion de ces dernières.

Ces Champignons se présentent sous forme de taches ou sores à peine saillants.

Genres. — *Hormiactella* Sᴀᴄᴄ., — *Septosporium* Coʀᴅ., — *Periola* Fʀ., — *Trichægum* Coʀᴅ., — *Ellisiella* Sᴀᴄᴄ., — *Chætostroma* Coʀᴅ., — *Tricholeconium* Coʀᴅ., — *Beltrania* Pᴇɴᴢ., — *Leptotrichum* Coʀᴅ., — *Botryotrichum* Sᴀᴄᴄ. et Mᴀʀᴄʜ., — *Sarcopodium* Eʜʀ., — *Circinotrichum* Nᴇ́ᴇs., — *Bolacotricha* B. et Bʀ., — *Helicotrichum* Nᴇ́ᴇs, — *Zygosporium* Mᴏɴᴛɢ., — *Myxotrichum* Kᴜɴᴢ. (fig. 49).

10ᵉ Série. — TUBERCULARIA.

Les filaments multiples, fertiles ou non, qui composent le mycophyte, sont serrés, simulant un tissu épais à coloration variée et prenant la forme de verrues, de disques, de coussinets, de boutons plus ou moins saillants, coriaces ou gélatineux. Les conidies, rarement sessiles, sont portées sur les côtés ou à l'extrémité de conidiophores réunis en faisceau. Mycélium peu développé. Saprophytes lignicoles ou corticoles.

Deux sections.

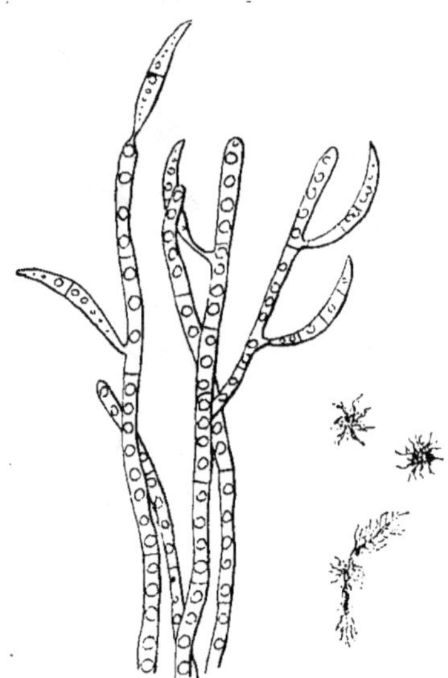

Fig. 50. — *Fusarium aquæductuum* LAGERH.

1ʳᵉ Section. — *Égéritoïdes*. — Les réceptacles sont remarquables par leurs couleurs vives et gaies.

Genres. — *Cephalodochium* BON., — *Patouillardia* SACC. et ROUMG., — *Sphæridium* FRES., — *Stigmatella* B. et C., — *Granularia* SACC., — *Ægerita* PERS., — *Dacrymycella* BIZZ., — *Lituaria* RIESS, — *Endodesmia* B. et BR., — *Bizzozeriella* SPEG., — *Volutellaria* SACC., — *Guelichia* SPEG., — *Thecospora* HARKN., — *Thozetia* B. et MULL., — *Cosmariospora* SACC., — *Tubercularia* TODE, — *Dendrochium* BON., — *Tuberculina* SACC., — *Fusarium* LINK (fig. 50), — *Dicranidium* HARKN., — *Everhartia* SACC. et ELL., — *Illosporium* MART., — *Myxonema* CORD., — *Cylindrocolla* BON., — *Fusicolla* BON., — *Microcera* DESM., — *Sphærosporium* SCHW., — *Diaphanum* FR., — *Bactridium* KUNZ., — *Hymenula* FR., — *Volutella* TODE, — *Sporoderma* MONTG., — *Myropyxis* CES., — *Hyphostereum* PAT., — *Troposporium* HARKN., — *Pithomyces* B. et BR., — *Heliscus* SACC., — *Trichotheca* KARST., — *Pionnotes* FR., — *Cladosterigma* PAT., — *Sphacelia* LÉV., — *Pactilia* FR., — *Phyllædia* FR., — *Scorio-*

myces ELL. et SACC., — *Patouillardiella* SPEG., — *Trigli-
phium* FR.

2ᵉ Section. — *Exosporioïdes.* — Les réceptacles sont de couleur noire ou plus ou moins sombres.

Genres. — *Coryneum* NÉES., — *Exosporium* LINK, — *Spegazzinia* SACC., — *Myriophysa* FR., — *Spermodermia* TODE., — *Strumella* FR., — *Trichostroma* CORD., — *Hymenopsis* SACC., — *Sclerodiscus* PAT., — *Myrothecium* TODE., — *Trimmatostroma* CORD., — *Epicoccum* LINK. — *Stephanomma* WALLR., — *Sclerococcum* FR., — *Sphæromyces* MONTG., — *Actinomma* SACC., *Epiclinium* FR., — *Phymastostroma* CORD.

11ᵉ Série. — STILBUM.

Les filaments fertiles (conidiophores) et les filaments stériles sont réunis en faisceaux stipitiformes simples ou plus ou moins ramifiés portant les conidies sur leurs côtés ou aux extrémités qui, alors, se renflent le plus souvent en têtes ou capitules de formes diverses. Ces sortes de réceptacles sont diversement colorés. Les filaments mycéliens sont rares. Espèces saprophytes et plus rarement parasites.

Deux tribus :

1ʳᵉ Tribu. — *Stilboïdes.* — Les réceptacles ont des couleurs vives et gaies.

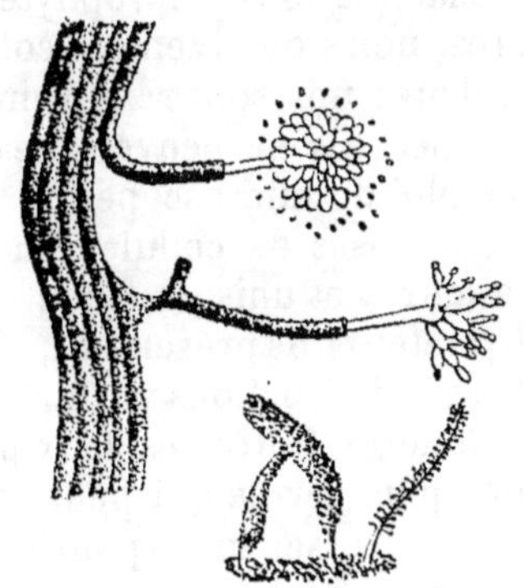

Fig. 51. — *Isaria arachnophila* DITM.
Port grossi. Une portion vue
au microscope.

Genres. — *Symphyosira* PREUSS, — *Pachnocybe* BERK., — *Coremium* LINK (fig. 37), — *Lasioderma* MONTG., — *Stilbum* TODE., — *Cilicipodium* CORD., — *Atractiella* SACC., — *Martindalia* SACC., et ELL., — *Actiniceps*, B. et CURT., — *Atractium* LINK, — *Arthrosporium* SACC., — *Ceratopodium* SCHW.. — *Peribotryum* FR., — *Polycephalum* KALCH., — *Tilachidium* PREUSS, *Corallodendron* JUNGH., — *Chondromyces* B. et CURT., — *Dacrina* FR., — *Botryochæte* CORD., — *Isaria* PERS (fig. 51), — *Corethropsis* CORD.

2° Tribu. — *Sporocyboïdes*. — Les réceptacles sont de couleur sombre ou même noirs.

Genres. — *Stysanus* Cord. (fig. 38), — *Stemmaria* Preuss, — *Graphiothecium* Fuck., — *Heydenia* Fres., — *Briosia* Cav., —*Anthromyces* Fres., — *Sporocybe* Fr., — *Graphium* Cord., — *Dematophora* R. Hart. (fig. 22), — *Harpographium* Sacc., — *Podosporium* Schw., — *Arthrobotryum* Ces., — *Isariopsis* Fr., — *Sclerographium* Berk., — *Didymobotryum* Sacc., — *Basidiella* Cooke, — *Riessia* Fr., — *Glutinium* Fr..

2° Cohorte. — Clinidomycétales.

Champignons saprophytes ou parasites phytophiles, incolores, noirs ou vivement colorés, très appréciables à l'œil nu, quelques-uns sont relativement assez gros et se réunissent par groupes ; ils ne peuvent néanmoins être bien connus que par l'emploi du microscope.

Composés de cellules ou de filaments serrés les uns contre les autres et unis de façon à former des tissus (pseudo-parenchymateux), ils présentent, ainsi, des mycéliums peu prononcés chargés de fonctions végétatives et se terminant par des portions conidifères. Entre ces deux parties extrêmes le tissu forme une lame plus serrée qui peut rester à l'état de simple disque plan ou se redresser sur le pourtour et former, en relevant sa marge, des cupules ou, encore, des sacs à bords plus ou moins rapprochés, voire même, quelquefois, rapprochés à tel point qu'il ne reste plus qu'un étroit pertuis à col plus ou moins allongé et étiré. Dans tous les cas, cette lame-réceptacle supporte l'ensemble des extrémités fertiles qui composent une sorte d'hyménium tout particulier, que Léveillé a appelé *clinode*, (χλίνος, petit lit) ; Bertillon a, depuis, donné aux extrémités conidifères le nom de *clinides*, les opposant aux *basides*. Ces clinides sont des cellules émettant soit une conidie unique, soit des chaînettes de conidies. Ces conidies ont des formes diverses ; elles sont incolores, noires ou colorées diversement, lisses, rugueuses, échinulées, etc. Lorsque le réceptacle ressemble à un sac plus ou moins profond enveloppant les clinides et leurs conidies, il prend le nom de *périclinide*, qu'on oppose ainsi aux *péri-thèces* des Sporomycés [1].

Tous ces Asporomycés sont, sans doute, des formes conidiales de Sporomycés ; ceux qui ont été reconnus sont ralliés aux Pucciniacés, Nectriacés, Sphériacés, etc., et même, comme les *Ceriomyces* et *Ptychogaster*, à des Basidiomycètes.

Les conidies, suivant la forme du réceptacle, sont ou bien exsertes, c'est-à-dire étalées sur un réceptacle plan, ou incluses dans des périclinides à marge plus ou moins large, quelquefois réduit à une ostiole, déhiscents ou indéhiscents. D'après cela nous avons :

1° La sous-cohorte des Clinidomycétales *ectoclinidés*, où les clinides sont toujours étalés sur un réceptacle ouvert.

2° La sous-cohorte des Clinidomycétales *endoclinidés*, dans lesquels les clinides sont, tout au moins dès le début, enfermés dans un sac réceptaculaire, périclinide, ou même dans une sorte de péridium.

1re *Sous-Cohorte.* — *Clinidomycétales ectoclinidés*

Mycophytes superficiels ou érumpents, noirs ou colorés, parasites ou saprophytes, ordinairement petits, assez gros dans les *Ceriomyces*. Le clinode exsert est porté par un réceptacle en tête renflée, ou bien il est étalé en forme de disque qui reste plan ou qui se relève sur les bords pour donner une sorte d'*excipulum*.

Cela permet d'établir trois séries : 1° la SÉRIE des *Uredo*, dans lesquels les disques, restés plans, ont la forme de coussinets ; et 2° la SÉRIE des *Excipula*, dans lesquels le disque se relève sur les bords en forme d'excipule ; 3° la SÉRIE des *Ceriomyces*, où l'on trouve des réceptacles en tête renflée et assez gros.

12e Série. — UREDO.

Champignons *parasites* connus sous le nom de rouilles rouges, et dont le type est l'*Uredo rubigo-vera* DC. Ils se

---

I. Nous avons dit plus haut (p. 9) comment, à la fin de la végétation, les thèques succédant aux clinides, les périclinides devenaient par suite des périthèces. Le périclinide est donc en général un état provisoire.

présentent sous l'aspect de petites taches, de petits sores ou coussinets érumpents colorés en rouge vif, en rouge orangé, rarement incolores. Ce sont les conidies (urédospores des auteurs), qui sont ainsi colorées. Elles sont uniloculaires, grandes, sphériques ou ovoïdes, portant cinq à six pores germinatifs ; le plus souvent elles sont ornées de pointes, de ponctuations, etc., etc. Le mycélium de ces Mycophytes est fort peu prononcé.

Les formes ralliées font partie du cycle des Pucciniacés ; elles sont ce qu'on nommait autrefois les *spores d'été*.

Genres. — *Lecythea* LÉV., — *Physonema* LÉV., — *Uredo* PERS., (fig. 52), — (pour la plupart des auteurs ce genre est seul conservé), *Trichobasis* LÉV., — *Cæoma* LINK.

13° Série. — EXCIPULA.

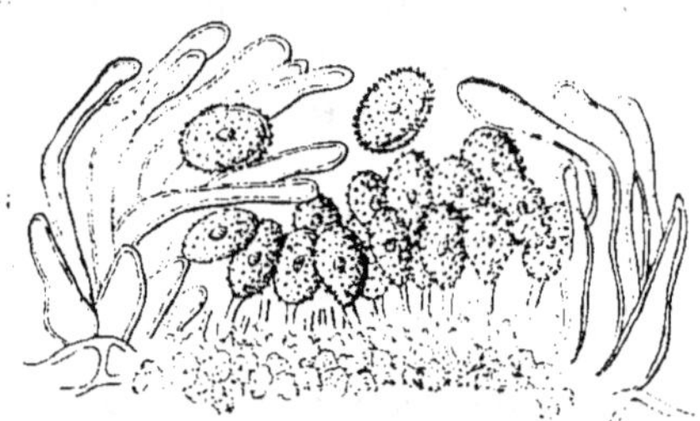

Fig. 52.— *Uredo Vialæ* LAGERH.
Coupe longitudinale d'un sore ; on voit des paraphyses
à la périphérie.

Clinidomycètes saprophytes membraneux ou membraneux-carbonacés noirs, superficiels ou érumpents, glabres ou poilus, à disque (réceptacle ou excipule) cupuliforme ou patellé, tapissé par un clinode ; parfois les bords se relèvent, se rapprochent, formant ainsi un réceptacle qui rappelle celui des *Hysterium* et s'ouvre de même, par une fente, mais dans tous les cas le réceptacle est déhiscent dès leur début, ou à peu près.

Les formes ralliées vont aux Sporomycés-Thécamycètes.

Cinq sections [1].

---

1. Nous avons adopté pour cette série les sections établies dans le *Sylloge* de Saccardo et basées sur les caractères des spores (conidies), mais nous en avons changé les noms, en raison de la note insérée par Saccardo dans le vol. III, p. 1 du *Sylloge*. Cela rompt un peu l'harmonie de notre rangement, mais en adoptant les coupures artificielles proposées par l'auteur du *Syl'oge*, il nous eût fallu, pour suivre notre cadre, créer des noms de sections beaucoup trop nombreux qui fussent devenus fort embarrassants pour l'étude. Comme les noms des tribus : hyaloconidiés, phéoconidiés, etc., ne sont que des qualificatifs, qui reviennent dans chaque série, nous avons joint à chacun d'eux le nom de la série elle-même, en sorte qu'on ne confondra pas *Excipula*-hyaloconidiés

1ᵉ Section. — Excip.-*hyaloconidiés*. Conidies globuleuses, ellipsoïdes ou oblongues continues hyalines.

Genres. — *Godroniella* Karst., — *Excipula* Fr., — *Heteropatella* Fuck., — *Lemalis* Fr., — *Catinula* Lév., — *Dothichiza* Lib., — *Discula* Sacc., — *Sporonema* Desm., — *Pleococcum* Desm., — *Psilopora* Rabenh., — *Amerosporium* Speg., — *Dinemasporium* Lév. (fig. 53), — *Polynema* Lév.

2ᵉ Section. — Excip.-*phéoconidiés*. Conidies globuleuses, ellipsoïdes brunes.

Genres. — *Phæodiscula* Cub., — *Coniothyriella* Speg.

3ᵉ Section. — Excip.-*hyalodidymés*. Conidies oblongues, ovales, uniseptées, hyalines.

Genres. — *Discella* B et Br., — *Pseudopatella* Sacc.

4ᵉ Section. — Excip.-*phragmoconidiés*. Conidies oblongues ou allongées, biseptées, hyalines ou brunes.

Genres. — *Excipulina* Sacc., — *Excipularia* Sacc., — *Pilidium* Kunz., — *Acanthothecium* Speg., — *Tæniophora* Karst.

5ᵉ Section. — Excip.-*scolecoconidiés*. Conidies filiformes, ordinairement longues, continues ou cloisonnées se désarticulant.

Genres. — *Schizothyrella* Thüm., — *Protostegia* Cooke, — *Oncospora* Kalch., — *Pseudo-cenangium* Karst., — *Ephelis* Fr.

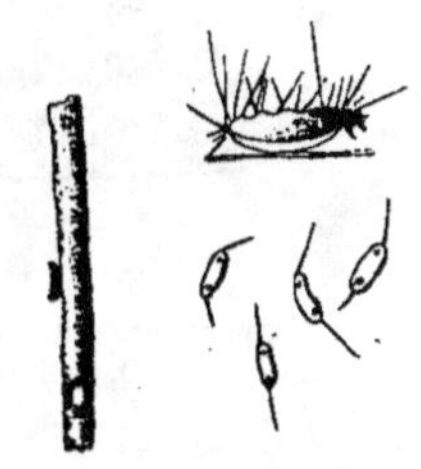

Fig. 53. — *Dinemasporium graminum* Lév.

Port gr. nat.; coupe grossie d'un réceptacle; conidies.

14ᵉ Série. — Ceriomyces.

Les *Ceriomyces* sont des Mycophytes saprophytes sub-globuleux, ou à peu près, sessiles, subéreux, volumineux, jamais noirs, de formes variées. Les conidies forment une sorte de poussière farineuse à la surface.

Ces Asporomycés sont regardés comme des états conidiens de Basidiomycètes-Polyporacés. Les physiologistes les rap-

avec *Melanconium*-hyaloconidiés, etc., etc. Nous avons, comme on le verra, procédé de même pour toutes les familles des Sporomycés, quand nous nous sommes trouvé dans les mêmes conditions.

prochent des *Ptychogaster* dont ils ne seraient qu'une forme à conidies exsertes.

Genre. — *Ceriomyces* Cord. (fig. 54).

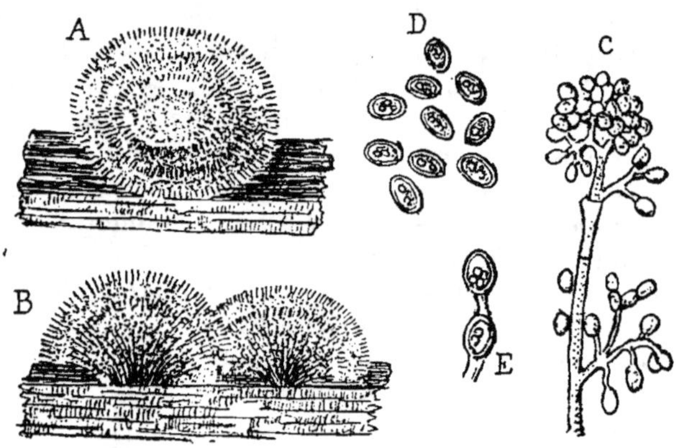

Fig. 54. — *Ceriomyces* (*Ptychogaster*) *rubescens* Boud.

A, port, gr. nat.; B, coupe, gr. nat.; C, extrémité d'un filament conidifère;
D, conidies mûres; E, formation endogène des conidies.

2ᵉ Sous-Cohorte. — Clinidomycétales endoclinidés.

Mycophytes superficiels ou érumpents, colorés ou noirs, parasites ou saprophytes ; le clinode est enfermé avec ses clinides dans un sac que l'on a, pour cette raison, nommé *périclinide* quand il est ostiolé, ce qui est le cas le plus ordinaire ; dans le *Ptychogaster*, qui est un Champignon volumineux comparé aux autres, on a plutôt un péridium (fig. 7 et 55). Dans les cas où les réceptacles sont petits, le périclinide est tantôt sphérique globuleux et s'ouvre plus ou moins largement en cupule, ou reste à l'état de sac fenestré au sommet, mais, le plus souvent, il affecte la forme d'une bouteille, plus ou moins immergée ou plus ou moins superficielle, s'ouvrant par un pore ou une ostiole. Ils se présentent isolés ou réunis par un carpostrome. Dans quelques-uns le périclinide n'existe pas à proprement parler, ou, pour mieux dire, il est creusé aux dépens du substratum qui lui fournit une cavité où le clinode s'abrite avec ses clinides et ses conidies. C'est un faux périclinide.

Les Asporomycés qui ont des vrais périclinides sont ou saprophytes ou parasites. I. Ceux qui sont saprophytes ont leur
réceptacle : 1° tubéreux, et l'on a la série des *Ptychogaster* ;
2° carbonacé *noir*, et alors on a trois séries : A, celle des *Ollula*,
si les périclinides sont allongés en forme d'*Hysterium* ;
B, celle des *Leptostroma*, si les périclinides sont excipuli-
formes dimidiés ; C, celle enfin des *Sphæropsis*, quand les périclinides sont sphériques ostiolés ; 3° le réceptacle est-il charnu,
vivement coloré, série des *Zythia*. II. Les parasites donnent la

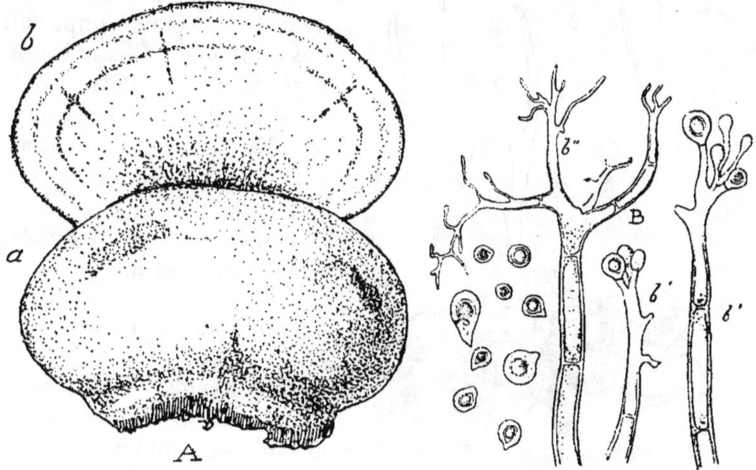

Fig. 55. — *Ptychogaster aurantiacus* Pat.

A, port, grand. nat. ; *a*, surface externe ; *b*, coupe.
B, filaments conidifères ; *b'*, *b'* avec leurs conidies ; *b''*, les conidies sont tombées ; C, conidies
de formation endogène.

série des *Æcidium*. Dans la série des *Melanconium* les périclinides sont empruntés au substratum.

Nous avons donc, dans cette sous-cohorte, sept séries qui
sont : 1° *Ptychogaster*, 2° *Ollula*, 3° *Leptostroma*, 4° *Sphæropsis*, 5° *Zythia*, 6° *Æcidium*, 7° *Melanconium*.

15° Série. — Ptychogaster.

Mycophytes saprophytes assez volumineux, tubéreux, jamais
noirs. Les conidies sont ou bien enfermées en un périclinide,
qu'on nommerait plus volontiers péridium, ou bien elles sont
intercellulaires, en masses isolées les unes des autres par des

hyphes s'écartant pour leur fournir des sortes de cavités dans lesquelles se développent les conidies.

Si les mycologues descripteurs séparent les *Ptychogaster* des *Ceriomyces*, par la raison que dans les premiers les conidies sont enfermées tandis que, dans les autres, elles sont exsertes, les mycologues physiologistes les réunissent, les confondent sous une seule dénomination (qui est tantôt l'une, tantôt l'autre), et cela parce que, pour eux, *Ptychogaster* et *Ceriomyces* sont à titre égal des états imparfaits des mêmes Champignons parfaits : les Polyporacés. C'est ainsi que l'on explique les divergences des auteurs sur le nom de ces mycophytes.

Genre. — *Ptychogaster* Cord. (fig. 7 et 55).

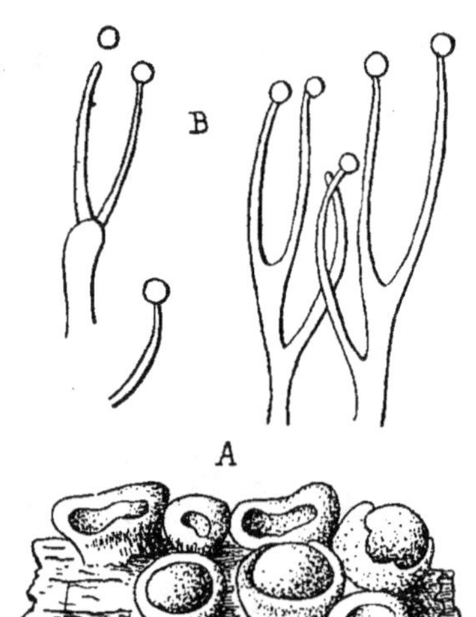

Fig. 56. — *Patellina cinnabarina* Sacc et Berl.

A, port; B, conidies.

16ᵉ Série. — OLLULA.

Mycophytes - clinidomycétales-endoclinidés, carbonacés à périclinides cupulés, pézizoïdes ou orbiculaires, ou, encore, oblongs à aspect d'*Hysterium*.

Genres. — *Hysteromyxa* Sacc., — *Ollula* Lév., — *Patellina* Speg. (fig. 56), — *Trichosperma* Speg., — *Cyphina* Sacc..

17ᵉ Série. — LEPTOSTROMA.

Mycophytes membraneux ou carbonacés, superficiels ou érumpents, à périclinides plus ou moins distincts, dimidiés, astomes ou munis soit d'une petite ostiole arrondie, soit d'une fente rappelant celle des *Hysterium*.

Les formes ralliées rentrent dans le cycle des Sporomycés-Thécamycètes.

Cinq sections :

1ʳᵉ Section. — Leptostr.-*hyaloconidiés*, conidies globuleuses, ou ellipsoïdes oblongues, hyalines.

Genres. — *Leptothyrium* Kunz et Schl. (fig. 57), — *Actinothecium* Ces., — *Piggottia* B. et Br., — *Melasmia* Lév., — *Leptostroma* Fr., — *Labrella* Fr., — *Sacidium* Nées.

2ᵉ Section. — Leptostr.-*didymoconidiés*, conidies ovoïdes, fusiformes ou oblongues, hyalines ou fuligineuses, uniseptées.

Genres. — *Leptothyrella* Sacc., — *Diplopeltis* Pass..

3ᵉ Section. — Leptostr.-*phéoconidés*, conidies globuleuses ellipsoïdes, continues, brunes.

Genres. — *Pirostoma* Fr., — *Asterostomella* Speg., — *Zasmenia* Speg..

4ᵉ Section. — Leptostr.-*phragmoconidiés*, conidies oblongues, hyalines, 2 septées ou à 4 loges en croix.

Genres. — *Cystothyrium* Speg., — *Discosia* Lib., — *Enterosporium* Lév..

5ᵉ Section. — Leptostr.-*scoléococonidiés*, conidies filiformes ou en bâtonnet, continues ou cloisonnées.

Fig. 57. — *Leptothyrium Rubi* Sacc.

Port de grand. nat. et port grossi ; coupe ; conidies.

Genres. — *Actinothyrium* Kunz., — *Melophia* Sacc., — *Leptostromella* Sacc., — *Brunchorstia* Ericks.

18ᵉ Série. — Sphæropsis

Clinidomycétales petits, membraneux ou coriaces moins souvent charnus ; carbonacés, noirs, rarement colorés autrement. Périclinides sphériques, coniques, lenticulaires, entiers (non dimidiés), superficiels ou immergés. Conidies (spermaties et stylospores) portées sur des clinides plus ou moins longues.

Les formes ralliées font plus particulièrement partie du cycle des Thécamycètes-Sphériacés.

Huit sections.

1ʳᵉ Section. — Sphærops.-*hyalo-conidiés*. — Conidies

globuleuses, ovoïdes ou oblongues, droites ou courbes (allan-toïdes), continues, hyalines.

Genres. — *Phyllosticta* Pers., (= *Depazea* Fr.), — *Phoma* Fr., — *Macrophoma* Berl., et Vogl. (fig. 58), — *Dendropho-ma* Sacc., — *Dendrophomella* Sacc., — *Aposphæria* Berk., — *Crociceras* Fr., — *Mycogala* Rostaf., — *Asteromella* Pass. et Thum., — *Piptostomum* Lév., — *Pyrenotrichum* Montg., — *Sclerotiopsis* Speg., — *Plenodesmus* Preuss, — *Sphæronema* Fr., — *Chætophoma* Cook., — *Asteroma* D C. — *Ypsilonia* Lév., — *Neottiospora* Desmaz., — *Siroccoccus* Preuss, — *Cicinobolus* Cienk., — *Peckia* Clinton, — *Muricularia* Sacc., — *Staurochæta* Sacc., — *Pyrenochæta* de Not., — *Vermicularia* Fr., — *Dothiorella* Sacc., — *Rabenhorstia* Fr., — *Fuckelia* Bon., — *Placosphæria* Sacc., — *Anthracoderma* Speg., — *Cytospora* Ehr., — *Cytosporella* Sacc., — *Fusicoccum* Cord., — *Ccutospora* Fr..

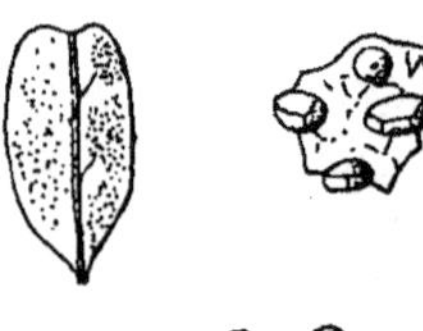

Fig. 58. — *Macrophoma Mirbelii* Fr.

Feuille de buis attaquée par le parasite; portion grossie de cette dernière; conidies.

2ᵉ Section. — Sphærops.-*phéoconidiés.* — Conidies globuleuses, ovoïdes ou oblongues; continues, olivâtres ou fuligineuses.

Genres. — *Sphæropsis* Lév., — *Sirothecium* Karst., — *Coniothyrium* Cord., — *Harknessia* Cook., — *Hypocena* B. et Curt., — *Levieuxia* Fr., — *Chætomella* Fuck., — *Haplosporella* Speg., — *Weinmanodora* Fr., — *Cytoplea* Sacc..

3ᵉ Section. — Sphærops.-*phéodidémés.* — Conidies ellip-soïdes, ovoïdes-oblongues, uniseptées, brunes.

Genres. — *Diplodia* Fr., — *Macrodiplodia* Sacc., — *Chætodiplodia* Karst., — *Diplodiella* Karst., — *Botryodiplodia* Sacc..

4ᵉ Section. — Sphærops.-*scolécoconidiés.* — Conidies bacciliformes, filiformes ou fusiformes, continues ou cloison-nées, hyalines ou jaunâtres.

Genres. — *Septoria* Fr., — *Phleospora* Wallr., — *Rhabdospora* Montg., — *Phlyctœna* Montg. et Desmaz., — *Gelatinosporium* Peck, — *Spherographium* Sacc., — *Collonema* Grove, *Gamospora* Sacc., — *Cornularia* Karst., — *Eriosporella*

(B. et Br.) Nob [1]. — *Dilophospora* Desmaz., — *Septosporiella* Oud., — *Cytosporina* Sacc., *Micula* Duby., — *Micropera* Lév.

5e Section. — Sphærops.-*hyalodidymés*. — Conidies ellipsoïdes ovales ou oblongues, uniseptées : hyalines ou non.

Genres. — *Ascochyta* Lib.. *Robillarda* Cast., — *Actinonema* Fr., — *Darluca* Cast., — *Tiarospora* Sacc., et March., — *Diplodina* West., — *Pucciniospora* Speg., — *Cystotricha* B. et Br., — *Rhychophoma* Karst..

6e Section. — Sphærops.-*phéophragmiés*. — Conidies oblongues, fusiformes, brunes, pluriseptées.

Genres. — *Hendersonia* Berk.,—*Couturea* Cast., — *Angiopoma* Lév., — *Lichenopsis* Schw., — *Cryptostictis* Fuck., — *Prosthemium* Kunz. (fig. 59), — *Hendersonella* Speg..

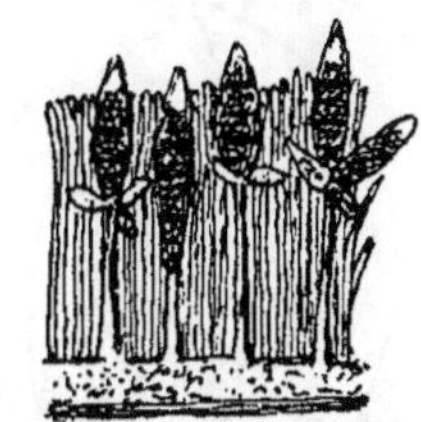

Fig. 59. — *Prosthemium betulinum* Kunz.

Conidies.

7e Section. — Sphærops.-*hyalophragmiées*. — Conidies hyalines ou presque hyalines, à plusieurs cloisons, oblongues, fusiformes.

Genres. — *Kellermannia* Ell.. et Ev., — *Stagonospora* Sacc., — *Mastomyces* Montg., — *Asteromidium* Speg..

8e Section. — Sphærops.-*dictyoconidiés*. — Conidies ovoïdes ou oblongues, pluriseptées, muriformes ou à cloisons en croix ou rayonnantes, brunes ou olivacées.

Genres. — *Camarosporium* Schultz, — *Cytosporium* Peck, — *Endobotrya* B. et Curt., — *Dichomera* Cook..

19e Série. — Zythia.

Clinomycétales petits, charnus, céracés aux couleurs gaies, blanches, rouges, orangées : sphériques, rarement à forme d'*hysterium*. Périclinides isolés ou réunis plusieurs ensemble par un carpostrome.

Semblent presque exclusivement rentrer dans le cycle des Sporomycés-Nectriacés.

1. Berkeley et Broome ont écrit *Eriospora* (*E. leucostoma* B. et Br.), (*Ann. et Magaz. nat. hist.*, 1850, S. 2, vol. V, pl. xi, fig. 1.) Mais ce même nom avait déjà été créé par Hochstetter pour une Cypéraée d'Afrique (*Eriospora Abyssinica*, Hochst.) des *Exsiccata* de Schimper et publiée par Richard dans son *Tentamen* en l'année 1847 ; il a donc la priorité.

Six sections.

1ʳᵉ Section. — Zʏᴛʜ.-*hyaloconidiés*. — Conidies globuleuses ovoïdes ou oblongues, continues, hyalines.

Genres. — *Eurotiopsis* Kᴀʀsᴛ., — *Zythia* Fʀ., — *Chætozythia* Kᴀʀsᴛ., — *Collacystis* Kᴜɴᴢ., — *Libertiella* Sᴘᴇɢ., — *Roumegueria* Sᴘᴇɢ., — *Sphæromella* Kᴀʀsᴛ., — *Aschersonia* Mᴏɴᴛɢ. (fig. 60) — *Dichlæna* Mᴏɴᴛɢ..

2ᵉ Section. — Zʏᴛʜ.-*phéoconidiés*. — Conidies globuleuses, presque sphériques ou elliptiques, continues brunes.

Genre. — *Martinella* Cᴏᴏᴋ. et Mᴀssᴇᴇ.

3ᵉ Section. — Zʏᴛʜ.-*didymoconidiés*. — Conidies ellipsoïdes ou oblongues, uniseptées.

Genre. — *Pseudo-diplodia* Kᴀʀsᴛ..

4ᵉ Section. — Zʏᴛʜ.-*phragmoconidiés*. — Conidies oblongues, fusiformes ou cylindriques, bi ou pluriseptées.

Genres. — *Staganopsis* Sᴀᴄᴄ., — *Chiatospora* Rɪᴇss.

5ᵉ Section. — Zʏᴛʜ.-*scolécosconidiés*. — Conidies filiformes ou en bâtonnets, continues ou cloisonnées, hyalines.

Genre. — *Polystigmina* Sᴀᴄᴄ..

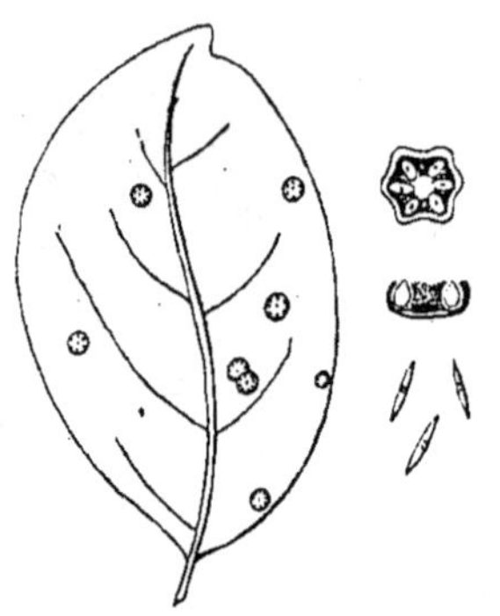

Fig. 60. — *Aschersonia disciformis* Pᴀᴛ.

Parasite, grand. nat.; stroma vu en dessus et coupé longitudinalement grossi; conidies.

6ᵒ Section. — Zʏᴛʜ.-*dictyoconidiés*. — Conidies ovoïdes ou oblongues; pluriseptées, muriformes, brunes ou olivâtres.

Genres. — *Trichocrea* Mᴀʀᴄʜ., — *Rhynchomyces* Sᴀᴄᴄ. et Mᴀʀᴄʜ..

20ᵉ Série. — Æᴄɪᴅɪᴜᴍ.

Clinidomycétales à mycélium peu développé, parasites de plantes vivantes. Conidies de deux formes.

1ᵒ Les unes (fig. 61, C. D. E.) sont renfermées dans des sortes de sacs lagéniformes immergés dans le tissu des feuilles; ces sacs s'ouvrent par un pore; ces périclinides ont reçu le nom de *spermogonies*. Leur couleur varie du jaune-orangé au brun ou au noirâtre. Les conidies que renferment ces sacs ont été appelées « *spermaties* »; elles sont petites, ovoïdes ou cylindriques, continues, droites et souvent sortent du pore comme des « cirres ». C'est forme précoce, on en a un exemple très connu dans l'*Æcidiolum exanthematum* Ung.

2° Les autres (fig. 61 A. B. E.) sont de petits sacs globuleux sphériques également colorés en jaune-orangé ou jaune-paille, grisâtres, immergés, sous-épidermiques d'abord, puis érumpents, s'ouvrant en corbeille fenestrée ou largement béante à bords dentés ou entiers laissant échapper les conidies (écidiospores auct.) grandes, continues, souvent en chaînettes verruqueuses, rarement lisses.

On a longtemps regardé les premières conidies, celles des spermogonies, comme des corpuscules fécondants, ce qui explique leur nom de spermaties. On admettait, alors, que c'était à la suite de leur intervention sur les conidies des *Æcidium* et congénères que celles-ci devenaient des spores d'hiver.

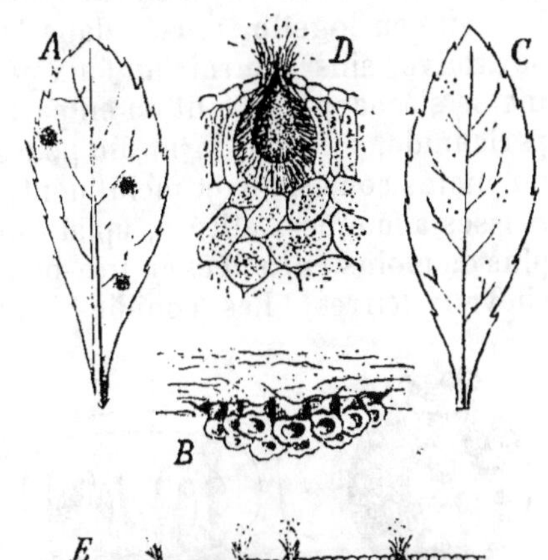

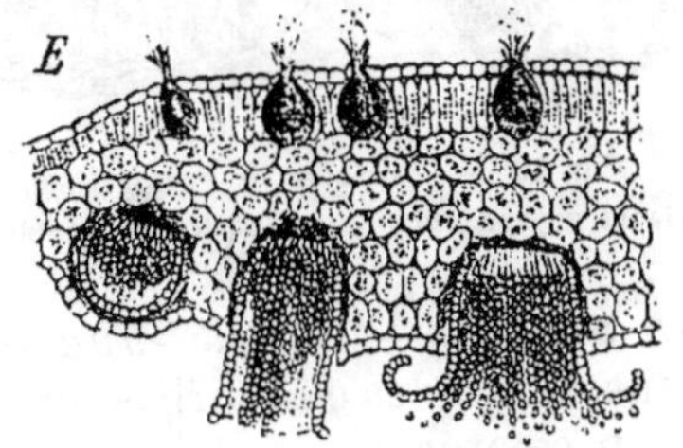

Fig. 61 et 62. — *Æcidium Berberidis* Gmel. et *Æcidiolum exanthematum* Ung.

A, pores d'*Æcidium* à la face inférieure d'une feuille de *Berberis*. grand. nat.
B, portion d'un sore grossi.
C, premiers débuts de l'*Æcidiolum* à la face supérieure de la même feuille de *Berberis*.
D, coupe d'une spermogonie ; sortie des spermaties.
E, coupe de la feuille montrant différents états de développement des écidies et des écidioles.

Les deux formes entrent souvent toutes les deux dans le cycle des Sporomycés-basidiomycètes, de la famille des Pucciniacés.

Genres. — *Æcidiolum* Ung. (fig. 61 A. B. E.), — *Æcidium* Pers. (fig. 61 C. D. E.), — *Rœstelia* Rebent., *Peridermium* Link, — *Pericladium* Pass., — *Graphiola* Poit..

21ᵉ Série. — MELANCONIUM.

Clinidomycétales immergés, sous-épidermiques. Amas sans formes déterminées (acervules) de clinides chargées de conidies. — Clinodes n'ayant pour toute protection que la paroi de la cavité ou logette creusée dans le substratum nourricier qui se trouve, ainsi, fournir un faux périclinide. A la maturité, la masse s'échappe, en tout ou en partie, par les fentes du pseudo-périclinide, soit sous forme de poussière, soit en mucilage plus ou moins consistant et mellifluent, soit, encore, sous forme de masses allongées, étirées, aplaties ou cylindriques, droites ou plus ou moins enroulées en tire-bouchon comme des mèches de cheveux (cirres). Les conidies sont portées par des clinides plus ou moins longues poussées sur un mycélium ordinairement peu apparent.

Les formes ralliées entrent dans le cycle de Sporomycés Thécamycètes de la famille des Sphériacés.

Sept sections.

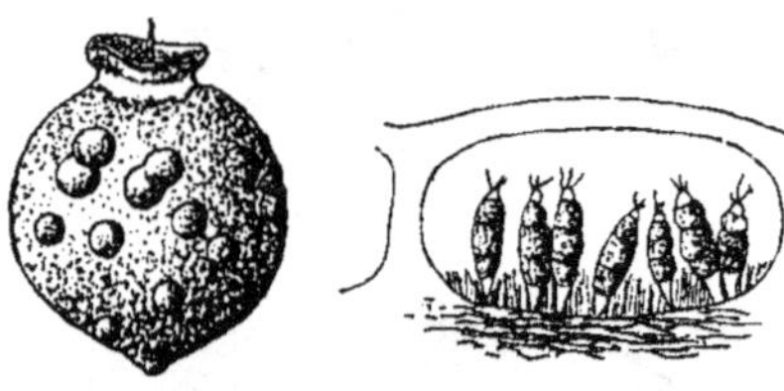

Fig. 63. — *Pestalozzia Psidii* PAT.
Jeune goyave attaquée par le parasite; conidies.

1ʳᵉ Section. — MELANC.-*hyaloconidiés.* — Conidies globuleuses, ovoïdes ou courbes, allongées, cylindriques; hyalines ou peu colorées.

Genres. — *Hainesia* ELL. et SACC., — *Melanostroma* CORD., — *Glæosporium* DESMAZ, — *Myxosporium* LINK, — *Hypodermium* LINK, — *Myxosporella* SACC., — *Blennoria* FR., — *Arygriella* SACC., — *Trullula* CES., — *Myxormia* B. et BR., — *Bloxamia* B. et BR., — *Colletotrichum* CORD., — *Pestalozziella* SACC. et ELL.

2ᵉ Section. — MELANC.-*scoleco-allantoconidiés.* — Conidies cylindriques, longues ou courtes, allantoïdes, continues, hyalines.

Genres. — *Cylindrosporium* UNG., — *Cryptosporium* KUNZ., — *Libertella* DESMAZ., — *Nemaspora* PERS..

3ᵉ Section. — MELANC.-*phéoconidiés.* — Conidies sphériques, oblongues ou allongées, continues, fuligineuses ou olivâtres.

Genres. — *Melanconium* Link, — *Cryptomela* Sacc., — *Thyrsidium* Montg..

4ᵉ Section. — Melanc.-*didymoconidiés*. — Conidies ovoïdes, fusiformes ou oblongues, hyalines ou fuligineuses.

Genres. — *Didymosporium* Nées, — *Bullaria* D C., — *Septomyxa* Sacc., — *Marsonia* Fisch..

5ᵉ Section. — Melanc.-*phiophragmiés*. —Conidies oblongues ou cylindriques, bi ou pluriseptées, brunes.

Genres. — *Stilbospora* Pers., — *Scolecosporium* Lib., — *Asterosporium* Kunz, — *Seiridium* Nées., — *Hyàloceras* Dur et Montg., — *Pestalozzia* de Not. (fig. 63).

6ᵉ Section. — Melanc.-*hyalophragmiés*. — Conidies oblongues ou claviformes ou cylindriques, uni ou pluriseptées, hyalines.

Genres. — *Rhopalidium* Montg. et Fr., — *Septoglœum* Sacc., *Prostemiella* Sacc..

7ᵉ Section. — Melanc.-*dictyoconidiés*. — Conidies piriformes ou rhomboïdales, pluriseptées, muriformes.

Genres. — *Steganosporium* Cord., — *Morinia* Berl., — *Phragmotrichum* Kze. et Schw..

2ᵉ DIVISION. — SPOROMYCÉS

Les Sporomycés sont des Mycomycophytes autonomes dits *parfaits*, parce que le cycle de leur vie, nettement établi, aboutit toujours à la production de ce que nous avons admis être des *spores proprement dites*. Ce développement est, ou bien : continu avec des formes conidiales, complémentaires, supplémentaires ou accidentelles, ou bien : successif avec des formes conidiales paraissant alterner régulièrement.

Les corps reproducteurs qui dans les Asporomycés-conidiés se formaient de cellules végétatives *accidentellement spécialisées* se forment ici dans des cellules, qui paraissent être *plutôt prédestinées* à cette fonction. Chez les premiers, les corps se produisaient le plus souvent par la simple scissiparité de filaments mycéliens gorgés de protoplasma; chez les seconds, les filaments mycéliens préparent le plasma pour des cellules spéciales qui l'élaborent et en font des spores, c'est-à-dire des phytoblastes qui s'entourent d'enveloppes protectrices *propres*. Les conidies étaient, pour ainsi dire, des bulbilles empruntant l'enveloppe commune du filament; les spores, au contraire, sont l'analogue des graines avec des téguments formés par elles et pour elles. Pourtant une fois séparés de la plante mère, conidies et spores sont des cellules semblables qu'il n'est pas possible de reconnaître à leurs caractères extérieurs. Mais nous avons déjà dit ces choses (pages 55 et 57); il est inutile d'insister.

Les Sporomycés comprennent non seulement les Champignons proprement dits, les Fongidés, *Fungi* des anciens, mais, aussi un grand nombre de Fongoïdés qui, lorsqu'on eut reconnu que leurs corps reproducteurs étaient bien, physiologiquement parlant, des spores, ont dû être séparés de leurs congénères, restés Asporomycés. C'est ainsi qu'on y rencontre une partie des moisissures des anciens auteurs : les *Mucor* et leurs alliés tels les Entomophtoracés, Péronosporacés, sortes de rouilles blanches aériennes qui, par les Saprolégniacés, sont venus se grouper autour des Chytridianés et des Vampyrellacés, les plus simples de tous, et qui, aquatiques comme des Algues, se relient à cause de leurs mouvements avec les Myxomycètes, ces singuliers Champignons mobiles comme des animaux.

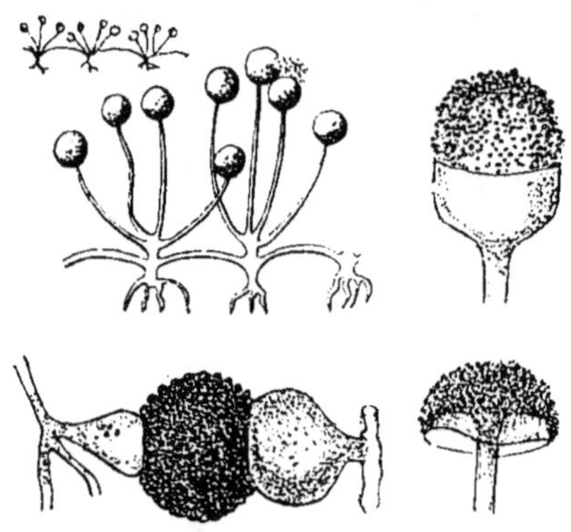

Fig. 64. — *Rhizopus nigricans* EHRMB.
Port grand. nat. et grossi; deux sporanges à deux états différents. Une zygospore.

Considérés les uns après les autres, ces groupes présentent souvent des caractères tels qu'on peut s'étonner de les voir tous réunis sous le même nom de Sporomycés ; et vraiment il y a quelques différences entre un *Rhizidiomyces* (fig. 76) et un Cèpe, comme aussi entre un *Rhizopus* (fig. 64) et une Oronge (fig. 146), et pourtant l'étude amène à les disposer de telle façon qu'ils s'enchaînent les uns aux autres ; on trouve entre eux des rapports incontestables et incontestés. Il n'est pas jusqu'à ces Myxomycètes, aux mœurs si étranges, qui, placés par tous à la partie inférieure de la classe, ne soient réclamés, par certains auteurs, pour figurer parmi des Fongidés les plus élevés en organisation.

Nous avons réparti les Sporomycés en quatre alliances en nous basant sur la structure du mycélium d'abord et ensuite sur le mode de fructification.

Le mycélium peut être malacoïde, composé de phytoblastes mous, pulpeux, entièrement fait de protoplasma mobile, non enfermé dans un phytocyste ; la cellulose n'apparaît qu'à la fin, lors de la formation des spores. C'est le cas des **Myxomycètes**. Dans tous les autres Mycophytes-sporomycés le protoplasma mycélien est protégé par des phytocystes qui s'allongent pour former des hyphes ou filaments, s'étirant ou se condensant suivant les cas. Quels que soient ces cas, les hyphes mycéliennes se conduisent de deux manières différentes : ou bien elles sont continues, c'est-à-dire que leur calibre n'est point coupé de cloisons, on trouve cette disposition dans les **Siphomycètes** ; ou bien, au contraire, et c'est ce qui arrive le plus souvent, leur cavité est coupée par des cloisons qui forment autant de cellules remplies de protoplasma ; c'est ce qui se rencontre chez les **Thécamycètes** et chez les **Basidiomycètes**. Ces deux groupes se différencient l'un de l'autre par le mode de production des spores qui, pour les premiers, se forment en nombre limité *à l'intérieur* de cellules spéciales renflées, *cloisonnées par exception*, et que l'on nomme *thèques* ; et, dans le second, s'épanouissent, en nombre également limité, sur des cellules ordinairement renflées, cloisonnées par exception, nommées *basides*.

Nous avons donc ainsi les quatre alliances suivantes :

1re ALLIANCE. — Myxomycètes ;

2e ALLIANCE. — Siphomycètes ;

3e ALLIANCE. — Thécamycètes [1] ;

4e ALLIANCE. — Basidiomycètes.

1re ALLIANCE. — Myxomycètes.

Mycomycophytes saprophiles à mycélium malacoïde, c'est-à-dire composé de cordons et fils de protoplasma libres, mous,

---

1. Beaucoup d'auteurs disent Ascomycètes ; à ce nom, nous avons préféré celui de Thécamycètes, quoique moins euphonique, nous rendant aux raisons données par E. Boudier, pour faire rejeter le nom d'asque, *ascus*, qui s'es longtemps appliqué aussi bien aux plantes à thèques qu'à celles à basides (Voir *Bull. Soc. Myc. de Fr.* t. VI, pag. X.).

comme mucilagineux, mobiles ; se réunissant en masses de formes variées, sarcodiques aussi, qu'on nomme *plasmodies* (fig. 65), et dont la mobilité est telle, que quelques savants ne les admettent qu'avec doute dans le Règne végétal, les regardant plutôt comme des animaux. Cependant, au moment de la maturité ces masses s'immobilisent, excrètent sous forme de cellulose les matières ternaires hydrates de carbone préparées pendant la vie végétative et forment une enveloppe, un phytocyste autour de chacun des phytoblastes qui composent la

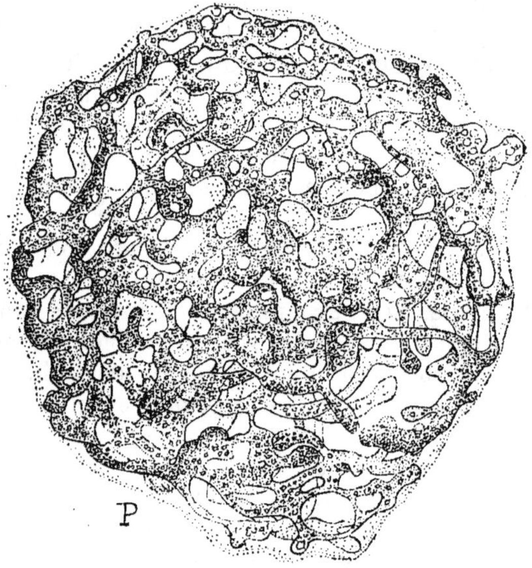

Fig. 65. — *Ceratiomyxa hydnoïdes* (Alb. et Schw.) Schroet.
Plasmode composé provenant de la fusion des plasmodes partiels.

plasmodie. Ce sont les spores (myxospores) qui sont rarement exsertes (fig. 12 et 65) mais qui sont le plus souvent enfermées dans de petits sacs minuscules (fig. 67 et 69), tirés aussi des provisions faites par le plasma mobile et renfermant, outre des matières ternaires, des matières minérales et en particulier du carbonate de chaux sous forme cristallisée ou sous forme amorphe. Ces petits fruits sont dits péridiums ou *plasmodiocarpes* s'ils sont irréguliers, et *sporanges* s'ils sont réguliers ; ils sont sessiles ou pédiculés, stipités, à formes variées, rappelant, parfois, tellement certains Champignons supérieurs à péridium, que les anciens les rapprochaient jadis, les uns et les autres, dans leurs classifications. Ces petits Mycophytes péridiés restent, souvent, simplement rapprochés par un carpostrome plus ou moins apparent ou, encore, par un subiculum ou, enfin, par les seuls fils mycéliens ; mais dans beaucoup de cas, ils confluent les uns vers les autres pour constituer, en se disposant en couches diversement agencées, stratifiées et soudées, des fruits composés qu'on nomme « Æthalium ». L'*Æthalium* est relativement de dimensions considérables, celui dit « fleur du tan[1] » *Æthalium septicum* Fr., qui n'est que le fruit composé du *Fuligo varians* Somm., se montre quelquefois en masses de cinq centimètres et plus d'épaisseur et mesurant vingt à vingt-cinq centimètres dans ses diamètres. Il y a des

Fig. 66. — *Ceratiomyxa porioïdes*
(Alb. et Schw.) Schroet.

Port grossi ; un groupe de cupules
rassemblées en sore.

Fig. 67. — *Craterium vulgare*
Ditm.

Port, grossi ; dans l'un d'eux, à gauche,
l'opercule est détachée et laisse voir les
spores en place.

Æthalium réguliers, d'autres sont irréguliers ; il y en a qui sont nus, tandis que d'autres sont protégés par une enveloppe dite « *cortex* ». « Les spores de l'intérieur du fruit sont des produits de formation cellulaire libre, celles de la surface sont produites par division de cellules. Le contenu de la spore au moment de la germination donne d'abord une zoospore muni d'un nucléus, d'une vacuole contractée et de cils comme un amibe. Les zoospores ou amibes, se réunissent et donnent les plasmodies qui, nous l'avons dit, sont mobiles elles-mêmes[2] ». Les Myxomycètes sont saprophiles, ils cherchent leur vie dans les détritus, écorces vieilles, etc., qu'ils pénètrent de leurs fils et de leurs pseudopodes.

1. Marchand. *Sur une végétation particulière qui vient sur le tan*, in Hist. de l'acad. roy. 1727. L'auteur pense que ce sont des animaux.
2. Rostafinski. *Monografia Sluzowce*, 1875, pag. 83, *ex* Cooke, trad. 1877.

L'ensemble des caractères donnés ici se rapporte aux Myxomycètes que nous avons nommés *Endomyxés*; d'autres Mycophytes qui possèdent une grande partie de ces mêmes caractères donnent leurs spores à l'extérieur, ils constituent l'Ordre des *Ectomyxés*. Nous aurons donc :

1ᵉʳ Ordre : *Endomyxés*.

2ᵉ Ordre : *Ectomycés*.

1ᵉʳ Ordre. — **Endomyxés**[1].

Myxomycètes dont les spores sont enfermées dans des sporanges ou péridiums; elles s'y sont formées et elles y mûrissent. L'intérieur de ces péridiums se nomme *gléba*[2]; à la maturité, cette gléba forme une masse poussiéreuse composée par les spores, souvent accompagnées par des filaments particuliers capillaires, d'où le nom de *capillitium* qu'on leur a donné. Ce *capillitium*, utile à la dissémination des spores au milieu desquelles il se trouve, est formé de cellules tubulaires qui sont tantôt libres, tantôt anastomosées en réseau, lisses ou couvertes d'aspérités, parfois contenant du calcaire. Les péridiums, eux aussi, contiennent des cristaux ou des granulations de carbonate de chaux. Les spores sont tantôt noires ou de couleurs sombres, tantôt au contraire colorées vivement.

On s'est servi de ce dernier caractère pour diviser les Endomyxés en deux sous-ordres :

1ᵉʳ Sous-Ordre : Amaurosporés.

2ᵉ Sous-Ordre : Lamprosporés.

1ᵉʳ *Sous-Ordre*. — **Endomyxés-Amaurosporés.**

Chez ces Myxomycètes, les spores sont violettes ou de couleur sombre; le péridium et le capillitium, quand il existe,

---

1. Nous nous sommes ici inspiré surtout de la classification de Rostafinski, traduite par Cooke (*Myxomyc. of great Britain* 1877); nous n'avons fait que changer les dénominations pour les faire rentrer dans notre rangement. L'ouvrage de Massée (*A Monog. of Myxogastres* 1890) nous a, de plus, fourni quelques indications.

2. La forme des péridium, leur gléba et aussi leur capillitium a fait longtemps rapprocher ces Endomycés des Gastéromycètes. C'est ainsi qu'on les trouve répartis dans les genres *Galeperdon* Wigg., *Bovista* Dill., *Cyathus* Hall., *Nidularia* Tul., pendant que certains autres passent aux *Clathrus* Schlect., sous les noms de *Clathrodiastrum* Micn., *Clathroïdes* Micn., etc.

contiennent parfois des éléments calcaires : cristaux ou mâcles.

On a deux familles : 1° dans l'une, celle des Protodermiacés, la gléba n'a pas de capillitium, les Mycophytes sont atrichés; 2° dans l'autre, il y a un capillitium, c'est celle des Spumariacés, les Mycophytes sont trichophorés.

1re Famille. — PROTODERMIACÉS [3].

Composée des Myxomycètes à spores violettes ou presque noires et dans lesquels le péridium contient une gléba où les spores ne sont pas accompagnées de capillitium.

Genre. — *Protodermium* ROST..

2e Famille. — SPUMARIACÉS.

Myxomycètes, endomyxés, amaurosporés, trichophorés, c'est-à-dire dans lesquels la gléba contient des filaments de capillitium.

Deux tribus.

1re Tribu. — *Calcarées*. — Le sporange est pourvu à sa surface ou dans son épaisseur de cristaux de carbonate de chaux ou de granulations calcaires amorphes.

Quatre sous-tribus.

1re Sous-Tribu. — *Calcarées-Cienkouskiés*. — Sporange sans columelle. Tubes du capillitium hyalins branchus.

Genre. — *Cienkowskia* ROST..

2e Sous-Tribu. — *Calcarées-Physarés*. — Tubes du capillitium hyalins, transparents, minces, pas de columelle ou bien elle est représentée par un noyau calcaire.

Genres. — *Fuligo* HALL., — *Æthaliopsis* ZOPF, — *Craterium* TRENT., — *Badhamia* BERK.. — *Leocarpus* LINK, — *Physarella* PECK, — *Crateriachea* ROST., — *Tilmadoche* FR..

3e Sous-Tribu. — *Calcarées-Didymiés*. — Tubes minces ordinairement violets, libres ou enchevêtrés, sans calcaire, avec columelle. Sporanges sphériques.

Genres. — *Didymium* SCHRAD., — *Chondrioderma* ROST., — *Lepidoderma* DE BY..

---

3. Rostafinski écrit *Protoderma* et PROTODERMACÉS, mais ces noms ayant été créés par Kutzing pour un genre et une famille de Phycophytes, on a pensé bien faire en remplaçant ces mots par ceux de *Protodermium* et PROTODERMIACÉS.

4e Sous-Tribu. — *Calcarééés-Spumariés*. — Tubes violacés, réticulés, non calcaires, columelles variées. Péridium ou sporange cylindrique.

Genres. — *Diachæa* Fr., — *Spumaria* Pers. (fig. 68).

2e Tribu. — *Acalcaréés*. — Ici nous ne trouvons jamais de calcaire, ni à la surface ni dans l'épaisseur du sporange.

Deux sous-tribus.

1re Sous-Tribu. — *Acalcaréés - Stémonités*. — Sporange simple avec ou sans columelle.

Genres. — *Lamproderma* Rost., — *Stemonitis* Gled., — *Comatricha* Preuss, — *Raciborskia* Berl., — *Enerthenema* Bown., — *Echinostelium* de By..

2e Sous-Tribu. — *Acalcaréés - amaurochetés*. — Péridiums composés (æthalium) à columelles restant isolées ou se réunissant ensemble.

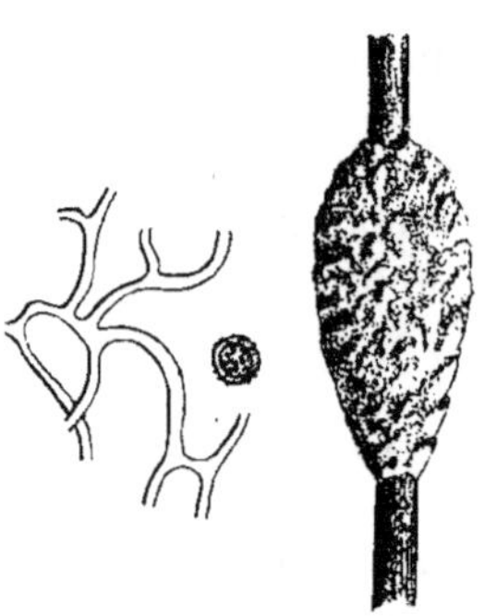

Fig. 68. — *Spumaria alba* D. C.

Port, grand. nat.; capillitium et spores.

Genres. — *Amaurochæte* Rost., — *Brefeldia* Rost..

2e *Sous-Ordre*. — **Endomyxés-Lamprosporés**.

Myxomycètes endomyxés à spores colorées, mais jamais violettes ni de couleur sombre.

Nous avons deux familles parallèles à celles du premier sous-ordre : 1° ainsi les Licéacés, n'ont pas de capillitium, ils sont atrichés ; 2° les Réticulacés, au contraire, sont trichophorés, car ils possèdent un capillitium plus ou moins développé.

3e Famille. — **Licéacés**.

Ce sont des Myxomycètes endomyxés-lamprosporés-atrichés, c'est-à-dire sans capillitium.

Deux tribus :

1re Tribu. — *Anéméés*. — Les sporanges sont dépourvus de saillie à l'intérieur.

Genres. — *Lindbladia* Fr., — *Licea* Schrad., — *Tubulina*

Pers., — *Clathroptichum* Rost., — *Enteridium* Ehr., — *Orcadella* Wingate.

2° Tribu. — *Hétérodermés*. — Les sporanges portent des saillies à l'intérieur.

Genres. — *Cribaria* Pers., — *Dictydium* Schrad. (fig. 69), — *Heterodyction* Rost..

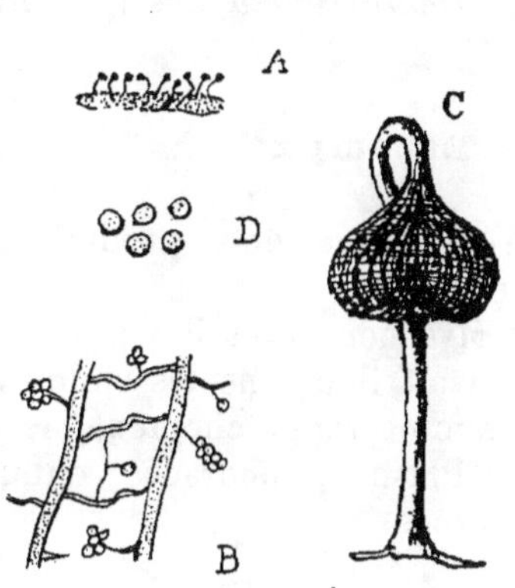

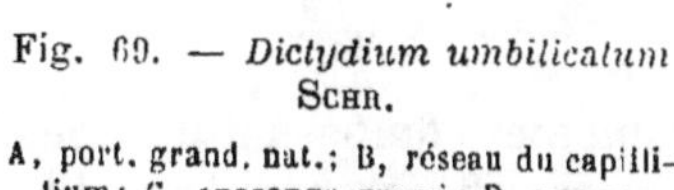

Fig. 69. — *Dictydium umbilicatum* Schr.

A, port. grand. nat.; B, réseau du capillitium; C, sporange grossi; D, spores.

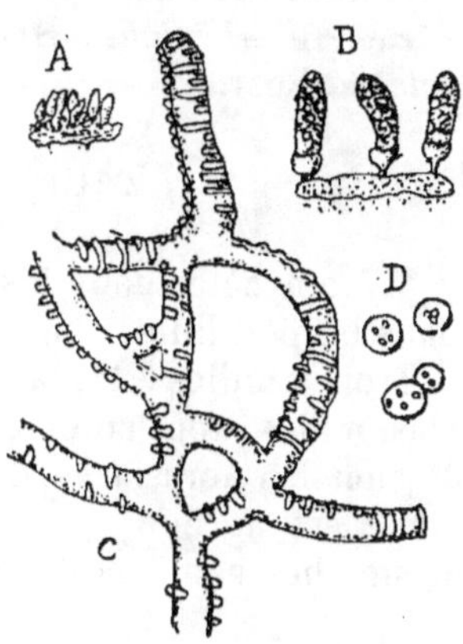

Fig. 70. — *Arcyria incarnata* Pers.

A, grand. nat.; B, grossis; C, capillitium;
D, spores.

4ᵉ Famille. — Réticulariacés.

Ce sont des Myxomycètes endomyxés-lamprosporés-tricho-phorés, c'est-à-dire pourvus d'un capillitium.

Deux tribus.

1ʳᵉ Tribu. — *Columellés*. — Sporanges avec columelle, réunies en *œthalium;* c'est de la base que partent les colu-melles.

Genres. — *Reticularia* Bull.., — *Siphoptychium* Rost..

2ᵉ Tribu. — *Calonémés*. — Sporange ou péridium sans columelle.

Trois sous-tribus.

1ʳᵉ Sous-Tribu. — *Calonémés-Périchénés*. — Les filaments du capillitium sont lisses et forment un réseau à la partie supé-rieure du sporange.

Genre. — *Perichœna* Fr.

2ᵉ Sous-Tribu. — *Calonémés-Arcyriés*. — Les filaments du

8

capillitium, portent des épaississements annulaires, spini-
formes ou réticulés.

Genres. — *Lycogala* Micheli, — *Oligonema* Rost., — *Der-
modium* Rost., — *Lachnobolus* Fr., — *Arcyria* Hill (fig. 70),
— *Cornuvia* Rost..

3e Sous-Tribu. — *Calonémés-Trichiés*. — Les filaments du
capillitium ont des épaississements spiralés.

Genres. — *Trichia* Hall., — *Hemiarcyria* Rost., — *Proto-
trichia* Rost..

2ᵉ Ordre. — **Ectomyxés**.

Myxomycètes dans lesquels les spores ne se produisent pas
dans un péridium, elles sont exertes.

Trois familles : 1° dans les Mycocératiacés il y a fusion des
plasmodies, tout comme cela avait lieu dans les endomyxés ;
2° chez les Acrasiacés il y a simple rapprochement, le plasmode est agrégé ; 3° dans les Plasmodiophoracés, enfin, les
plasmodies sont simples et séparées.

5ᵉ Famille. — Mycocératiacés [1].

Myxomycètes formés de plasmodies composant un coussinet
sur lequel se dressent des tiges ramifiées sporifères. Plasmodies formées de plasmodes fusionnés.

Genres. — *Ceratiomyxa* Schroet., (= *Ceratium* Alb. et Schw.)
(fig. 16, 17, 65, 66).

6ᵉ Famille. — Acrasiacés.

Myxomycètes à fructifications en sores-plasmodies agrégées ;
pas de zoospores.

1. C'est la famille des Cératicées, Cératiacées ou Cératiacés que certains auteurs ont faite pour le genre *Ceratium* dépendant des Myxomycètes. Mais il
se trouve qu'il existe actuellement dans les Cryptogames deux genres *Ceratium*. L'un a été créé par Schrank, en 1796, pour des organismes qu'on a longtemps regardés comme étant de nature animale, mais que dernièrement on a
cru devoir annexer aux Phycophytes de la famille des Péridiniacées. L'autre,
le Myxomycète, est créé par Albertini et Schweinitz en 1805. Il résulte de
cette constatation qu'on doit réserver le nom de *Ceratium* pour les espèces
qui vont dans les Péridiniacées, et que pour distinguer les Mycophytes
myxomycètes on doit écrire *Ceratiomyxa* Schroet et admettre pour la famille
le nom de *Ceratiomyxacés* qui consacre le nouveau nom ou celui de Mycocératiacés qui rappelle l'ancienne dénomination.

Genres. — *Guttulina* Cienk., — *Copromyxa* Zopf, — *Dictyostelium* Bref., — *Acrasis* V. Tiegh., — *Polysphondylium* Bref. (fig. 71.)

7ᵉ Famille.
PLASMODIOPHORACÉS [1].

Myxomycètes dans lesquels la production des spores est extérieure; ils ne semblent formés que d'une seule cellule.

Deux tribus.

1ʳᵉ Tribu. — *Azoosporés.* — Les carpocystes donnent des amibes et pas de zoospores.

Se divise en trois sous-tribus.

1ʳᵉ Sous-Tribu. — *Azoosporés-Vampyrellés.* — Ils sont hydrophyles, il y a plasmodes et amœbocystes.

Genres. — *Endyonema* Zopf, — *Vampyrellidium* Zopf, — *Haplococcus* Zopf, — *Spirophora* Zopf, — *Vampyrella* Cienk., — *Leptophrys* Hert. et Lass.

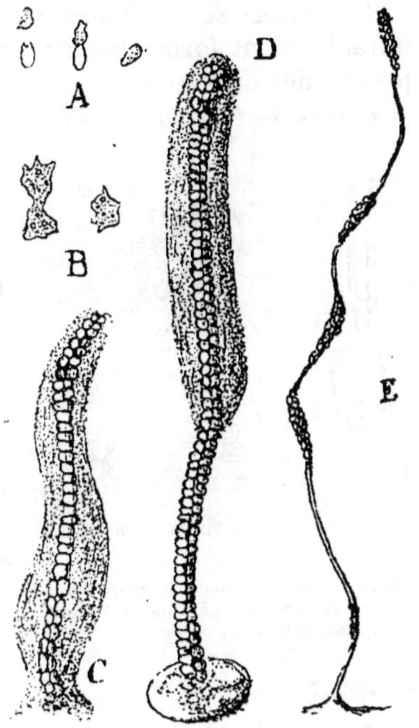

Fig. 71. — *Polysphondylium violaceum* Bref.

A, masse protoplasmique de la spore donnant un myxamibe; B, myxamibe se divisant; C, plasmode agrégé redressé; D, le même, dressé sur un pédicule; E, le même, plus avancé non encore ramifié.

2ᵉ Sous-Tribu. — *Azoosporés-monocystés.* — Pas d'amœbocystes, mais seulement des sporocystes.

Genres. — *Myxastrum* Haeck., — *Enteromyxa* Cienk., — *Coenonia* V. Tiegh..

3ᵉ Sous-Tribu. — *Azoosporés-Bursullinés.* — Espèces aérophytes.

Genre. — *Bursulla* Sorok..

---

1. Nous ne connaissons que fort peu ces plantes et avons adopté la classification donnée par Saccardo dans son *Sylloge*.

2ᵉ Tribu. — *Zoosporés*. — Les carpocystes donnent des zoospores.

Trois sous-tribus.

1ʳᵉ Sous-Tribu. — *Zoosporés - pseudosporés*. — Les spores durables sont formées dans des sporocystes. — Souvent des plasmodies en réseau ou des amibes.

Genres. — *Colpodella* Cienk., — *Pseudospora* Cienk., — *Diplophysalis* Zopf, — *Protomonas* Haeck..

2ᵉ Sous-Tribu. — *Zoosporés-Gymnococcés*. — Spores durables dans des sporocystes, pas de sores, pas de plasmodies.

Genres. — *Gymnococcus* Zopf, — *Aphelidium* Zopf, — *Pseudosporium* Zopf.

3ᵉ Sous-Tribu. — *Zoosporés-plasmodiophorés*. — Spores durables formées dans des sporocystes, fructifications en sores ; il y a un plasmode.

Genres. — *Protomyxa* Haeck., — *Phytomyxa* Schroet., — *Sorosphæra* Schroet., — *Tetramyxa* Gobel. (fig. 72), — *Plasmodiophora* Woron..

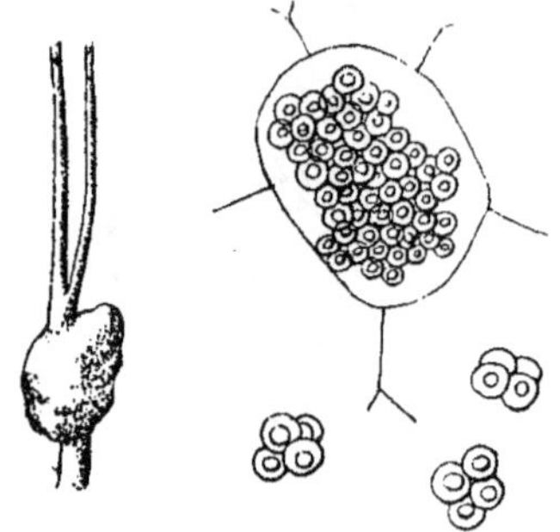

Fig. 72. — *Tetramyxa parasitica* Goeb.

Renflement de la racine attaquée; cellule pleine de parasites; parasite isolé formé de quatre spores.

2ᵉ Alliance. — Siphomycètes

Cette alliance est formée de familles qui, au premier abord, diffèrent assez les unes des autres, par leur aspect et leurs mœurs, pour que certaines d'entre elles aient pu passer pour des Algues, ou même pour des animaux, pendant que les autres étaient rangées bien nettement dans les « Moisissures » ou « Mucédinés ». Pourtant les mycologues modernes les ont réunies par une sorte d'entraînement qui les appelait, pour ainsi dire, les unes vers les autres ; il en est résulté que l'on a difficilement trouvé un caractère commun qui puisse servir à les distinguer de tous les Mycomycophytes des alliances voisines ; cela explique les différents noms de Phycomycètes, Zygomycètes, Oomycètes qu'on a successivement imposés aux représentants de cette alliance, chacun de ces noms faisant allusion à un caractère qui ne s'applique qu'à une partie d'entre eux. Celui de Siphomycètes nous a semblé le moins imparfait, car tous ces Mycophytes sont, pendant la plus grande partie de leur vie, unicellulaires; s'il survient des cloisonnements, on ne les voit paraître que pour les besoins de la sporulation et par conséquent à l'extrémité des rameaux fertiles.

La famille qui a formé le point de départ de cette alliance est celle des « Mucoracés »; ses représentants rappellent par leurs caractères extérieurs les « Mucédinés », aussi les anciens les réunissaient sous le nom de « Byssoïdes ». Ils figureraient dans les Nématomycètes, si on ne leur eût trouvé à côté des conidies (ici enfermées dans un sporange) des spores proprement dites formées au point de jonction de deux filaments (gamètes) se rencontrant en face l'un de l'autre pour se souder, ce qui a fait donner à cette spore le nom de *zygospore* et à l'alliance celle de Zygomycètes.

Les Péronosporacés sont aussi des moisissures. Les *Cystopus candidus* LÉV. des crucifères et les *Peronospora* ou mildew étaient fort connus par leur aspect et aussi par leurs ravages; on les appelait « rouilles blanches » ou « meuniers » et on les rapprochait des Mucoracés. On les conserva en ce voisinage quand on vit que dans les uns comme dans les autres, les hyphes étaient continus, et que, de plus, la spore se formait aussi à la conjonction de deux filaments; mais ici l'un des filaments est renflé (oogone), tandis que l'autre ou les autres s'étirent en tubes cylindriques (*pollinode* ou *anthéridie*) qui viennent s'appliquer sur un point de l'oogone et y verser leur protoplasma. La spore devient un *ospore*, d'où, comme conséquence, le nom d'Oomycètes.

Mais voici que ces mêmes caractères se rencontrent sur des plantes : les *Saprolegnia* et leurs affines, qui, plongées dans les liquides à la façon des Algues et présentant en outre avec elles des caractères communs de reproduction, durent venir se ranger près des Péronosporacés dont, sauf l'habitat, ils avaient tous les caractères. On les désigna sous le nom de Phycomycètes, pour bien rappeler que, Champignons aujourd'hui, elles avaient été Algues autrefois, et du même coup Mucoracés et Péronosporacés devinrent Phycomycètes. Au reste, les Saprolégniacés entraînèrent avec eux le petit groupe des Monoblépharidacés qui, eux aussi, ont des oospores, mais ceux-ci étant formés par l'union d'un oogone avec des anthérozoïdes *mobiles*, ce qui se voit si souvent dans les Algues. D'autres caractères encore justifiaient chez les Saprolégniacés et les Péronosporacés, du moins, les relations qu'indiquait la dénomination de Phyco-mycètes : leurs conidies avaient montré, en certains cas, leur aptitude à donner des zoospores qui s'agitaient à l'aide de cils, un ou deux suivant les cas. Et ce caractère de mobilité du protoplasma, en même temps qu'il rattachait l'alliance des

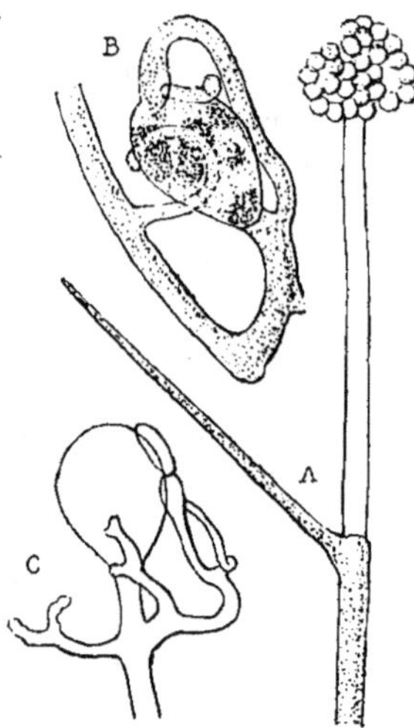

Fig. 73. — *Achlya polyandra* HILDEB.

A, sporange vide de ses conidies; B, oogone à l'extrémité d'une bran-che recourbée, montrant le com-mencement de la séparation des oosphères avec deux branches an-théridiennes; C, jeune oogone avec plusieurs anthéridies branchues.

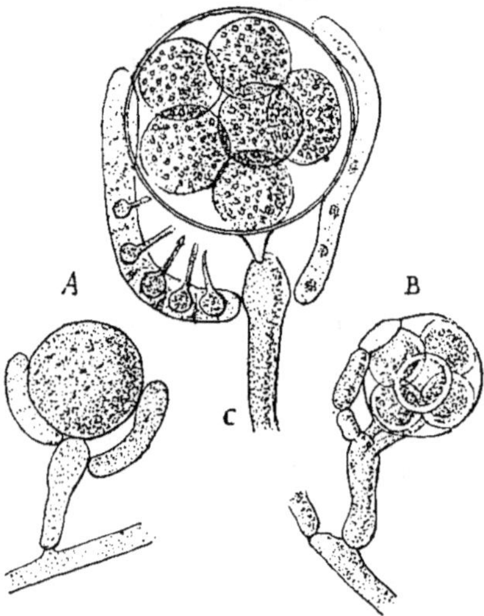

Fig. 74. — *Apodachlya* (?) *completa* HUMPHREY.

A, Oogone et branches mâles à l'état jeune; B, les mêmes, à un âge plus avancé : les oosphères se sont formées dans l'oogone; C, les mêmes, au moment de la fécondation, l'une des branches donne des cellules à col allongé se dirigeant vers l'oogone.

Siphomycètes avec celle des Myxomycètes, permettait d'ajouter à la liste des familles celle des Chytridiacés qui, de même, ont des protoplasma mobiles, à un ou deux cils, comme dans les Péronosporacés et les Saprolégniacés, en même temps que leurs spores vraies se font (quand il y en a de faites) par union de gamètes semblables, et sont des zygospores comme dans les Mucoracés, ou les Entomophtoracés méritant, ainsi, le nom de Zygosporés.

Ainsi se trouve constituée cette alliance des **Siphomycètes** avec de petits Mycomycophytes vivant en parasites ou saprophytes sur des animaux ou des végétaux aériens ou aquatiques composés d'hyphes non cloisonnées et se reproduisant : 1° par union de gamètes semblables donnant des zygospores ; 2° par union de gamètes dissemblables ; que l'oogone soit fécondé par un pollinode (fig. 73, 74), ou par des anthérozoïdes, et l'on a les Oosporés ; 3° par des conidies, exsertes ou enfermées, portées sur le même mycélium que les spores vraies reproduisant la plante, soit par germination directe, soit après avoir fourni des corps reproducteurs secondaires mobiles (qui seraient mieux nommés zooconidies que zoospores) 1 ou 2 ciliés lesquels, après s'être fixés, germent à leur tour.

Les Siphomycètes forment un groupe de Mycophytes aux affinités multiples ; ils semblent être le nœud auquel se rattachent les autres alliances (v. p. 8 et 14). En prenant pour centre les Chytridiacés on peut rayonner : 1° vers les Myxomycètes qui les touchent par les Plasmodiophoracés ; 2° vers les Thécamycètes auxquels les relient les Mucoracés et les Entomophtoracés qui, eux-mêmes, passent aux Glycozymacés ; 3° aux Basidiomycètes en se rattachant aux *Entyloma* (Ustilaginacés) par les *Synchytrium* ou par les *Cladochytrium*. De plus, notons que les Saprolegniacés et Monoblepharidacés nous font toucher aux Algues.

Les conidies étant des organes les plus faciles à observer chez ces plantes, on peut se servir d'elles pour établir la division des Siphomycètes en deux ordres, suivant qu'elles sont : 1° nulles ou bien exsertes ; 2° incluses.

1er Ordre : *Endoconidifères*.

2e Ordre : *Ectoconidifères*.

1er Ordre. — **Endoconidifères**.

Cet ordre renferme les Siphomycètes chez lesquels les conidies sont enfermées dans des sporanges. Ces conidies sont mobiles le plus souvent ; ce sont des zoospores ou mieux des zooconidies.

Les spores durables proviennent soit : 1° de deux gamètes semblables qui conjuguent ou copulent (fig. 64, 77, 78) : ce sont alors des *zygospores* ; soit 2° de deux gamètes dissemblables (fig. 10, 73, 74, 80) ; ce sont alors des *oospores*. Parfois on trouve des spores durables sans qu'on ait pu constater encore ni zygose ni copulation.

Les Chytridiacés et les Mucoracés ont plus particulièrement des zygospores. Les Saprolegniacés et les Monoblépharidacés ont des oospores [1].

1re Famille. — CHYTRIDIACÉS [2].

Le plus souvent ce sont des Siphomycètes dans lesquels le mycélium est nul ou tout au moins peu indiqué, souvent représenté par une sorte de suçoir ou par des filaments rhizoïdes.

L'appareil végétatif unicellulaire est nu, ou, au contraire, encellulé, non ramifié et non filamenteux ou constitué par une portion mycélienne globuleuse et une partie mycélienne filamenteuse. Toujours monocarpique, jamais pérennant ni polycarpique. La reproduction se fait par des zoospores et par des spores durables (qui sont asexuées et remplacent les zoosporanges) ou par oospores. Hydrophiles et, alors, vivant sur les Algues et infusoires ou, plus rarement, aérophiles se développant dans l'épiderme et le tissu des plantes.

Trois tribus :

1re Tribu. — *Myxochytridinés*. — Corps végétatif nu sphérique ou ellipsoïde jamais ramifié, ou bien filamenteux et pourvu d'une membrane. Spores durables contenues dans la cellule-mère ; — pas de sexualité, excepté dans un cas.

1re Sous-Tribu. — *Myxochytridinés-monolpidiés*. — Le corps végétatif se change en une seule zoosporange, sphérique ou cylindrique, ou en une spore durable. Sexualité dans un seul cas.

Genres. — *Sphærita* DANG., — *Olpidium* AL. BR., — *Pseudolpidium* FISCH., — *Olpidiopsis* CORN., — *Pleotrachelus* ZOPF, — *Pleolpidium* ZOPF.

2e Sous-Tribu. — *Myxochytridinés-mérolpidiés*. — Le corps végétatif se résout en un grand nombre de sporanges formant un sore sporangial arrondi ou longuement unisérié. — États durables : soit un amas de spores durables (cystosores), ou

---

[1] M. Vuillemin propose d'introduire ici un nouveau groupe qui aurait pour type le genre *Microsporon* (voir note p. 86).

[2] Nous avons suivi d'aussi près que possible la classification donnée par Alf. Fischer in Rabenhorst. Kryptog. Flora, Pilze, IV.

spores durables isolées, dérivant de tout le corps végétatif non partagé ou de fractions de celui-ci.

Genres. — *Protomyces* Ung. (fig. 75), — *Synchytrium* de By. et Woron., — *Woronina* Corn., — *Rhizomyxa* Borzi, — *Rozella* Corn..

2ᵉ Tribu. — *Mycochytridinés*. — Corps végétatifs dès le début enveloppés d'une membrane dont la forme varie ; jamais complètement sphériques ni ellipsoïdes, toujours allongés, vermiformes ou composés d'une partie mycélienne filamenteuse ramifiée et d'une partie globuleuse, ou bien exclusivement mycélienne avec renflements vésiculaires intercalaires et termi-naux toujours monocarpiques non pérennants. Zoosporanges et spores durables qui leur correspondent ou autres naissant comme zygospores ou oospores.

1ʳᵉ Sous-Tribu. — *Mycochytridinés-holochytridiés*. — Appareil végétatif en forme d'outre ou vermiforme non ramifié avec de courts rameaux latéraux se divisant par des cloisons transversales en arti-

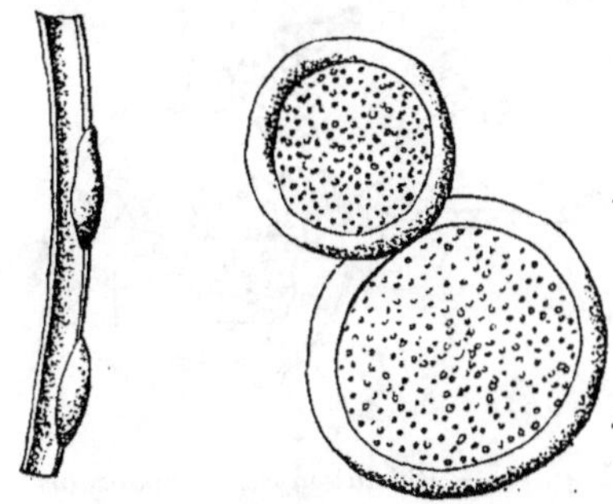

Fig. 75. — *Protomyces macrosporus* Ung.
Fragment de tige d'ombellifère attaquée par le parasite ; deux spores grossies

cles qui deviennent tous des organes de reproduction (sporanges, oogones, etc.) toujours holocarpiques ou monophages. — Toujours immergés dans l'hôte.

Genres. — *Myzocytium* A. Schenk, — *Achlyogeton* A. Schenk, — *Lagenidium* A. Schenk, — *Ancylistes* Pfitz..

2ᵉ Sous-Tribu. — *Mycochytridinés-sporochytridiés*. — Appareil végétatif formé de deux parties : une partie sphérique (la zoospore fixée) et une partie mycélienne filamenteuse, mince, souvent très délicate. La partie sphérique se développe en un seul sporange ou une seule spore durable (monocarpique). — Spore durable se produisant aussi d'autre manière de la partie mycéliale ou par zygose.

A. Métasporés. Ici les spores durables naissent comme les sporanges et à leur place de la partie sphérique du corps végétatif. — Pas de sexualité, presque toujours monophages.

Genres. — *Rhyzophidium* A. Schenk, — *Rhizidium* Al.-Br., *Rhizidiomyces* Zopf (fig. 76), — *Achlyella* Lagerh., — *Septocarpus* Zopf, — *Entophlyctis* Fisch., — *Rhizophlyctis* Fisch., — *Obelidium* Nowak..

B. Orthosporés. Les spores durables ne naissant pas comme les sporanges et à leur place, mais, ou bien du mycélium d'une façon non encore connue ou bien par zygose.

Genres. — *Chytridium* A.-Br., — *Polyphagus* Nowak..

3ᵉ Tribu. — *Hyphochytridinés*. — Les corps végétatif ont leur protoplasma coloré ou hyalin, ils sont plus ou moins ramifiés au début, leur mycélium unicellulaire forme à la fin un grand nombre de renflements qui donnent des zoospores et des spores durables ; encarpiques mais plus souvent monocarpiques non pérennants.

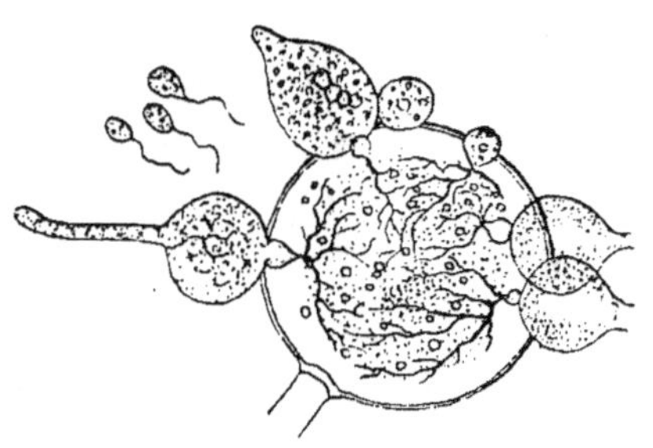

Fig. 76. — *Rhizidiomyces apophysatus* Zopf.
Parasite sur un oogone d'*Achlya*.

1ʳᵉ Sous-Tribu. — *Hyphochytridinés - hyalochytridiés*. — Corps végétatif à protoplasma hyalin, les filaments forment à la fin un grand nombre de renflements d'où sortent des zoospores et des spores durables ; pas de sexualité.

Genres. — *Amœbochytrium* Zopf, — *Catenaria* Sorok., — *Haplochytrium* Zopf, — *Cladochytrium* Nowak..

2ᵉ Sous-Tribu. — *Hyphochytridinés-hyalochytridiés*. — Corps végétatif à protoplasma coloré ; mycélium court, simple suçoir ; filaments dressés se renflant en sporanges operculés : spores durables par zygose.

Genres. — *Zygochytrium* Sorok., — *Tetrachytrium* Sorok[1]..

---

1. Comme leurs voisins les Plasmodiophoracés, les Chytridiacés sont d'observation difficile et peu commune, ce sont des essais éphémères de végétation. On comprend que leurs caractères soient souvent difficiles à dégager, aussi nombre d'entre eux ne sont pas placés : *Micromyces* Dang., *Resticularia* Dang., *Nephromyces* Giard, *Aphanistis* Sorok., etc., ou doivent retourner aux infusoires, ex. : *Polyrrhina* Sorok., *Rhizogaster*, Reinsch, *Protochytrium*, Borzi, etc.

2ᵉ Famille. — MUCORACÉS.

Siphomycètes saprophytes, moisissures proprement dites, vivant à l'air sur toutes les matières en décomposition : fumier, pain, fruits, tiges, feuilles, chiffons, vieilles chaussures, liquides fermentescibles, etc. Quelques-uns sont parasites sur d'autres moisissures. Le mycélium est très développé, très ramifié, à un certain moment il dresse des filaments conidifères dont l'extrémité se renfle en un *sporange* sphérique incolore, d'abord, puis se cuticularisant et devenant brun ou noir, limité à la base par une cloison voûtée plus ou moins prononcée appelée *columelle* (fig. 77). Les conidies que renferme ce sporange sont nombreuses et deviennent libres par la résorption totale ou partielle de la membrane sporangiale ; elles germent de suite. Ordinairement sur le même mycélium, parfois aussi sur un mycélium autre, (*Syzygites* Ehr., et *Sporodinia* Link) se forment des spores durables qui ne

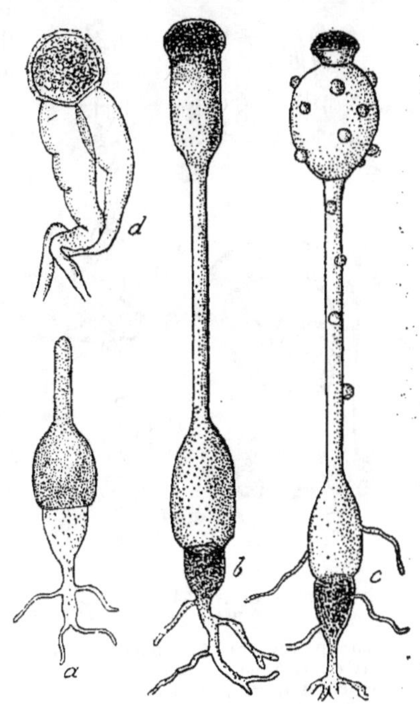

Fig. 77. — *Pilobolus crystallinus* Tode
a, b, c, états successifs de développement;
d, formation de la zygospore.

germent qu'après un repos plus ou moins long. Elles sont dues à la rencontre de deux filaments à extrémités ordinairement renflées en massue dont les protoplasmes s'isolent du reste du filament par des cloisons transversales. Ces deux cellules en se rencontrant s'accolent, et, gélifiant les cloisons qui se touchent, fusionnent leurs protoplasmes en un seul, donnant ainsi une zygospore. Celle-ci prend une couleur brunâtre ou noirâtre restant lisse ou se couvrant d'aspérités qui deviennent parfois des pointes ou se ramifient et enchevêtrent leurs ramilles. Si le développement normal est entravé, les filaments passent à l'état de repos et réunissent leurs protoplasmes en massules plus ou moins sphériques, devenant des spores durables qui, outre leur membrane propre, se trouvent doublées extérieurement par la membrane du filament, d'où le nom de *chlamydospores* (χλαμμς, chemise) qu'on leur a donné (v. p. 11).

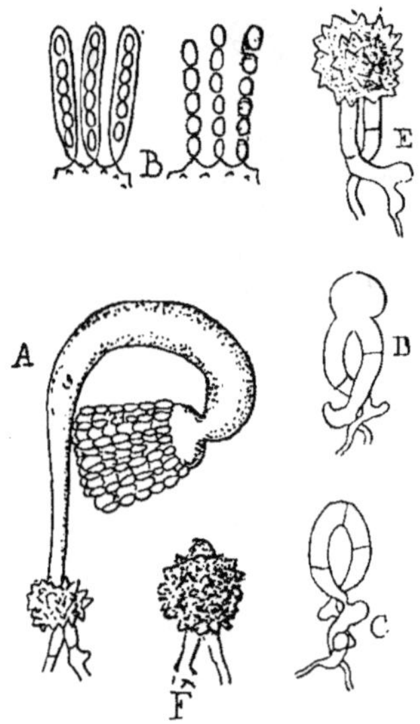

Fig. 78. — *Syncephalis Cornu* V. Tiegh.

A, tube sporangifère; B, sporanges tubuleux contenant une rangée de spores; à droite, les mêmes, après la gélification de la membrane; C, D, E, développements de la zygospore; F, germination de la zygospore.

Lorsque la germination se fait dans des conditions normales, c'est-à-dire à l'air, les spores donnent un mycélium qui se ramifie rapidement, mais si elles sont submergées, les hernies germinatives deviennent des gemmes qui peuvent se succéder en chapelet dont les grains se séparent pour produire le même bourgeonnement. On dirait des conidies de *Saccharomyces* : elles diffèrent de celles-ci en ce que, revenues dans des conditions normales, elles donnent des mycéliums avec sporanges et zygospores, ce qui n'a pas lieu pour les *Saccharomyces*, qui restent autonomes.

Quatre tribus :

1re Tribu. — *Pilobolés.* — Filaments mycéliens gros et non anastomosés; les sporanges sont columellés, multisporés. La membrane du sporange est cuticularisée, excepté sur un anneau basilaire.

Genres. — *Pilaira* V. Tiegh., — *Pilobolus* Tode (fig. 77), — *Chordostylum* Tode et Cord., — *Endodromia* Berk..

2e Tribu. — *Mucorés.* — Filaments mycéliens gros, non anastomosés; sporange columellé, multisporé; membrane du sporange entièrement diffluente, sans gonflement ou indéhiscente.

Genres. — *Mucor* Micheli, — *Phycomyces* Kunz., — *Spinellus* V. Tiegh., — *Sizygites* Ehr., — *Chœtostylum* V. Tiegh.

(fig. 64), — *Helicostylum* Cord., — *Thamnidium* Link, — *Chætocladium* Fres., — *Rhizopus* Ehr. (fig. 64), — *Absidia* V. Tiegh. — (includ. *Tieghemella* Berl. et de Toni), — *Circinella* V. Tiegh., — *Pirella* Bainier.

3e Tribu. — *Mortierellés.* — Filaments mycéliens fins, anastomosés, sporanges unisporés, sans columelle, sphériques.

Genres. — *Herpocladium* Schroet., — *Mortierella* Coem., — *Choanephora* Cunningh.

4° Tribu. — *Syncephalidés.* — Filaments mycéliens fins et anastomosés, sporanges unisporés sans columelle, cylindriques.

Genres. — *Syncephalis* V. Tiegh. et Lemon. (fig. 78), — *Syncephalastrum* Schroet., — *Piptocephalis* de By. et Woron..

3e Famille. — Monoblépharidacés.

Siphomycètes incolores, hydrophiles, saprophytes vivant sur les cadavres d'insectes submergés. Considérés longtemps comme faisant partie de la famille suivante, celle des Saprolégniacés dont ils ont un grand nombre de caractères; ils s'en distinguent, d'abord, par ce fait que la membrane ne se colore pas en bleu par le chloroïodure de zinc. D'autre part, les zoospores qui sortent des sporanges n'ont qu'un seul cil; enfin les spores durables sont produites par une vraie fécondation, c'est-à-dire par l'action d'anthérozoïdes mobiles à un cil sur un oogone, caractère qui à lui seul justifiait la création de la famille des Monoblépharidacées pour le seul genre *Monoblepharis.*

Genres. — *Monoblepharis* Corn., — *Gonapodya* A. Fisch..

4e Famille. — Saprolegniacés.

Siphomycètes incolores, hydrophiles, ordinairement saprophytes et vivant sur des mouches, des insectes de toutes sortes tombés à l'eau et morts, sur des poissons vivants ou morts et sur des plantes aquatiques. Leur mycélium tubuleux est bien développé, très ramifié à croissance terminale. Quelques-uns de ces filaments séparent, par une cloison, leurs extrémités remplies de protoplasma. L'on a ainsi des zoosporanges à l'intérieur desquelles le protoplasma s'est divisé en un nombre variable de corps agiles à deux cils, zoopores, qui reproduisent de suite la plante mère. En outre, il se fait des spores par une reproduction sexuée que nous retrouvons dans les Péronosporés. Certains rameaux se renflent en un sac sphérique *oogone*, qui s'isole par une cloison, tandis que d'autres latéraux, *anthéridies* ou *pollinodes*, s'allongent, s'isolent de même par une cloison et, en fin de compte, se recourbent vers l'oogone, s'appliquent à sa surface et font pénétrer dans son intérieur le protoplasma qu'ils contiennent. Les oospores ainsi formées germent après un temps de repos.

A part l'habitat et la formation des conidies dans l'intérieur de sporanges les *Saprolegniacées* rappellent bien ce que nous allons retrouver dans les Péronosporacés.

Genres. — *Leptomitus* Ag., — *Apodachlya* Pringsh. (fig. 74),

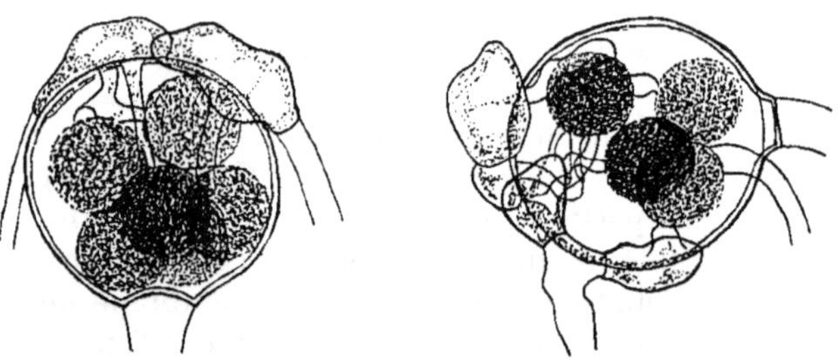

Fig. 79. — *Achlya contorta* Cornu.

Anthérides en train de se vider dans les gonosphéries ; le contenu est purement plasmatique, le mouvement d'épanchement est très lent. Les prolongements émis par les anthéridies, après avoir traversé la membrane de l'oogone, s'enfoncent dans les gonosphéries.

—*Rhipidium* Corn.,—*Saprolegnia* Nées, —*Pythum* Pringsh., — *Dictyuchus* Leigt., — *Diplanis* Leight., — *Achlya* Nées (fig. 73 et 79), — *Aphanomyces* de By..

2e Ordre. — **Ectoconidifères.**

Siphomycètes chez lesquels les conidies sont exsertes et viennent s'épanouir à la surface du substratum qui est, ici, l'épiderme de la plante ou de l'animal victime.

Les spores durables quand elles existent proviennent, soit : 1° de deux gamètes dissemblables toujours immobiles tous les deux (fig. 80) ; ou 2° de deux gamètes semblables qui conjuguent (fig. 82). Dans le premier cas, on a des *oospores*, dans le second des *zygospores*.

L'on n'a dans cet ordre que deux familles : 1° celle des
Péronosporacés qui ont des oospores comme spores durables;

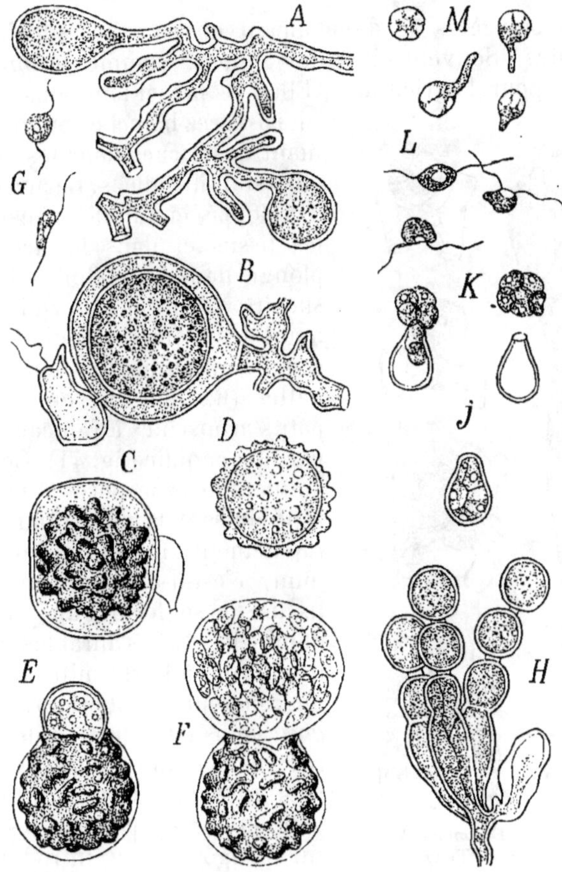

Fig. 80. — *Cystopus candidus* Lév.

A, portion du thalle avec quelques oogones en voie de formation; B, oogone et son oosphère :
une anthéridie a enfoncé un tube de déversement; C, oogone renfermant un œuf mûr,
entouré des restes du périplasme; D, section de cet œuf devenu libre; E, germination de
l'œuf, apparition du zoosporange; F, mise en liberté du zoosporange; G, zoospores libres.
H, appareil conidifère; J, germination d'une conidie; K, sa transformation en zoosporange;
L, zoospores libres.
M, germination des zoospores s'apprêtant à faire pénétrer leur tube dans le stomate d'une
plante victime.

2° celle des Entomophtoracés chez lesquels on a, comme spores
durables, des zygospores.

5e Famille. — PÉRONOSPORACÉS.

Siphomycètes se développant en parasites sur les plantes vivantes. Souvent elles deviennent, comme le *mildew*, des fléaux pour l'agriculture. Elles se présentent sous l'aspect de moisissures blanches ou grisâtres formant des taches dans les endroits où elles sont installées. Le mycélium très développé et ramifié s'insinue dans les tissus et dans beaucoup de cas plonge dans les cellules à l'aide de suçoirs. D'endroits en endroits se forment des filaments conidifères qui se réunissent ou bien en touffes de chaînettes (fig. 80, II), ou forment de petits arbuscules à rameaux terminés par une conidie (fig. 41). Ces conidies donnent des zoospores à deux cils qui reproduisent la plante plus ou moins rapidement. En outre, sur le mycélium, c'est-à-dire à l'intérieur des tissus, il se forme un appareil qui donne des spores durables. Pour cela, il se forme à l'extrémité d'un rameau un renflement sphérique appelé *oogone*, puis latéralement des filaments regardés comme mâles qu'on a nommés *anthéridies* ou *pollinodes* et qui viennent en se recourbant s'appliquer sur l'oogone et y introduisent leur protoplasma. Les oospores, résultat de cette fécondation, ne germent qu'après l'hiver, soit en donnant directement un mycélium, soit en transformant leur contenu en zoospores qui se conduisent comme celles provenant des conidies.

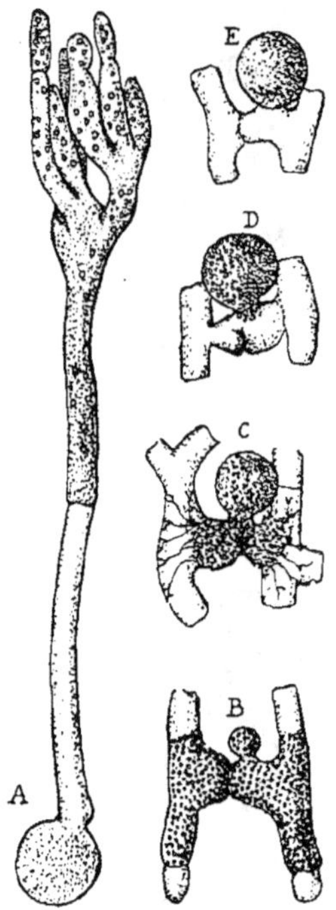

Fig. 81. — *Entomophthora sepulchralis* THAXT.

A, appareil conidial (*Empusa*), montrant les conidies à divers états de développement.

B, C, D, E, conjugation et formation de la zygospore à divers âges.

Genres. — *Cystopus* Lév. (fig. 80), — *Phytophtora* DE BY., — *Sclerospora* SCHROET., — *Plasmopara* SCHROET (fig. 40), — *Bremia* REGEL, — *Peronospora* CORD..

6e Famille. — ENTOMOPHTORACÉS.

Siphomycètes ordinairement zoophiles, s'établissant d'abord
en parasites sur l'animal et vivant ensuite de son cadavre
après sa mort; ils deviennent alors saprophytes. Ils sont composés d'hyphes simples ou rameuses, dont les unes sortent
au dehors du support et portent des conidies, tandis que
d'autres, restant à l'intérieur, donnent des zygospores, soit par
copulation entre les protoplasmes de deux cellules contiguës de
la même hyphe, soit par celle de protoplasmes appartenant à
des cellules d'hyphes séparées. On a signalé des genres parasites de végétaux (?)

Genres. — *Empusa* COHN (fig. 39)[1], — *Lamia* NOWACK, —
Entomophthora FRES. (fig. 81),— *Tarichium* COHN,— *Basidiobolus* EID. , — *Conidiobolus* BREF.,—? *Completoria* LOHDE.

3e ALLIANCE. — Thécamycètes[2].

Mycophytes-sporomycés. Le mycélium et les filaments végétatifs sont encellulés et cloisonnés transversalement; c'est là
ce qui différencie les Thécamycètes des Siphomycètes. Les
réceptacles ont des formes et des dimensions diverses; ils sont
presque toujours contextés, excepté, toutefois, dans quelques
Mycophytes où ils sont nuls ou bien réduits à quelques filaments ou à quelques cellules lâchement réunies. Les Thécamycètes se développent : 1° en parasites sur des animaux ou végétaux vivants, ils n'atteignent alors leur développement complet
qu'après la mort des victimes, ce que nous avons déjà vu sur
les Entomophtoracés et quelques autres Siphomycètes; 2° sur
des débris végétaux, à la surface du sol ou dans sa profondeur.
Les réceptacles diffèrent donc par la structure, la forme et
la taille, mais tous ont un caractère commun, celui de porter
des cellules renflées, à l'intérieur desquelles apparaissent,
aux dépens *d'une partie* du protoplasma et par formation libre,
des spores en nombre peu considérable, 4 ou 8, rarement

---

1. Les genres *Empusa* COHN, — *Basidiobolus* EID., — *Conidiobolus* BREF., —
Completoria LOHDE, figurent déjà dans l'énumération des Asporomycés,
page 82; de ce que l'on sait de leurs alliances, on a conclu qu'ils n'étaient que
des états imparfaits d'Entomophtoracés; néanmoins, l'habitude est conservée
de les faire figurer à côté des types parfaits, c'est pourquoi on les retrouve ici.
2. Voyez la note de la page 107.

moins, rarement plus : ces cellules sont appelées *thèques*.

Ces thèques sont parfois isolées, éparses ou à peine réunies ensemble par les filaments mycéliens plus ou moins enchevêtrés, mais le plus souvent elles sont rapprochées, dressées côte à côte, composant comme une palissade, séparée les unes des autres par des cellules stériles qu'on nomme *paraphyses;* elles forment ainsi, par suite de l'entrecroisement sous-jacent des filaments qui les produisent à leur extrémité, une sorte de membrane ressemblant à un velours; on la nomme *hyménium*, elle tapisse les réceptacles, se tendant sur les saillies, pénétrant dans les sillons, lacunes, dépressions et cavités que peuvent présenter leurs faces fertiles.

Ce groupe de Champignons, très remarquable par le nombre et la variété de ses représentants qui dévorent et font disparaître la plus grande partie des débris animaux et végétaux, ne l'est pas moins par son polymorphisme : un grand nombre de formes conidiées sont ralliées aux Thécamycètes, soit qu'elles se rencontrent en conidies libres exsertes, soit qu'elles soient enfermées dans des périclinides : *pycnides* et *stylospores*.

Spores, conidies, stylospores, spermaties se rencontrent tantôt *tous* ensemble provenant du même mycélium, tantôt sur des mycéliums différents ; ils germent et concourent, suivant les circonstances, à propager le Mycophyte.

L'hyménium, d'après ce qui vient d'être dit, peut donc : 1° n'être qu'à peine ébauché et ne pas exister, à proprement parler, les thèques restant libres, éparses ou reliées par quelques filaments; 2° ou bien être nettement caractérisé et rester enfermé; 3° ou bien, enfin, être exsert, c'est-à-dire tapisser des réceptacles étalés largement ouverts, d'où trois ordres :

1er Ordre : *Haplothécés;* hymenium nul ou indécis. Thèques portées sur des hyphes non contextées.

2e Ordre : *Endothécés;* les réceptacles retiennent l'hyménium renfermé.

3e Ordre : *Ectothécés;* les réceptacles étalés supportent l'hyménium exsert.

1er Ordre. — **Haplothécés.**

Thécamycètes à réceptacles nuls ou mal déterminés, vivant en saprophytes ou en parasites sur les végétaux ou les animaux.

Les réceptacles sont nuls dans les Glycozymacés; ils sont

mal définis dans d'autres Thécamycètes ne pouvant rentrer
dans aucun des deux autres ordres. Ainsi les Taphrinacés,
quoique ayant leurs thèques exsertes, ne seront pas classés
dans les Ectothécés, car les thèques sont simplement portées
par les extrémités des hyphes du mycélium rapprochées les unes
des autres; ainsi encore les Gymnoascés et les Laboulbéniacés
qui ne peuvent rentrer dans les Endothécés parce que dans les
premiers les filaments, quoique esquissant un péridium, ne
sont pas tissulés mais simplement enchevêtrés et parce que,
dans les seconds, il n'y a que des apparences de périthèces par
cellules simplement approchées. Cet ordre tient de très près
aux Mucoracés.

Quatre familles :

1re Famille. — GLYCOZYMACÉS

Mycophytes - ferments
des liquides sucrés, ils rentrent dans le groupe des
Schizomycètes (AUCT. [1]).
Une cellule unique rem-
plit les fonctions de végétation et de reproduction.
Le mode de reproduction
par bourgeonnement est
le plus répandu, mais,
lorsque les liquides fer-

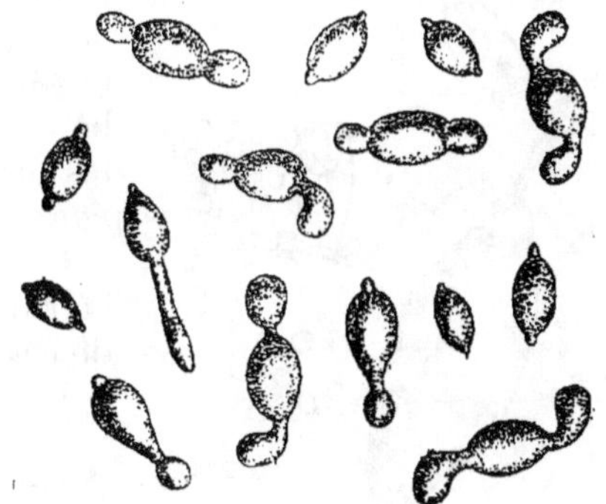

Fig. 82. — *Carpozyma apiculatum* ENG.
Ferment principal du Cidre à divers degrés
de développement.

mentescibles ne fournissent plus assez, le protoplasme intérieur donne, par formation libre, de deux à six spores résistantes. Dans le *Carpozyma*, on a signalé avant la production
des spores des phénomènes intracellulaires rappelant ce qui se
passe dans l'intérieur des cellules du *Myzocytium*.

Genres. — *Saccharomyces* MEY. (fig. 13), — *Carpozyma*
RÉES (fig. 82).

Les formes conidiales des Saccharomyces se trouvent dans
les Nématomycètes : 1° *Coccospora*-sporotrichoïdes pour la
levure basse ; 2° *Torula*-trichodermoïdes pour la levure
haute.

1. Voir L. MARCHAND. *Botan. Cryptog. pharm. méd.*, 1er vol. p. 173.

2ᵉ Famille. — TAPHRINACÉS.

Thécamycètes rudimentaires parasites ou saprophytes, dans lesquels, la plupart du temps, les thèques sont isolées, solitaires, émergeant du substratum et semblant indépendantes : si, dans quelques cas, elles se trouvent réunies à l'extrémité des filaments mycéliens, elles ne forment que des glomérules indéterminés. Dans deux genres néanmoins : *Exoascus* et *Taphrina*, ils se disposent parallèlement, mais sans donner pourtant de réceptacle déterminé. Quelques-uns ont des spores qui, dans l'eau simple ou mieux dans les liquides sucrés, donnent des bourgeonnements qui rappellent les formes conidiales du *Saccharomyces*.

Ces Mycophytes sont comme l'ébauche des Thécamycètes-ectothécés.

Deux tribus :

1ʳᵉ Tribu. — Exoascés. — Thèques parallèles. Parasites sur les plantes ; les déformant.

Genres. — *Ascocorticium* BREF., — *Dipodascus* LAGERH., — *Ascoidea* BREF., — *Exoascus* FUCK. (fig. 83), — *Taphrina* FR..

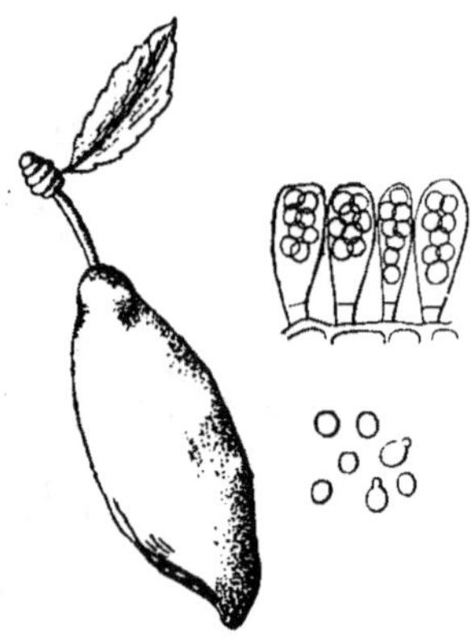

Fig. 83. — *Exoascus Pruni* FCKL.
Jeune fruit de *Prunus* déformé par le parasite grand. natur. ; thèques et spores grossies.

2ᵉ Tribu. — Erémothéciés. — Thèques parallèles ou rassemblées sur un petit mycélium.

Genres. — *Eremothecium* BORZ., — *Eremascus* EID., — *Oleina* V. TIEGH., — *Endomyces* RÉES, — *Bargelinia* BORZ., — *Podocapsa* V. TIEGH.

3ᵉ Famille. — GYMNOASCUS.

Thécamycètes-haplothécés petits, sphériques ; composés à l'intérieur de filaments grêles enchevêtrés, supportant les thèques ; ils sont formés extérieurement de filaments plus rigides à parois épaisses, ramifiés, le plus souvent dichotomes et même enchevêtrés en forme de faux péridium ou de péridium filamenteux. Ces Mycophytes sont comme l'ébauche de ce que l'on

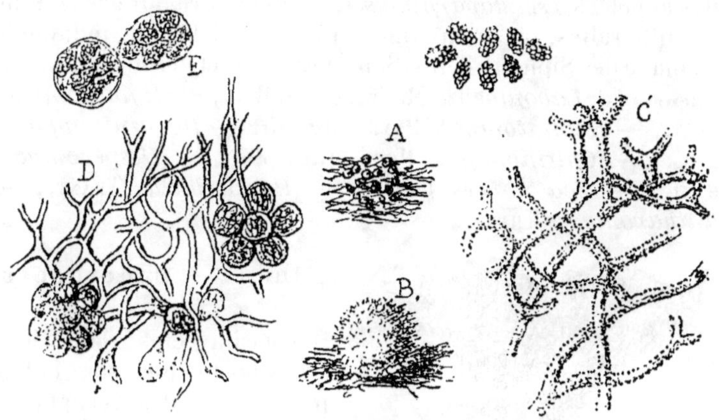

Fig. 84. — *Gymnoascus Bourquelotii* Boud.

A, port grand. natur.; B, un conceptacle grossi; C, filaments extérieurs × 475; D, filaments internes × 475; E, thèques × 820; F, spores × 820.

trouvera dans les Thécamycètes à péridium (Onygénacés) ou à périthèces (Périsporiacés), mais leur nature filamenteuse et byssoïde les fait conserver dans les Haplothécés. Espèces saprophytes ou parasites de moisissures.

Genres. — *Gymnoascus* Bara-nets. (fig. 84) — (?) *Ctenomyces* Eid..

4ᵉ Famille. — LABOULBENIACÉS.

Thécamycètes-haplothécés petits, atteignant au maximum 0,006 de hauteur, vivant en parasites sur les insectes (mouches ou coléoptères). Ils n'ont point de mycélium, mais un stipe attaché dans l'insecte victime par une sorte de bouton suçoir. A l'extrémité supérieure de ce stipe, quelques cellules lâchement unies forment une sorte de pseudo-périthèce allongé, laissant sortir par un ostiole des spores ordinairement

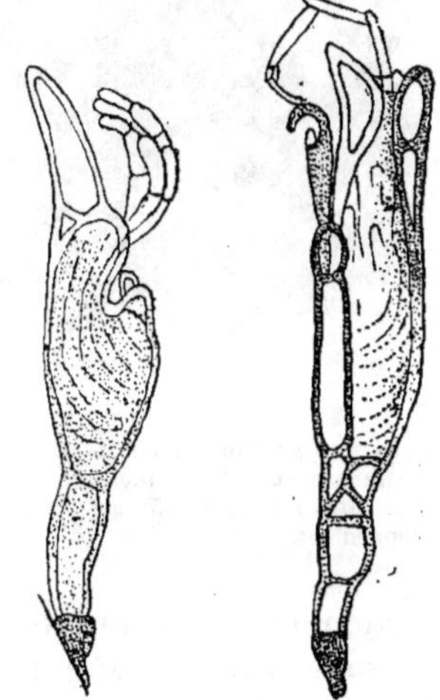

Fig. 85.
Heimatomyces paradoxus Peyr.
Port très grossi.

Fig. 86.
Chitinomyces melanurus Peyr.
Port très grossi.

bicellulaires hyalines. Au pied se trouvent des cellules latérales appelées *pseudoparaphyses*, que l'on a regardées comme
des anthéridies, ou mieux des pollinodes. Cela nous indique le
voisinage des Siphomycètes (Saprolégniacés et Peronosporacés).

Genres. — *Laboulbenia* Montg. et Ch. Rob., — *Stigmatomyces*
Karst., — *Heimatomyces* Peyr. (fig. 85), — *Helminthophana*
Peyr., — *Chitinomyces* Peyr. (fig. 86), — *Hesperomyces*
Thaxt., — *Zodiomyces* Thaxt.. — *Peyrischiella* Thaxt., —
Cantharomyces Thaxt..

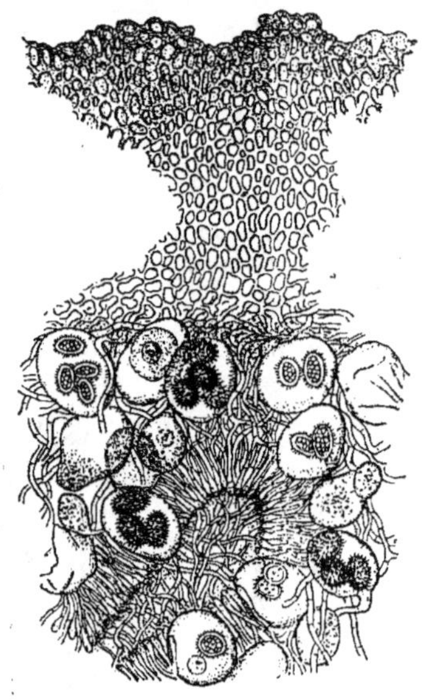

Fig. 87.

Coupe très amplifiée d'une portion de *Tuber
melanosporum* Vitt. montrant les thèques
avec des spores à différents états de développement.

2e Ordre. — Endothécés.

Thécamycètes dans les-
quels les thèques sont enfermées dans des réceptacles
clos. Ces réceptacles peuvent
être des sacs ou péridiums
adhérents ou non adhérents
au contenu qu'on nomme
gléba. Les Endothécés munis
de ces péridiums sont dits
Péridiocarpés (fig. 4, 87, etc.).
A côté de ces réceptacles
fermés, relativement gros,
membraneux ou charnus,
on en trouve, au contraire,
chez le plus grand nom-
bre, de plus petits qui sont
plus ordinairement munis
d'une ouverture ou ostiole
par laquelle s'échappent les
thèques ou les spores. Ces
petits réceptacles sont plus
particulièrement connus sous le nom de *périthèces* (fig. 95, etc.).
Ils sont presque toujours durs, carbonacés, noirs, on dirait
des petits pépins ou nucules (Πυρήν), ce qui a valu le nom de
Pyrénocarpés au groupe de Mycophytes qui les possède. Donc
deux sous-ordres :

1° *Sous-Ordre* des Endothécés péridiocarpés.
2° *Sous-Ordre* des Endothécés pyrénocarpés.

1er Sous-Ordre. — **Endothécés-péridiocarpés.**

Ce sont des Thécamycètes dans lesquels les thèques se forment et mûrissent à l'intérieur d'un péridium, tantôt membraneux, tantôt fibreux résistant, simple ou double, et alors ou bien les deux feuillets adhèrent l'un à l'autre (fig. 4, 87 et 89) ou bien l'extérieur se sépare et tombe lors de la maturité (fig. 88). Comparés à ceux des autres endothécés, ces réceptacles sont de taille relativement considérable. On a rapproché ces Endothécés-péridiocarpés des Champignons à basides qui, comme eux, forment et mûrissent leurs spores à l'intérieur de péridiums analogues (fig. 3). Parfois l'analogie va si loin qu'il faut avoir recours au microscope pour savoir si l'on a affaire à un Endobasidé ou à un Endothécé (voir p. 4).

Des péridiocarpés les uns sont zoophiles : ils composent la famille des Onygénacés, tandis que les autres sont géophiles. Ceux-ci sont ou bien 1° hypogés et nous donnent deux familles : celle des Élaphomycétacés dont la gléba se résout en poussière

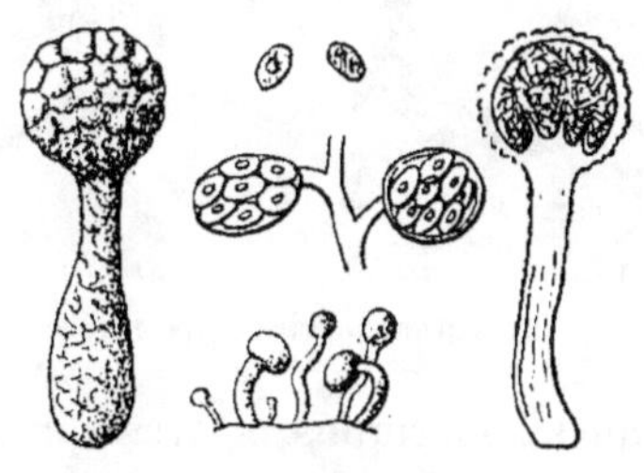

Fig. 88. — *Onygena equina* Pers.
Port grand. natur.; port et coude grossis
thèques et spores.

et celle des Tubéracés chez laquelle la gléba reste charnue ; ou bien 2° épigés, on en a fait deux familles : les Érysiphacés qui ont leurs péridiums épars, indépendants et les Myriangiacés dans lesquels les péridiums sont unis, soudés par un carpostrome.

Donc cinq familles [1].

5e Famille. — Onygénacés.

Endothécés-péridiocarpés zoophiles, saprophytes, ordinairement stipités. Plantes membraneuses fragiles. Réceptacle

1. Dans son *Sylloge* Saccardo en admet deux autres : l'une pour les *Cenococcum* et l'autre pour l'*Endogone*. Le *Cenococcum* n'a pas de spores nettement définies et l'*Endogone* est mal connu encore, c'est pour cette raison que nous avons gardé ces deux genres dans les Asporomycés (voir p. 77).

à péridium le plus souvent double, l'externe se détachant et tombant à maturité. Thèques presque évanescentes, à 8 spores globuleuses, hyalines qui sortent accompagnées d'un capillitium floconneux.

Genre. — *Onygena* Pers..

6ᵉ Famille. — ÉLAPHOMYCÉTACÉS.

Endothécés-péridiocarpés vivant dans le sol ou près de la surface; péridiums presque sphériques, subéreux, comme ligneux, à surface verruqueuse. On peut distinguer deux couches, mais elles restent adhérentes. La gléba, lors de la maturité, subit une gélification, devient gélatineuse, puis se dessèche et se change en un capillitium floconneux rempli de spores noires ou pourprées.

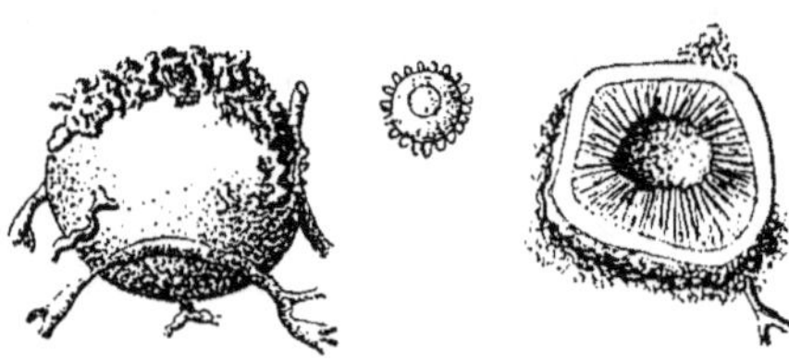

Fig. 89. — *Elaphomyces mutabilis* Vitt.
Port grand. natur., coupe et spore.

Thèques sphériques, spores sphériques lisses ou presque lisses.

Genre. — *Elaphomyces* Nees (fig. 89).

7ᵉ Famille. — TUBÉRACÉS.

Endothécés-péridiocarpés hypogés, à mycélium filamenteux s'étendant dans le sol; à réceptacle fructifère tubéreux. Le mycélium semble manquer parfois, mais quand il existe, ou bien il entoure tout le réceptacle (à l'état jeune), ou bien il ne se montre qu'à sa base. A la partie extérieure du réceptacle se trouve une écorce à deux couches épaisses, péridium, qui se continue à l'intérieur dans la gléba (fig. 87). Cette gléba est formée, comme celle des Élaphomycétacés, d'hyphes fertiles et d'hyphes stériles qui vont à la rencontre les unes des autres et forment, dans quelques cas, un tissu charnu et résistant; dans d'autres, les filaments se serrent moins et on voit s'y former des logettes ou cavités parfois très grandes [1].

1. Quelques mycologues placent dans les Tubéracés le genre *Hydnocystis* Tul. et parfois le genre *Sphærosoma* Klotz, qui sont regardés comme des Ectothécés.

La gléba est parfois concolore, mais d'autres fois aussi elle est nuancée et veinée. La Truffe présente des veinules de trois couleurs : 1° les unes, brunes en forme de nervures obscures, sont des cloisons qui partent du péridium et vont limiter des compartiments très irréguliers ; 2° d'autres, aérifères blanches, sont constituées par l'entrecroisement des hyphes fertiles et stériles ; 3° les dernières, brunes tirant sur le noir, sont formées par les extrémités fructifères de ces mêmes hyphes ; c'est un hyménium de thèques à spores noires.

Deux tribus :

1re Tribu. — *Balsamiés.* — La gléba est concolore et ne présente pas de veinules.

Genres. — *Geopo-
ra* Harkn., — *Genea*
Vitt., — *Balsamia*
Vitt., — *Hydnoboli-
tes* Tul., — *Hydno-
tria* B. et B., — *Cryp-
tica* Hesse, — *Gena-
bea* Tul., — *Amylocar-
pus* Curr..

2e Tribu. — *Tubé-
rés.* — La gléba est
parcourue par des vei-
nules qui ressortent
sur la couleur du
fond.

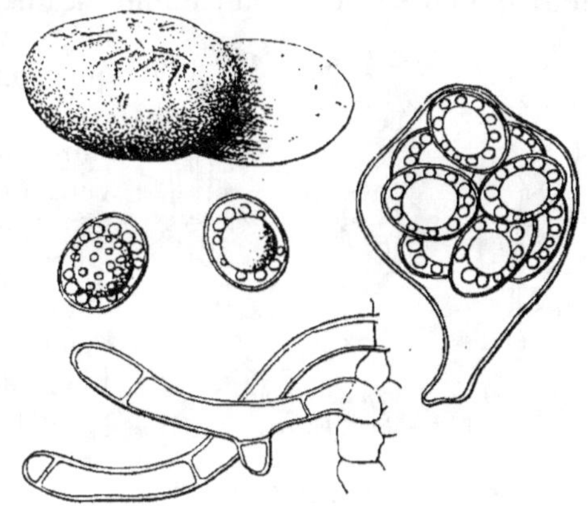

Fig. 90. — *Phæangium Lefebvrei* Pat.

Port et coupe grand. nat. — Thèque et spores. —
Poils du péridium.

Genres. — *Tuber*
Micheli (fig. 3, 27, 87), — *Stephensia* Tul., — *Pachyphlœus*
Tul., — *Phæangium* Pat. (fig. 90), — *Tirmania* Chat.,
— *Leucangium* Q., — *Choiromyces* Vitt., — *Terfezia* Tul., —
Picoa Vitt., — *Delastria* Tul..

8e Famille. — Erysiphacés.

Endothécés-péridiocarpés à péridium (périthèce de certains auteurs) indéhiscent, à mycélium formé de filaments développés à la surface des substratums et que l'on prendrait facilement pour des hyphes de Mucoracés, mais ici, les dits filaments sont toujours cloisonnés. La couleur de ces mycéliums permet de diviser la famille en deux tribus : dans l'une, celle des Érysiphés, les filaments mycéliens sont blancs, mucédinéens ; dans l'autre, celle des Périsporiés, ils sont colorés. D'autres caractères accentuent cette séparation.

1re Tribu. — *Erysiphés*. — Le mycélium s'étend à la surface du substratum comme une toile d'araignée, enfonçant des suçoirs qui pompent les sucs de l'hôte. Ce sont des parasites quelquefois très redoutables. De la partie supérieure se dressent des filaments qui commencent par être des conidiophores ; plus tard, ils semblent changer de nature, ils se rapprochent, s'unissent et paraissent se féconder. A la suite de cet acte se fait un péridium, qui en se détruisant donne la liberté aux spores enfermées. A la maturité les thèques ont disparu et tout le contenu n'est qu'une poussière. A l'extérieur se trouvent des filaments souvent très élégants appelés *fulcres* qui se serrent sur le péridium ou s'écartent suivant l'état hygrométrique. Les Érysiphés sont presque tous parasites : rarement ils vivent en saprophytes.

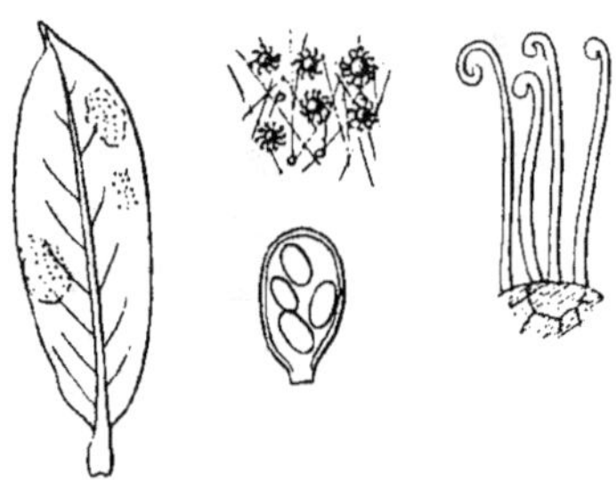

Fig. 91. — *Uncinula adunca* Lév.
Port, thèque, fulcres.

Genres. — *Sphærotheca* Lév., — *Phyllactinia* Lév., — *Pleochæta* Sacc. et Speg., — *Erysiphe* Hedw., — *Erysiphella* Peck, — *Saccardia* Cooke, — *Uncinula* Lév. (fig. 31 et 91), — *Magnusia* Sacc., — *Podosphæra* Kunze, — *Microsphæra* Lév., — ? *Monascus* V. Tiegh.

2e Tribu. — *Périsporiés*. — Péridium indéhiscent, pisiforme ou lenticulaire, sans fulcres proprement dits ; parfois ceux-ci sont remplacés par des filaments mous cotonneux. On constate des phénomènes de fécondation semblables à ceux que nous avons signalés chez les Erysiphés qui rappellent ceux que l'on trouve chez certains Siphomycètes.

On a deux sous-tribus.

1re Sous-Tribu. *1°* *Périsp.-Eurotiés*. — Les spores sont continues, c'est-à-dire uniloculaires.

Genres. — *Ascopenicillium* nob.[1], — *Penicilliopsis* Solms., —

____

1. *Penicillium* à forme sporomycée (v. p. 75).

Eurotium Link, — *Myriococcum* Fr., *Pisomyxa* Cord., — *Pleuropyxis* Cord., — *Kicksella* Coem. (fig. 92), — *Apiosporium* Kunz., — *Anixia* Fr., — *Cephalotheca* Fuck., — *Zopfiellia* Wintz, — *Orbicula* Cook., — *Thielavia* Zopf, *Chœtomidium* Zopf, — *Ascotricha* Berk..

2ᵉ Sous-Tribu. — *Périsp.-eupérisporiés.* — Spores. cloisonnées, c'est-à-dire 2, 3, 4 loculaires.

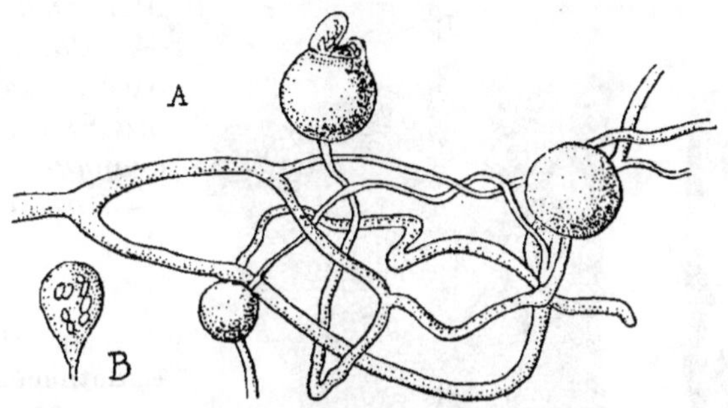

Fig. 92. — *Kicksella alabastrina* Coem.
A, port grossi, mycélium et périthèces B, thèque à huit spores.

Genres. — *Zopfia* Rabenh., — *Testicularina* Bizz., — *Richonia* Boud., — *Perisporium* Fr..

9ᵉ Famille. — Myriangiacés.

Endothécés-péridiocarpés dans lesquels les péridiums (périthèces de certains auteurs) sont plongés dans un tissu, sorte de carpostrome, et forment par leur ensemble de petites masses tuberculoïdes, subcéracées, membraneuses ou carbonacées, creusées de logettes indéhiscentes. Thèques globuleuses ou courtement claviformes à 8 spores. Espèces aériennes, parasites ou saprophytes. Par la structure et le port de ses représentants cette famille confine celle des Tubéracés, mais, comme le fait remarquer Saccardo, elle s'en éloigne par sa manière de vivre.

On avait créé la famille des Phymatosphériés ou *Phymatosphériacés* pour une demi-douzaine de genres qu'on avait groupés autour du genre *Phymatosphæria* de Passerini, lorsqu'on s'aperçut que les *Myriangium*, longtemps regardés comme faisant partie des Lichens, devaient, d'abord, être restitués aux Champignons et que, d'autre part, ils se confondaient avec les *Phymatosphœria*. C'est en raison de ces constatations qu'on a fait disparaître les noms plus récents de *Phymatosphœria* et *Phymatosphériacés* pour les remplacer par ceux plus anciens de *Myriangium* et MYRIANGIACÉS.

Genres. — *Myriangium* BERK. et MONTG. (fig. 93), — *Ascomycetella* ELLIS, — *Cookella* SACC., — *Eurytheca* DE SEYN., — *Molleriella* WINT., — *Harknessiella* SACC., — *Leptophyma* SACC., — *Microphyma* SPEG., — *Phillipsiella* COOK..

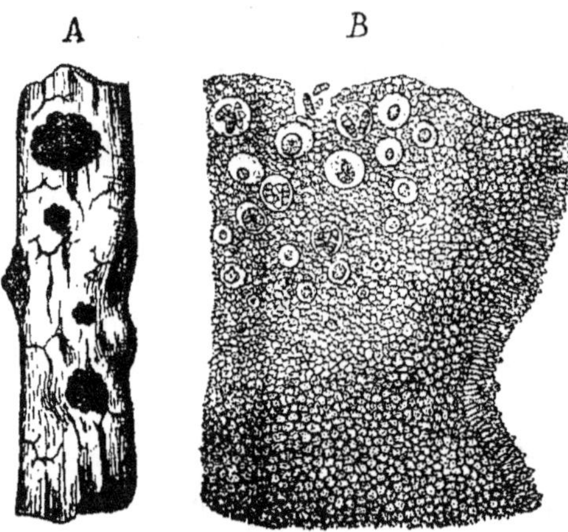

Fig. 93. — *Myriangium Duriœi* MONTG.

A, port grand. natur. ; B, coupe de l'un des réceptacles montrant les thèques à différents états.

2ᵉ Sous-Ordre.

Endothécés pyrénocarpés.

Thécamycètes dont les thèques mûrissent à l'intérieur de petits conceptacles déhiscents auxquels on a plus particulièrement réservé le nom de périthèces. Membraneux parfois, ils sont le plus souvent, avons-nous dit, durs, noirs, carbonacés au moins en partie. L'hyménium tapisse l'intérieur de ces petits périthèces sphériques, ovoïdes, quelquefois lagéniformes à col plus ou moins étiré, portant une ostiole le plus ordinairement petite et circulaire, dans d'autres cas, allongés et s'ouvrant par une fente. C'est ce détail qui a contribué à pousser certains mycologues à comprendre dans les Endothécés la famille des *Hystériacés* que la plupart conservent dans les Ectothécés.

Ce sous-ordre est de beaucoup le plus compliqué de tous les groupes reconnus comme Thécamycètes. Le nombre des espèces est considérable, et très grand est aussi celui des genres entre lesquels ces espèces ont été réparties. Strictement, ces genres peuvent être eux-mêmes réunis de façon à ne former qu'une seule famille, celle des Sphériacés à périthèce, très petit, membraneux, coriace ou carbonacé déhiscent et portant une ostiole courte ou s'étirant en un long col avec bec ou rostre ou bien, entre ces deux extrêmes, simplement papillés. Avec cette disposition, la famille des Sphériacés a une importance telle qu'elle attire à elle seule la presque totalité des Pyrénocarpés, si bien que pour quelques classificateurs Sphériacés et Pyrénocarpés deviennent synonymes. Nous avons cru devoir restreindre les limites de cette famille en ne gardant pour la constituer que les Endothécés endoxyles de couleur noire à périthèces carbonacés libres ou réunis par un carpostrome. Ainsi réduite, elle est encore fort chargée, ce qui nous a conduit à élever à la dignité de famille les tribus que l'on trouve indiquées dans le *Sylloge* de Saccardo.

L'on a de tout temps été fort embarrassé pour grouper les espèces en genres et les genres en tribus; aussi toutes les classifications sont-elles difficiles à suivre et à comprendre. Dans son SYLLOGE, Saccardo a emprunté tous ses caractères aux spores; son système, s'il a quelques inconvénients (la perfection n'est pas de ce monde), a le grand avantage d'être d'une simplicité remarquable. On peut le résumer dans le tableau suivant :

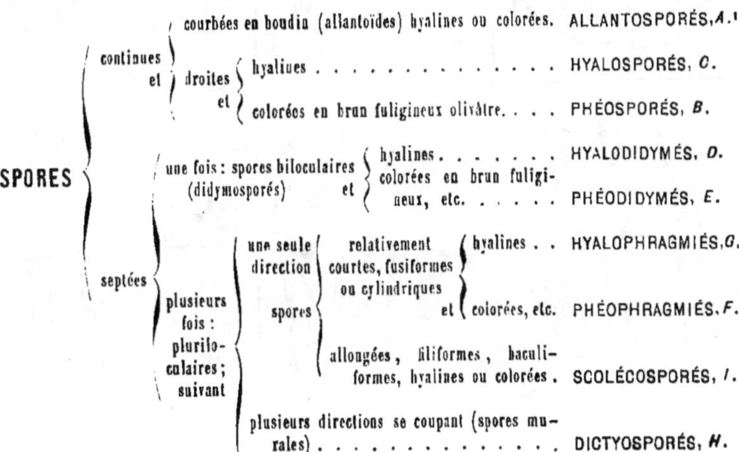

On peut combiner ces noms et en faire de nouveaux, tels hyalo-allantosporés, phéo-allantosporés, etc. Les termes pré-

1. Ces lettres correspondent à celles de la figure 94.

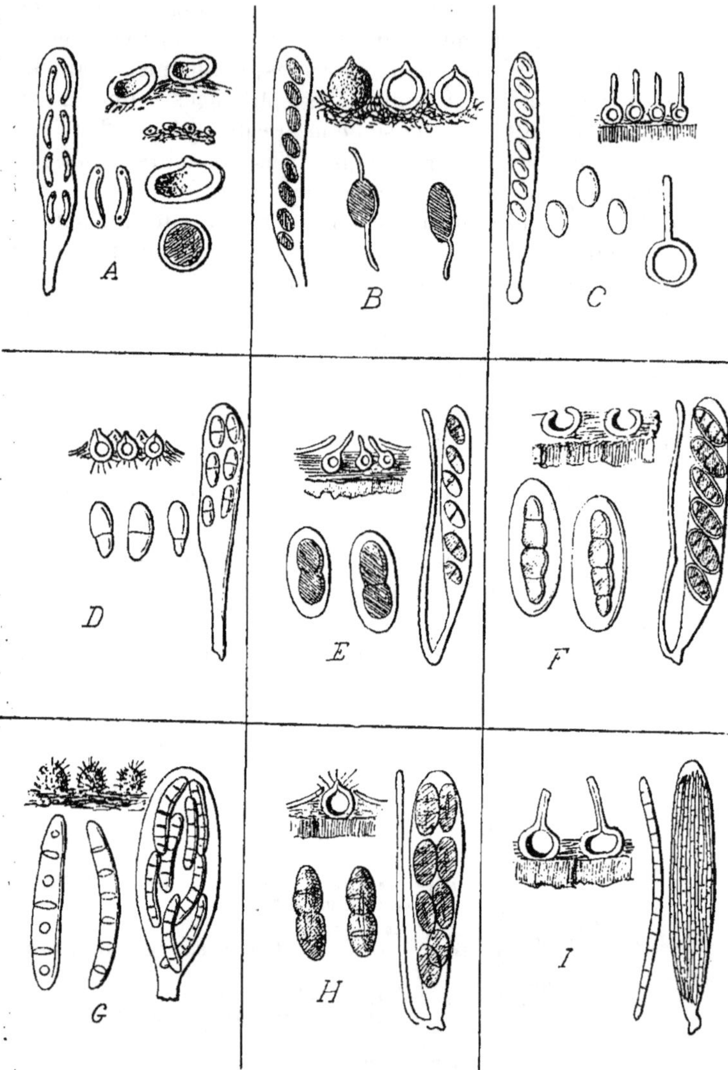

Fig. 94. — *Spores de Sphériacés.*

A, allantosporés : *Cœlosphæria* SACC.; — B, phéosporés : *Sordaria* CES. et de NOT.; — C, hyalosporés : *Ceratostomella* SACC.; — D, hyalodidymés : *Lizonia* CES. et de NOT.; — E, phéodidymés : *Massariovalsa* SACC.; — F, phéophragmiés : *Massaria* de NOT.; — G, hyalophragmiés : *Acanthostigma* de NOT.; — H, dictyosporés : *Pyrenophora* FR.; — I, scolecosporés : *Ophioceras* SACC..

cédents qui résument si heureusement une série de caractères longs à énumérer, peuvent parfaitement être employés pour dénommer les tribus (sous-tribus pour ceux qui prennent le mot sphériacé dans son acception la plus large [1]) des diverses familles de Thécamycètes [2].

Les Endothécés-pyrénocarpés comprennent, pour nous, sept familles.

10e Famille. — PSEUDO-VERRUCARIACÉS.

Endothécés-pyrénocarpés à périthèces immergés dans un carpostrome étalé. Les espèces qui forment cette famille oscillent entre les Thécamycètes et les Thécalichens; elles vont de l'un à l'autre groupe, suivant les proportions d'éléments gonidiques ou gonimiques qu'elles contiennent. Nous avons cru rendre l'état singulier de ces genres en faisant précéder le nom de chacun d'eux du mot *pseudo* : toute coupure nous semblant impossible.

Genres. — *Pseudo-Endococcus (= Endococus* NYL. pr. p.*), — Pseudo-Rimularia (= Rimularia* NYL. pr. p.*), — Pseudo-Mycoporon (= Mycoporon* FLOT. pr. p.*).*

11e Famille· — ASTÉRINACÉS.

Endothécés-pyrénocarpés, ordinairement pourvus d'une ostiole; épixyles. Compris par Saccardo parmi les Sphériacés[1], ces Mycophytes se trouvent, pour lui, dans les Microthyriés, les Périsporiés et les Hystériés. Nous avons cru pouvoir réunir en une seule famille les genres qui sont épixyles, les autres pyrénocarpés déhiscents étant endoxyles.

---

1. Les Sphériacés du *Sylloge* comprennent nos *Astérinacés*, Sphériacés, Corynelliacés, Nectriacés, Dothidacés, Microthyriacés, Lophiostomacés, Hystériacés, Hémihystériacées, qui pour Saccardo ne sont que des tribus.

2. Nos tribus sont ordinairement distinguées les unes des autres par des noms tirés de celui de l'un des genres de la dite tribu : ici, par exception, les noms d'hyalosporés, phéodidymés, etc., etc. que nous adoptons d'après Saccardo, sont des qualificatifs qui se retrouvent dans bien d'autres familles, force nous est donc de les faire précéder du nom de chacune de ces familles ; nous avons : Nectriacés-hyalosporés, comme nous aurons Dothidéacés-hyalosporés, Sphériacés-hyalosporés, etc. C'est au reste ce que nous faisons pour les sous-tribus; or, nous ferons remarquer que si nous suivions l'exemple de Saccardo, nos familles descendraient à l'état de tribus et les tribus à l'état de sous-tribus, cela régulariserait peut-être la nomenclature mais compliquerait notre énumération.

Deux tribus :

1ʳᵉ Tribu. — *Lembosiés*. — Les périthèces sont naviculaires ; déhiscence hystérioïde.

Genre. — *Lembosia* Lév..

2ᵉ Tribu. — *Astérinés*. — Orbiculaires, globuleux ; périthèces carbonacés noirs ou bruns formés de cellules disposées en files radiées.

Deux sous-tribus :

1ʳᵉ Sous-Tribu. — *Astérinés-Méliolés*. — Le mycélium qui les porte est très apparent.

Genres. — *Dimerosporium* Lév., — *Asterina* Lév., — *Meliola* Fr. (fig. 95), — *Zuckalia* Sacc. — *Cysthotheca* Berk et Curt., — *Capnodium* Montg., — *Antennaria* Link, *Scorias* Fr.

2ᵉ Sous-Tribu. — *Astérinés-Microthriés*. — Mycélium peu visible ; périthèces orbiculaires à séries de cellules rayonnantes bien accentuées.

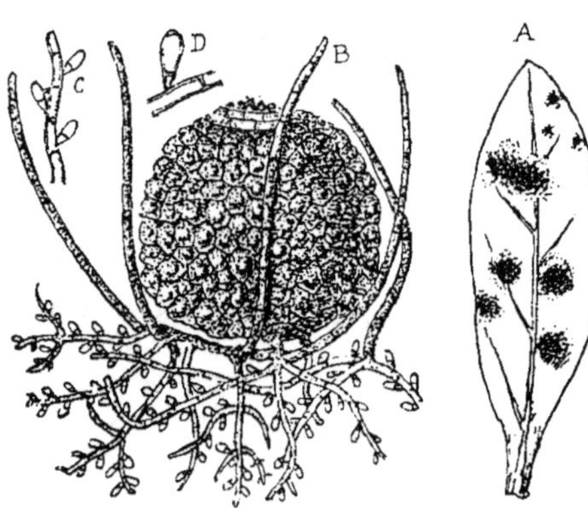

Fig. 95. — *Meliola corallina* Montg.

A, port grand. natur.; B, mycélium, périthèce et soies; C, rameau mycélien ; D, une hyphopodie.

Genres. — *Myocopron* Speg., — *Pentostoma* B. et Curt., — *Parmularia* Lév., — *Vizella* Sacc., — *Trichothyrium* Speg., — *Brefeldia* Speg., — *Microthyrium* Desm., — *Pemphidium* Montg., — *Chætothyrium* Speg., — *Polystomella* Speg.; — *Clypeolum* Speg. ; — *Seynesia* Sacc., — *Scutellum* Speg., — *Micropeltis* Montg., — *Saccardinula* Speg., — *Scolecopeltis* Speg..

12ᵒ Famille. — Nectriacés.

Endothécés-pyrénocarpés à périthèces s'ouvrant par une ostiole ; endoxyles. Périthèces mous, généralement, charnus ou céracés-membraneux ; distincts des tissus voisins ; simples ou composés ; rarement noirs, le plus souvent aux couleurs vives et gaies, la plupart du temps rouges. Le carpostrome, quand il existe, est mou, charnu, céracé, filamenteux dans quelques cas rares. Thèques ordinairement à huit spores, rarement plus, quelquefois quatre seulement; spores presque toujours hyalines. Les états conidiaux sont connus pour la plupart et se trouvent dans les Clinidomycétales, série des *Zythia*.

Sept tribus; d'après le *Sylloge*.

1ʳᵉ Tribu. — *Nectriacés-hyalosporés.* —Spores ovoïdes, oblongues, continues, hyalines.

Genres. — *Nectriella* Sacc., — *Lisiella* Cook., — *Chilonectria* Sacc., — *Eleutheromyces* Fuck., — *Hyponectria* Sacc., — *Byssonectria* Karst., — *Monographos* Fuck., — *Selinia* Karst., — *Polystigma* Pers..

2ᵉ Tribu.—*Nectriacés-hyalodidymés.* — Spores uniseptées, hyalines ou olivâtres.

Genres. — *Charonectria* Sacc., — *Hypomyces* Fr., — *Puiggariella* Speg., — *Nectria* Fr., — *Sphærostilbe* Tul., — *Aponectria* Sacc., — *Metanectria* Sacc., — *Lisea* Sacc., — *Corallo-myces* B. et Curt., — *Valsonectria* Speg., — *Hypocrea* Fr., — *Battarina* Sacc., — *Cyttaria* Berk. (fig. 96), — *Hypocreopsis* Karst..

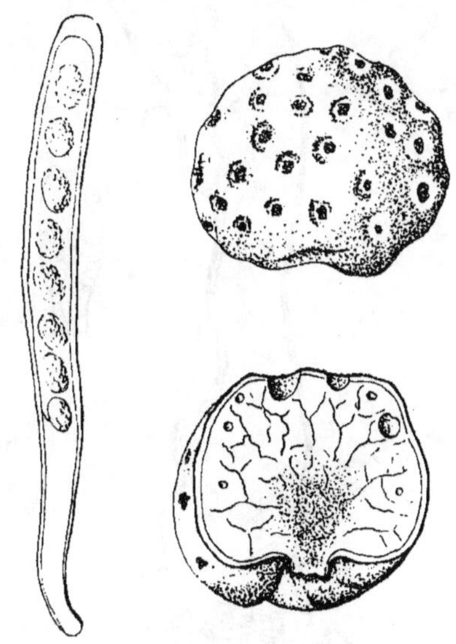

Fig. 96. — *Cyttaria Darvinii* Berk.
Stroma grand. natur., thèque.

3ᵉ Tribu. — *Nectriacés-phéosporés.* — Spores ovoïdes ou oblongues, continues brunes.

Genres. — *Sphæroderma* Fuck., — *Baculospora* Zuk., — *Melanospora* Cord., — *Scopinella* Lév..

4ᵉ Tribu. — *Nectriacés-phéodidymés.* — Spores uniseptées, brunes.

Genres. — *Passerinula* Sacc., — *Spegazzinula* Sacc., — *Letendrœa* Sacc., — *Neoskofitzia* Schulz..

5° Tribu. — *Nectriacés-phragmosporés.* — Spores oblongues, fusiformes, deux-pluriseptées, hyalines.

Genres. — *Calonectria* Sacc., — *Stilbonectria* Karst., — *Paranectria* Sacc., — *Gibberella* Sacc., — *Cesatiella* Sacc., — *Broomella* Sacc., — *Berkelella* Sacc..

6° Tribu. — *Nectriacés-dictyosporés.* — Spores ovales, oblongues, muriformes, hyalines.

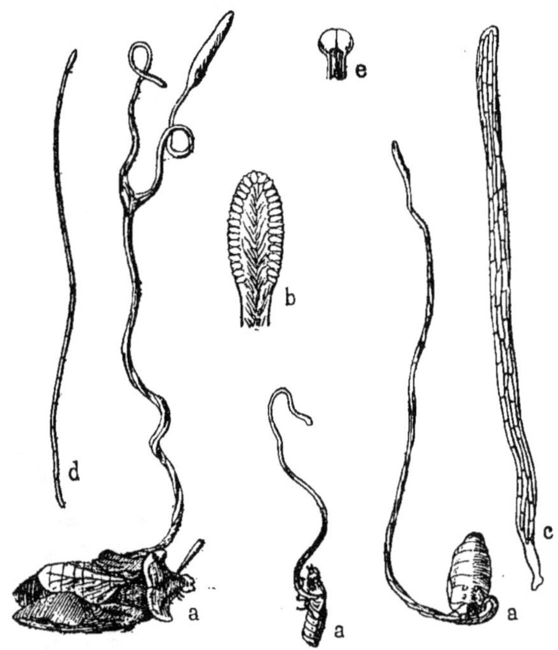

Fig. 97. — *Cordyceps nutans* Pat.

a, a, insectes (*Cimex*) portant des *Cordyceps* dont l'un est ramifié ; b, renflement fructifère coupé longitudinalement ; c, une thèque ; d, une spore aciculée ; e, renflement de l'extrémité antérieure des thèques.

Genres. — *Pleonectria* Sacc., — *Megalonectria* Speg., — *Bivonella* Sacc., — *Pleogibberella* Sacc., — *Thyronectria* Sacc..

7° Tribu. — *Nectriacés-scolécosporés.* — Spores filiformes ordinairement pluriseptées hyalines.

Genres. — *Globulina* Speg., — *Micronectria* Speg., — *Ophionectria* Sacc., — *Barya* Fuck., — *Oomyces* B. et Br., — *Coscinaria* Ell. et Ever., — *Balansia* Speg., — *Claviceps* Tul.,

—- *Cordyceps* Tul. (fig. 97), — *Torrubiella* Boud., — *Epichloe* Fr., — *Hypocrella* Sacc..

Genre de Nectriacés non placé par manque de caractères précis : *Glaziella* Berk..

<h3 style="text-align:center">13ᵉ Famille. — Dothidéacés.</h3>

Endothécés-pyrénocarpés, à périthèces s'ouvrant par une ostiole ou par une simple papille, mous. Endoxyles, en général non distincts des tissus dans lesquels ils sont plongés, composés, avec carpostrome, pulvinés, étalés, linéaires, coriaces ou carbonacés (non charnus), noirs (jamais à coloration vive), spores hyalines ou brunes.

Sept tribus :

1ʳᵉ Tribu. — *Dothidéacés-hyalosporés.* — Spores ovoïdes ou oblongues, continues, hyalines.

Genres. — *Bagnisiella* Speg., — *Schweinitziella* Speg., — *Kullhemia* Karst., — *Mazzantia* Montg., — *Scirrhiella* Speg., — *Phyllachora* Nits., — *Euriachora* Fuck..

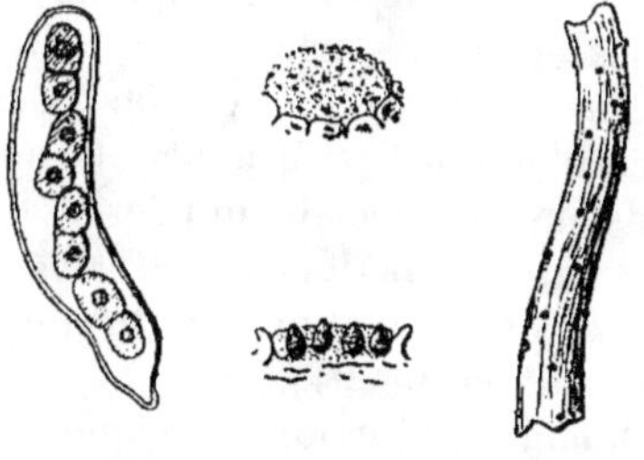

Fig. 98. — *Dothidea tetraspora* Berk.

A droite : brindille portant le parasite grand. natur.; au milieu : strome grossi vu en dessus et coupe longitudinale du même; à gauche, une thèque.

2ᵉ Tribu. — *Dothidéacés-phéosporés.* — Spores continues ovoïdes — oblongues, brunes.

Genre. — *Auerswaldia* Sacc..

3ᵉ Tribu. — *Dothidéacés-hyalodidymés.* — Spores ovoïdes oblongues, uniseptées, hyalines.

Genres. — *Rosenscheldia* Speg., — *Munkiella* Speg., — *Dothidella* Speg., — *Scirrhia* Nits., — *Plowrightia* Sacc..

4ᵉ Tribu. — *Dothidéacés-phéodidymés.* — Spores ovoïdes ou oblongues, uniseptées, brunes.

Genres. — *Dothidea* Fr. (fig. 98), — *Roussoella* Sacc..

5ᵉ Tribu. — *Dothidéacés-phragmosporés.* — Spores oblongues ou fusiformes, uni ou pluriseptées, colorées ou hyalines.

Genres. — *Montagnella* Speg., — *Rhopographus* Nits., — *Darwiniella* Speg., — *Homostegia* Fuck..

6ᵉ Tribu. — *Dothidéacés-dictyosporés*. — Spores elliptiques, oblongues, muriformes, brunes.

Genre. — *Curreya* SACC..

7ᵉ Tribu. — *Dothidéacés-scolécosporés*. — Spores filiformes continues, quelquefois à plusieurs gouttelettes.

Genre. — *Ophiodotis* SACC..

14ᵉ Famille. — SPHÉRIACÉS.

Endothécés-pyrénocarpés, à périthèces déhiscents, s'ouvrant par une ostiole. Le mycélium est peu marqué ; les périthèces sont carbonacés au moins vers l'ostiole, coriaces et toujours distincts du carpostrome quand celui-ci existe, simples ou composés et réunis par le carpostrome, arrondis ou sphériques, distincts des tissus voisins. Ces Mycophytes méritent, plus encore que les précédents, le nom de pyrénocarpés, par leur consistance spéciale qui les a fait comparer à des petits pépins ou des petits noyaux (πυρήν). Thèques ordinairement à huit spores, hyalines ou brunes continues ou septées (voy. page 141 et fig. 94).

Quelque réduction que nous lui ayons fait subir en élevant à l'état de famille la plupart de ses divisions regardées ailleurs comme de simples tribus, cette famille est encore la plus chargée de toutes celles qui composent les Thécamycètes.

Neuf tribus (voy. note page 143).

1ʳᵉ Tribu. — *Sphériacés-allantosporés*. — Spores continues, cylindriques, obtuses à chaque extrémité, allantoïdes courbées, hyalines ou olivâtres.

Genres. — *Massalongiella* SPEG., — *Enchnoa* FR., — *Cœlosphæria* SACC. (fig. 94. A), — *Fracchiæa* SACC., — *Pleurostoma* TUL., — *Calosphæria* TUL., — *Coronophora* FUCK., — *Quaternaria* TUL., — *Bizzozeria* SACC. et BERL., — *Valsa* FR., — *Eutypella* NITS., — *Valsella* FUCK., — *Eutypa* TUL., — *Endoxyla* FUCK., — *Cryptosphæria* GREV., — *Cryptosphærella* SACC., — *Cryptovalsa* CES. et NOT., — *Diatrype* FR., — *Diatrypella* CES. et NOT..

2ᵉ Tribu. — *Sphériacés-phéosporés*. — Spores continues, ovoïdes ou naviculaires, jaunes ou brunâtres.

Genres. — *Microascus* ZUK., — *Ceratostoma* FR., — *Bommerella* MARCH., — *Chætomium* KUNZ., — *Helminthosphæria* FUCK., — *Sordaria* CES. et NOT. (fig. 94. B), — *Hypocopra*

Fuck., — *Coprolepa* Fuck., — *Philocopra* Speg., — *Rosellinia* De Not. (fig. 22 b), — *Bombardia* Fr., — *Muëlleria* Hepp., — *Haplosporium* Montg., — *Anthostomella* Sacc., — *Astrocystis* B. et Br.,— *Anthostoma* Nits.,— *Xylaria* Hill.,— *Kretschmaria* Fr., — *Thamnomyces* Ehr., — *Camillea* Fr., — *Poronia* Willd., — *Daldinia* Not. et Ces., — *Penzigia* Sacc., — *Ustulina* Tul., — *Bolinia* Nits., — *Hypoxylon* Bull. (fig. 99), — *Nummularia* Tul..

3° Tribu. — *Sphériacés-hyalosporés*. — Spores ovoïdes, oblongues ou fusiformes, continues, hyalines ou à peu près.

Genres. — *Ceratostomella* Sacc. (fig. 94. c), — *Camptosphæria* Fuck., — *Gnomoniella* Sacc., — *Læstadia* Auersw., — *Geminispora* Pat., — *Phomatospora* Sacc., — *Physalospora* Niessl, — *Urospora* H. Fab.,— *Trabutia* Sacc. et Roum., — *Ditopella* de Not., — *Polytrichia* Sacc., — *Trichosphærella* Bomm., — *Trichosphæria* Fuck., — *Emericella* Berk. (= *Inzingæa* Borz.),— *Wallrothiella* Sacc., — *Scortechinia* Sacc., — *Botryosphæria* Ces et de Not., — *Gibbelia* Sacc., — *Cryptosporella* Sacc..

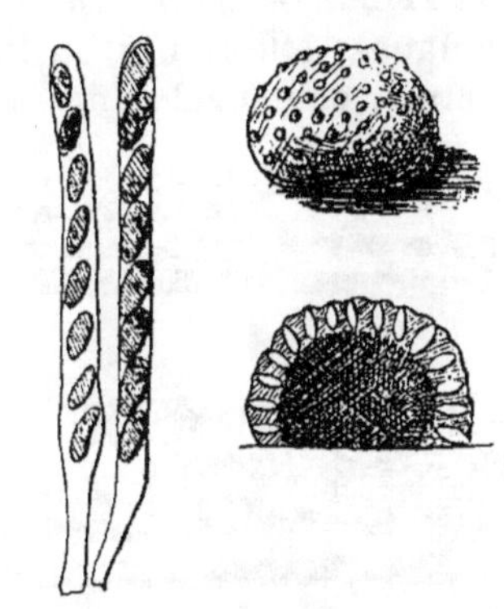

Fig. 99. — *Hypoxylon coccineum* Bull.

Port et coupe longitudinale du réceptacle ; thèques.

4° Tribu. — *Sphériacés-hyalodidymés*. — Spores ovoïdes, oblongues ou fusiformes, à une seule cloison, hyalines ou à peu près.

Genres.— *Sphærella* Ces. et de Not.,— *Mycosphærella* Johans., — *Apiospora* Sacc., — *Stigmatea* Fr., — *Hariotia* Karst., — *Didymella* Sacc.,— *Archangelia* Sacc., — *Gnomonia* Ces. et de Not., — *Rehmiella* Wint., — *Pharcidia* Körb., — *Epicymatia* Fuck., — *Lizonia* Ces. et de Not. (fig. 94. d), — *Pseudolizonia* Pirotta, — *Melanopsamma* Niessl, — *Thaxteria* Sacc., — *Bertia* de Not., — *Lentomita* Niessl, — *Venturia* de Not. et Ces., — *Eriosphæria* Sacc., — *Gibbera* Fr., — *Calosphærella* Speg., — *Myrmœcium* Nits, — *Endothia* Fr., — *Melanconis* Tul., — *Hercospora* Tull., — *Diaporthe* Nits..

5° Tribu. — *Sphériacés-phéodidymés*. —Spores ovoïdes

ou oblongues ou fusiformes, uniseptées, fuligineuses ou fortement olivâtres.

Genres. — *Didymosphæria* Fuck., — *Pleosphærella* Karts.,
— *Massariella* Speg., — *Trichothecium* Flotow, — *Sorothelia*
Körb., — *Parodiella* Speg., — *Neopeckia* Sacc., — *Amphis-
phæria* Ces. et de Not., — *Protoventuria* Berl., — *Delitschia*
Auersw., — *Rhynchostoma* Karst., — *Rhynchomeliola* Speg.,
— *Otthia* Nits., — *Melanconiella* Sacc., — *Massariovalsa*
Sacc. (fig. 94. e), — *Valsaria* de Not. et Ces., — *Lasiobotrys*
Kunz., — *Camarops* Karst..

6° Tribu. — *Sphériacés-phéophragmiés*. — Spores
oblongues, elliptiques ou fusiformes, deux ou pluriseptées;
olivâtres, couleur de miel, ou fuligineuses.

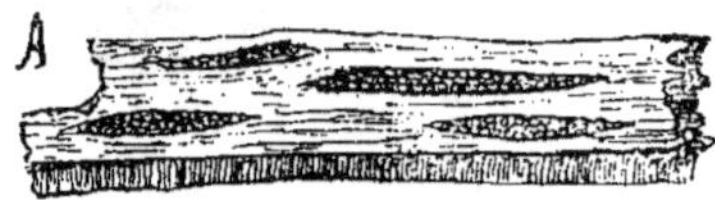

Fig. 100.— *Cucurbitaria elongata* Grev.
A, port grand. natur.; B, coupe d'un sore grossi.

Genres. — *Massaria* de
Not. (fig. 94. f), — *Re-
benstichia* Karst., — *Lep-
tosphæria* Ces. et de Not.,
— *Chitinospora* Bomm., —
Heptameria Rehm., — *Cly-
peosphæria* Fuk., — *Chæ-
tosphæria* Tul., — *Ohleria*
Fuck., — *Melanomma*
Nits. et Fuck., — *Trema-
tosphæria* Fuck., — *Ca-
ryospora* de Not., — *Stuar-
tella* H. Fab., — *Sporor-
mia* de Not., — *Gibberidea* Fuck., — *Aglaospora* de Not., —
Pseudovalsa Ces. et de Not., — *Thyridaria* Sacc., — *Kalmusia*
Niessl, — *Melogramma* Tul..

7° Tribu. — *Sphériacés-hyalophragmiés*. — Spores
oblongues ou fusiformes, deux ou pluriseptées, hyalines.

Genres. — *Massarina* Sacc., — *Metasphæria* Sacc., —
Ceriospora Niessl, — *Sphærulina* Sacc., — *Hypospila* Fr.,
— *Saccardoëlla* Speg., — *Lasiosphæria* Ces. et de Not., —
Enchnosphæria Fuck., — *Acanthostigma* de Not. (fig. 94. g),
— *Herpotricha* Fuck., — *Melomastia* Nits. et Fuck., — *Winteria*
Rehm., — *Bombardiastrum* Pat., — *Zygnoella* Sacc., —
Ceratosphæria Niessl., — *Cryptoderis* Auersw., — *Melanops*
Tul., — *Calospora* Sacc..

8° Tribu. — *Sphériacés-dictyosporés*.—Spores ovoïdes
ou oblongues, fusiformes, brunes ou hyalines.

Genres. — *Pleomassaria* Speg., — *Karstenula* Speg., — *Pleospora* Rabenh., — *Clathrospora* Rabenh., — *Pyrenophora* Fr. (fig. 94. ii), — *Peltosphæria* Berk., — *Delacourea* H. Fab., — *Capronia* Sacc., — *Julella* H. Fab., — *Isothea* Fr., — *Teichospora* Fuck., — *Pleosphæria* Speg., — *Crotonocarpia* Fuck., — *Rhamphoria* Niessl, — *Pleophragmia* Fuck., — *Cucurbitaria* Tul. (fig. 100), — *Thyridium* Sacc., — *Fenestella* Tul..

9º Tribu. — *Sphériacés-scolécosporés*. — Spores baculiformes ou filiformes, égalant parfois la longueur des thèques, hyalines ou blondes.

Genres. — *Ophiobolus* Riess, — *Linospora* Fuck., — *Dilophia* Sacc., — *Therrya* Sacc., — *Ophioceras* Sacc. (fig. 94. i), — *Bovilla* Sacc., — *Sillia* Karst., — *Pseudomeliola* Speg., *Cryptospora* Tul..

15º Famille. — CORYNELIACÉS.

Endothécés-pyrénocarpés à périthèces carbonacés allongés, s'ouvrant par un ostiole étroit d'abord, puis infundibuliforme.

Genres. — *Corynelia* Fr., — *Tripospora* Sacc..

16º Famille. — LOPHIOSTOMACÉS[1].

Endothécés-pyrénocarpés, à périthèces déhiscents, s'ouvrant par un ostiole déprimé, plus ou moins large, crevassé ou simulant une fente ; adnés au substratum mais non immergés plutôt superficiels à la fin, mais après avoir été au début couverts par l'épiderme ; carbonacés, rarement membraneux ; parfois le substratum participe de la coloration noire et simule un carpostrome. Les thèques sont accompagnées de paraphyses ; elles sont ordinairement à huit spores variables.

Sept tribus.

1ʳᵉ Tribu. — *Lophiostomacés-phéosporés*. — Spores continues naviculaires.

Genre. — *Lophiella* Sacc..

2º Tribu. — *Lophiostomacés-phéodidymés*. — Spores brunes à deux loges.

Genre. — *Schizostoma* Ces. et de Not.. (fig. 101).

---

[1] Cette famille sert de transition avec celle des Hystériacés (voy. pages 152 et 153).

3ᵉ Tribu. — *Lophiostomacés-hyalodidymés.* — Spores hyalines biloculaires mutiques, le plus souvent; dans le sous-genre *Lambotiella* elles sont cuspidées aux deux extrémités.

Genre. — *Lophosphæria* Trév..

4ᵉ Tribu. — *Lophiostomacés-hyalophragmiés.* — Spores hyalines pluriseptées, mutiques : dans le sous-genre *Vivianella* elles sont cuspidées aux deux extrémités.

Genre. — *Lophiotrema* Sacc..

5ᵉ Tribu. — *Lophiostomacés-phéophragmiés.* — Spores brunes, à plusieurs cloisons, ordinairement mutiques; dans le sous-genre *Postella* elles sont cuspidées aux deux extrémités, et dans le sous-genre *Brigantiella* elles ne le sont qu'à une seule.

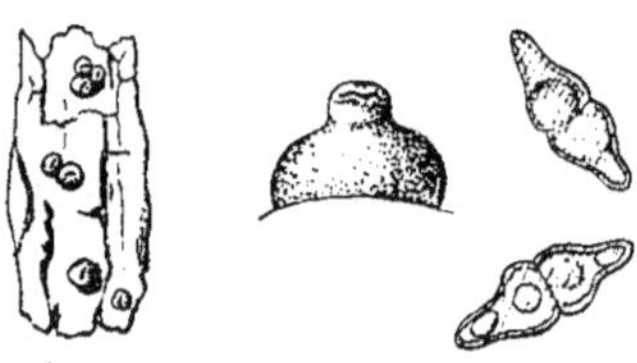

Fig. 101. — *Schizostoma vicinum* Sacc.

Port gr. nat. et périthèce grossi; spores.

Genre. — *Lophiostoma* Fr.

6ᵉ Tribu. — *Lophiostomacés-dictyosporés.* — Spores brunes ou hyalines muriformes.

Genres. — *Lophidiopsis* Berl., — *Lophidium* Sacc..

7ᵉ Tribu. — *Lophiostomacés-scolécosporés.* — Spores brunes ou hyalines filiformes.

Genre. — *Lophionema* Sacc..

3ᵉ Ordre. — Ectothécés.

Thécamycètes dont les thèques forment un hyménium qui recouvre un réceptacle, appelé *disque*, étalé et ouvert tout au moins au moment de la maturité; il est tourné le plus souvent en haut, on le dit *anotrope*. Saprophytes ou plus rarement, parasites.

Un grand nombre des Mycophytes que l'on fait rentrer dans cet ordre sont fort voisins de ceux que nous venons de quitter et qui forment les dernières familles des Endothécés; cela est tellement vrai que, par exemple, les Hystériacés qui constituent la première famille des Ectothécés sont regardés par certains savants comme des Endothécés-pyrénocarpés. Pour justifier cette manière de voir les partisans de cette opinion font ressortir que les réceptacles (périthèces pour eux) sont de même nature que ceux des Sphériacés, c'est-à-dire carbonacés plus ou moins membraneux, et que de plus, s'ils se montrent Ectothécés à la fin de leur vie, ils sont jusque-là restés fermés, c'est-à-dire Endothécés. On oppose, pour les garder dans les Ectothécés, que leurs réceptacles (*disques* dans ce cas) n'ont pas d'ostiole et qu'ils s'ouvrent par une fente dont les deux lèvres d'abord rapprochées s'écartent à la maturité. Mais, dira-t-on, cette raison ne peut être très valable puisque l'on conserve parmi les Endothécés les Lophiostomacés chez lesquels la déhiscence des réceptacles se fait aussi par des fentes. Cependant, malgré tout, nous avons cru devoir conserver les Hystériacés dans les Ectothécés à cause des rapports qu'ils ont avec les Phacidiacés, rapports qui sont tels que dans maints ouvrages on trouve les Hystériacés et les Phacidiacés à titre de tribus de la même famille. Cette solution nous a semblé d'autant meilleure qu'elle se trouvait d'accord avec la classification des Lichens, et cela a sa valeur, comme on le verra dans un instant.

Lorsque l'on envisage dans son ensemble l'alliance des Thécamycètes, on voit qu'il y a : 1° des Endothécés, et 2° des Ectothécés, bien différents les uns des autres : par contre, lorsqu'on a opéré le groupement des familles d'après leurs affinités naturelles on reconnaît qu'il arrive pour les Thécamycètes ce qui arrive pour les autres groupes (voir page 22) : on passe insensiblement d'une famille à l'autre, toute coupure semble être impossible. La confluence se fait même sur plusieurs points à la fois. Ainsi pour le cas qui nous occupe, nous avons dit, (page 136 *in notis*), qu'un passage s'opérait entre les Endothécés-péridiocarpés et les Ectothécés-sarcodiscés par l'*Hydnocystis* et le *Sphærosoma*, et actuellement nous voyons combien il est difficile de séparer les Lophiostomacés, admis parmi les Endothécés-pyrénocarpés, des Hystériacés rejetés dans les Ectothécés-leptodiscés !

Les Ectothécés répondent à peu près au groupe que l'on a longtemps désigné, et que quelques Mycologues désignent encore sous le nom de Discomycètes; or, de même qu'on avait les Discomycètes non charnus et les Discomycètes charnus, de même avons-nous deux sous-ordres :

1° *Sous-Ordre*, ECTOTHÉCÉS-LEPTODISCÉS ;

2° *Sous-Ordre*, ECTOTHÉCÉS-SARCODISCÉS.

1er Sous-Ordre. — **Ectothécés-leptodiscés.**

Thécamycètes-ectothécés ; les réceptacles sur lesquels s'étalent les thèques sont membraneux, parcheminés ou coriacesparcheminés, céracés ou carbonacés mais jamais charnus. Saprophytes, rarement parasites.

Ces Mycophytes qui, ainsi que nous venons de le voir, sont si affines avec les Pyrénocarpés qu'il est impossible de les séparer par une coupure bien nette et bien tranchée, côtoient de très près les Mycophycophytes ; en quelques points même, le rapprochement est tel qu'ils se confondent. Il y a parfois entre eux des ressemblances si grandes que, sans cesse, des échanges s'opèrent entre les différentes familles de cet ordre et celles des groupes parallèles qu'on rencontre chez les Lichens ; à chaque instant, quelques espèces de Lichens passent aux Ectothécéo-leptodiscés parce qu'on ne leur trouve pas de gonidies, tandis qu'inversement des espèces d'Ectothécés-leptodiscés passent dans les Lichens parce qu'on y trouve des gonidies qui, jusque-là étaient restées inaperçues.

Déjà nous avons vu les Myriangiacés déserter la sous-classe des Mycophycophytes pour passer aux Endothécés-pyrénocarpés, mais ce qui pouvait paraître exceptionnel chez les Endothécés est, au contraire, fréquent chez les Ectothécés ; on voit des espèces et même des genres venir séparément demander hospitalité à l'une ou l'autre des familles de cet ordre, et, bien mieux, des savants y font entrer en entier celles des Caliciacés et des Arthroniacés que l'on répute généralement pour de vrais Lichens. On a, là, des affinités qui deviennent telles que quelques naturalistes, espérant en finir avec les difficultés de classement, ont proposé de suivre les préceptes d'Adanson et l'exemple de Payer et de fondre tout simplement la sous-classe des Lichens dans l'alliance des Thécamycètes. Nous estimons que le résultat de cette réunion serait autre que celui qu'en attendent ceux qui la proposent, et pour des raisons que nous exposerons en temps et lieu nous la rejetons. Pour l'instant nous avons créé deux familles : celle des Pseudo-Caliciacés et celle des Pseudo-Graphisiacés pour recueillir les espèces de Caliciacés ou de Graphisiacés (Arthroniacés Auct.) qui viendront à être répudiées par les Lichénographes ; la famille des Cordiéritacés est de son côté prête à donner asile aux Sphérophoracés qui n'auraient point de gonidies, de même les *Lecidea* non lichénisés entreront dans les Patellariacés où nous leur avons ménagé une entrée, en créant le genre *Pseudo-Lecidea*.

Avec cette disposition, la besogne est toute tracée pour ceux qui voudraient procéder à l'annexion.

Ainsi limité le sous-ordre des Leptodiscés comprend neuf familles : Hystériacés, Hémi-Hystériacés, Ocellariacés, Phacidiacés, Cordiéritéacés, Pseudo-Caliciacés, Patellariacés, Pseudo-Graphisiacés, Dermatéacés.

17e Famille. — HYSTÉRIACÉS.

Ectothécés-leptodiscés à périthèces érumpents, superficiels, horizontaux, oblongs ou linéaires, membraneux coriaces ou carbonacés par exception, un peu charnus dans le début; périthèces devenant des disques, s'ouvrant par une fente qui tient toute la longueur, bilabiée, à lèvres épaisses ou minces. Ils vivent sur les tiges et les branches mortes, les feuilles tombées, et ressemblent encore en cela aux Sphériacés.

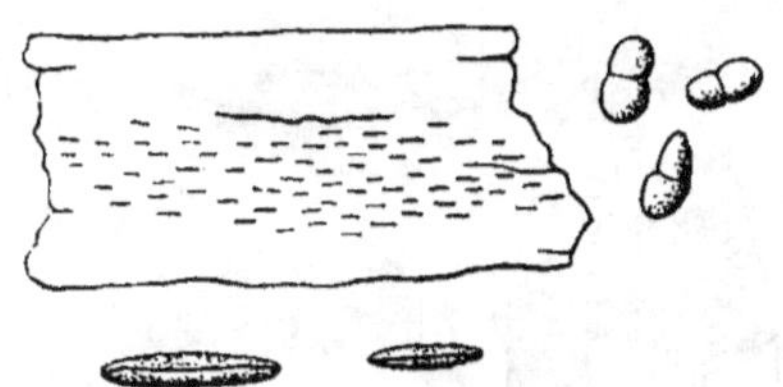

Fig. 102. — *Glonium lineare* Fr.

Port grand. natur. ; deux périthèces grossis; spores.

Neuf tribus :

1re **Tribu**. — *Hystériacés-hyalosporés.* — Spores globuleuses, ovoïdes, fusiformes, hyalines.

Genres. — *Briardia* Sacc., — *Schizothyrium* Desm., — *Henriquesia* Pass. et Thüm..

2e **Tribu**. — *Hystériacés-phéosporés.* — Spores ovales, cymbiformes, continues, brunes.

Genre. — *Farlowiella* Sacc..

3e **Tribu**. — *Hystériacés-hyalodidymés.* — Spores ovoïdes ou oblongues, hyalines le plus souvent.

Genres. — *Angelinia* Fr., — *Aulographum* Lib., — *Glonium* Muhl. (fig. 102), — *Actidium* Fr..

4e **Tribu**. — *Hystériacés-phéodidymés.* — Spores ovoïdes, oblongues, à une cloison, fuligineuses.

Genre. — *Tryblidium* Duf..

5e Tribu. — *Hystériacés-phéophragmiés.* — Spores oblongues ou fusiformes, triseptées, fuligineuses.

Genres. — *Hysterium* Tode, — *Tryblidiella* Sacc., — *Rhytidhysterium* Speg., — *Baggea* Auersw., — *Mytilidion* Duby, — *Ostreion* Duby.

6e Tribu. — *Hystériacés-hyalophragmiés.* — Spores oblongues ou fusiformes, deux ou pluriseptées, hyalines.

Genres. — *Gloniella* Sacc., — *Dichæna* Fr..

7e Tribu. — *Hystériacés-hyalodictyés.* — Spores ovales oblongues, muriformes, brunes.

Genres. — *Gloniopsis* de Not., — *Hysteriopsis* Rehm.

8e Tribu. — *Hystériacés-phéodictyés.* — Spores ovales oblongues, muriformes, hyalines.

Genre. — *Hysterographium* Cord..

9e Tribu. — *Hystériacés-scolécosporés.* — Spores baculiformes, filiformes, hyalines.

Genres. — *Hypoderma* DC., — *Lophium* Fr., — *Lophodermium* Chev., — *Sporomega* Cord., — *Colpoma* Wallr., — *Ostropa* Fr., — *Robergea* Desm., — *Acrospermum* Tode.

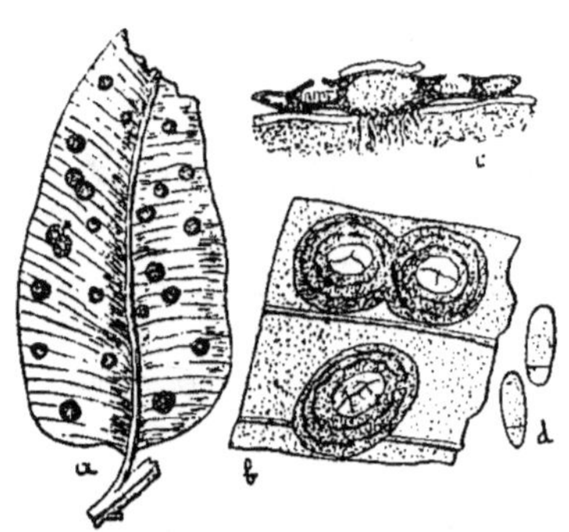

Fig. 103. — *Hysterostomella andina* Pat.

a, grand. natur.; b, grossi; c, coupe longitudinale; d, spores.

18e Famille.
Hémi-Hystériacés.

Ectothécés-leptodiscés à périthèces déhiscents devenant des disques en s'ouvrant par une fente, simples ou réunis par un carpostrome, démidiés, en bouclier. Thèques à 8 spores; spores brunes, uniseptées.

Genres. — *Schneepia* Speg., — *Hysterostomella* Speg. (fig. 103), — *Cyclostomella* Pat..

19o Famille. — Ocellariacés [1].

Ectothécés-leptodiscés à thèques portées sur des réceptacles

1. C'est la famille des Stictées ou Stictacées des mycologues. Nous avons cru devoir en changer le nom parce que dans l'une des familles de Lichens

simples ; disques petits ou même très petits, urcéolés, ouverts céracés ; aux vives couleurs, très rarement noirs, plongés dans un substratum non modifié dans sa nature, mais ne s'en recouvrant pas. Thèques à 8 spores, parfois 4, parfois plus de 8 avec paraphyses. Diffèrent des Phacidiés par le substratum qui est concolore et par le disque rapidement exsert.

Genres. — *Propolis* Fr. (fig. 104), — *Propolinia* Sacc., — *Ocellaria* Tul., — *Nævia* Fr., — *Diplonævia* Sacc., — *Propolidium* Sacc., — *Coccopeziza* Karst., — *Cryptodiscus* Cord., — *Phragmonævia* Rehm., — *Europolis* de Not., — *Phaneromyces* Speg., — *Xylogramma* Wallr., — *Odontotrema* Nyl., — *Pleiostictis* Rehm, — *Me-*

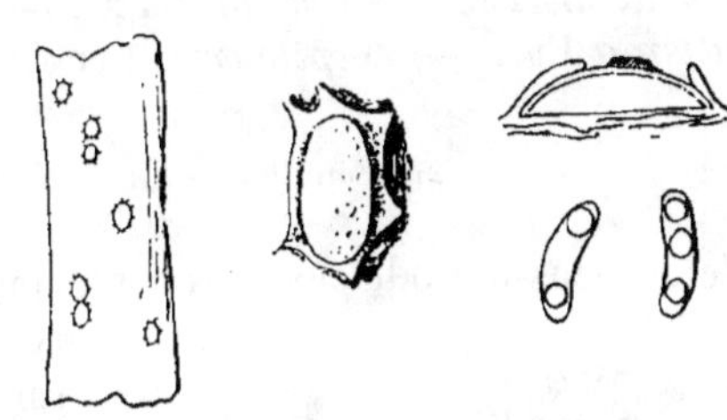

Fig. 104. — *Propolis versicolor* Alb. et Schw.

Port grand. natur. ; disque grossi et coupé longitudinalement; spores.

littosporium Cord., — *Platysticta* Cook. et Mass., — *Stictis* Pers., — *Lasiostictis* Sacc., — *Lichenopsis* Schw., — *Schizoxylon* Pers., — *Nemacyclus* Fuck., — *Karstenia* Fr..

20ᵉ Famille. — Phacidiacés.

Ectothécés-leptodiscés à thèques réunies sur des réceptacles simples, céracés, ordinairement noirs, immergés, urcéolés ou plans, couverts et entourés par le substratum, qui est devenu noir lui-même et se fendille. Excipule fibreux. Thèques à 4 ou 8 spores accompagnées de paraphyses.

Très fortement alliés aux Dermatéacés et Patellariacés et autres Endothécés, les Phacidiacés touchent de très près aussi aux Hystériacés et par ceux-ci aux Sphériacés : saprophytes, comme eux, ils se développent sur le bois mort et surtout sur les rameaux tombés à terre. Le mycélium, peu apparent, pénètre le substratum pendant que les disques, alors à l'état de conceptacles fructifères ou périthèces, montent à la surface. Ce sont de petits corps bruns charbonneux de formes diverses ; lors

qui se développent parallèlement à celle ci, on a un genre *Sticta* Ach. que l'on a pris pour type de tribu : Stictés, ou de famille : Stictacés. Il pourrait y avoir confusion (voy. pag. 243).

de la maturité chaque conceptacle s'ouvre et donne un disque étalé : de telle sorte que ce n'est qu'à la maturité que les Phacidiacés sont Ectothécés ; jusque-là ils sont restés Endothécés.

Genres. — *Cryptomyces* Grev., — *Trochila* Fr., — *Phacidium* Fr., — *Stegia* Fr., — *Keithia* Sacc., — *Stictophacidium* Rehm, — *Fabrœa* Sacc., — *Marchalia* Sacc., — *Cocconia* Sacc., — *Abrothallus* de Not., — *Sphœropezia* Sacc., — *Celidium* Tul., — *Dothiora* Fr.. — *Coccomyces* de Not., — *Rhytisma* Fr., — *Duplicaria* Fuck.

21e Famille. — CORDIÉRITÉACÉS.

Ectothécés-leptodiscés, à réceptacles stipités, rameux, subéreux ou cornés, carbonacés, à rameaux terminés par des disques très ouverts à la maturité. Thèques étroites, clavulées à 8 spores.

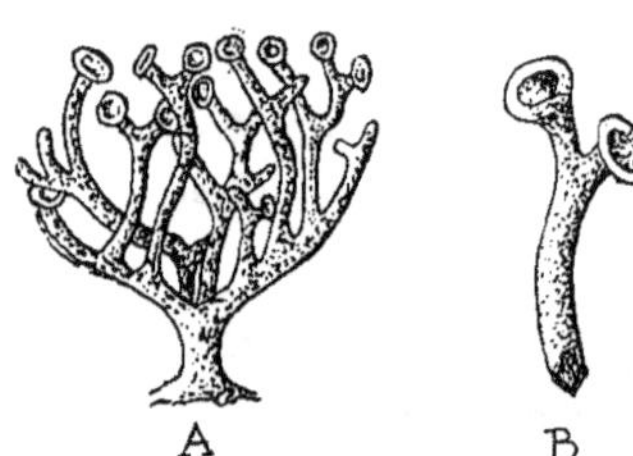

Fig. 105. — *Cordierites guianensis* Montg.

A, port ; B, un ramule grossi.

Cette famille faite pour le genre *Cordierites*, est très voisine de celle des Sphérophoracés classée dans les Lichens. Certains genres, comme l'*Acroscyphus*, voyagent entre les deux.

Genre. — *Cordierites* Montg. (fig. 105).

22e Famille. — PSEUDO-CALICIACÉS[1].

Ectothécés-leptodiscés à disques turbinés, piriformes, globuleux, petits, stipités, noirs, clos dès le début, à hyménium poussiéreux.

Genres. — *Pseudo-Coniocyle* (fig. 106), Nob., — *Embolus* Wallr., — *Caliciopsis* Peck, — *Hypsotheca* Ell. et Everh., *Pseudo-Calicium* Nob..

---

1. Cette famille a été créée pour recevoir les Caliciacés non lichénisés : comme, par exemple, (*Pseudo*) — *Calicium parietinum* Ach., — (*Pseudo*) — *Calicium pusillum* Floerk, — (*Pseudo*), — *Coniocybe pallida* Pers., etc.

23ᵉ Famille. — Patellariacés.

Ecthothécés-leptodiscés à théques réunies sur un disque
simple, érumpent, su-
perficiel, glabre, quel-
quefois stipité, noir ou
noirâtre, coriace, cor-
né, à excipule épais.
Thèques à 2-4-8 spores,
avec paraphyses. —
Spores variées. Sapro-
phytes sur les bois
morts.

Les Patellariacés pas-
sent aux Phacidiacés
d'un côté et, de l'autre,
aux Dermatéacés. Quel-
ques mycologues les
rapprochent des Pézi-
zacés mais leurs thè-
ques inoperculées les
en éloignent. De plus
ils ont aussi des rela-
tions avec les Lichens
et peuvent recevoir
dans le genre nouveau *Pseudo-Lecidea*, les *Lecidea*, qui ne
sont pas lichénisés[1].

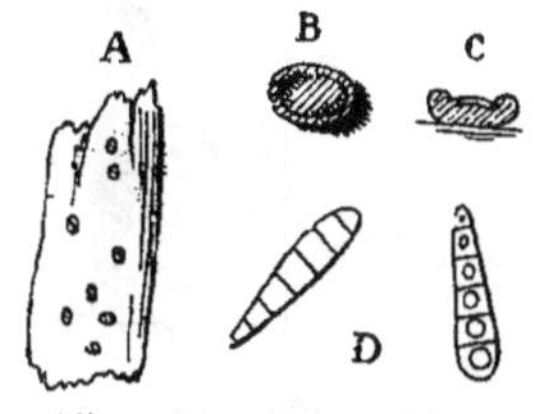

Fig. 106.—*Pseudo-Coniocybe pallida* (Pers.) Körb.

A, port grand. natur.; B, plusieurs apothécies grossies;
C, une apothécie en coupe verticale: D, thèques et
paraphyses; E, une chaînette de spores; F, spore
très grossie.

Genres. — *Heterosphæria* Grev.,
— *Patinella* Sacc., — *Lagerheimia*
Sacc., — *Pseudo-Phacidium* Karst.,
— *Actinoscypha* Karst., — *Kars-
chia* Körb., — *Ravenenula* Speg., —
Patellea Fr., — *Johansonia* Sacc.,
— *Tryblidiopsis* Karst., — *Patella-
ria* Fr., — *Lecanidion* Rabenh.
(fig. 107), — *Durella* Tul., — *Bli-
trydium* de Not.. (= *Rhytidope-
ziza* Sacc.), — *Biatorella* de Not. (= *Tromera* Mass.), —

Fig. 107. — *Lecanidion
atratum* Hedw.

A, port grand. natur.; B, grossi;
C, coupe verticale; D, spores.

1. Le type de ce genre est le *Lecidea Parmeliarum*, Nyl., etc., etc.

Scutullaria Karst., — *Lahmia* Körb., — *Bactrospora* Mass., — *Mycobacidia* Rehm, — *Scutula* Tul. — *Pseudo-Lecidea* Nob..

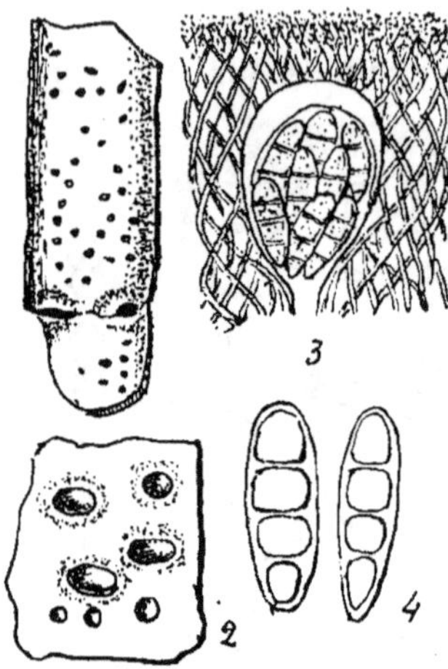

Fig. 108. — *Pseudo-Arthonia punctiformis* (Ach.).

1, port grand. natur.; 2, port grossi; 3, thèques; 4, spores.

24ᵉ Famille.
PSEUDO-GRAPHISIACÉS.

Ectothécés-leptodiscés à disques plongés puis émergents, sans excipulum, plans ou convexes au début, orbiculaires irréguliers. — Corticoles ou parasites sur les Lichens.

Genres. — *Pseudo-Graphis* Nyl.,— *Arthrothelium* Mass., — *Pseudo-Arthonia* Nob.[1] (fig. 108), — *Phacopsis* Tul., — *Conida* Mass..

25ᵉ Famille.— DERMATÉACÉS.

Ectothécés-leptodiscées à disques simples, superficiels, cupulés, érumpents, devenant parfois courtement stipités; tubéreux ou cornés, souvent furfuracés

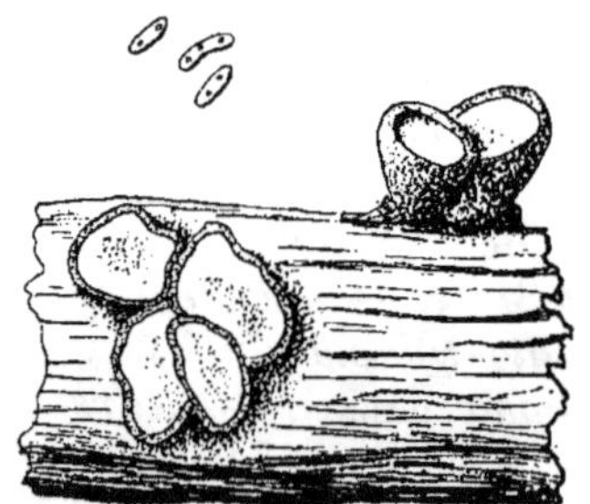

Fig. 109. — *Cenangium fasciculare* Alb. et Schw.
Port grand. natur. et port grossi; spores.

à l'extérieur, bruns noirâtres; le plus souvent réunis en gazons érumpents. Thèques 4-8-sporés et plus ordinairement avec

1. Pour les : *(Pseudo)-Arthonia punctiformis* Ach.; — *(Pseudo)-Arthonia dispersa* Nyl., — *(Pseudo)-Arthonia varians* Nyl., et *(Pseudo)-Arthonia subvarians* Nyl., etc.

paraphyses. Spores continues ou septées rarement colorées sur les bois morts.

Genres. — *Urnula* Fr., — *Dermatea* Fr., — *Cenangium* Fr. (fig. 109), — *Laquearia* Fr., — *Ameghiniella* Speg., — *Tympanis* Tode, — *Ephelina* Sacc., — *Hymenobolus* Montg., — *Phœangella* Sacc., — *Scleroderris* Fr., — *Phœoderris* Sacc., — *Crumenula* de Not., — *Godronia* Montg., — *Pocillum* de Not., — *Crinula* Fr..

2° Sous-Ordre. — Ectothécés-sarcodiscés[1].

Thécamycètes-ectothécés dans lesquels les disques qui supportent l'hyménium sont charnus. Le mycélium est, la plupart du temps, peu visible et les disques présentent bien des variations : il en est de petits à peine appréciables à l'œil nu et à côté s'en trouvent qui peuvent prendre des proportions très grandes ; on a vu des Morilles qui pèsaient jusqu'à 500 grammes. — De ces réceptacles les uns ne sont que de petits disques pulviniformes sessiles, à bords à peine relevés, tandis que d'autres se présentent sous la forme de lames larges, sessiles ou stipitées en forme de patelles, de cupules, de calices, de bavolets se dressant et se renflant en têtes sphériques ou clavulées qui sont lisses ou bien gaufrées, alvéolées. Le disque s'ouvre dès le début ou bien, s'il est clos au début, il s'étale rapidement. L'hyménium est composé de thèques ordinairement accompagnées de paraphyses : de ces thèques les unes laissent échapper les spores par un *foramen*, tandis que les autres détachent un opercule qui se soulève ou tombe pour les laisser sortir. Les spores sont ordinairement au nombre de huit, rarement plus, rarement moins, d'aspect varié, mais le plus souvent continues et hyalines.

Ce sont, disons-nous, des Champignons charnus. Mais ce caractère est, au reste comme tous les autres, tout à fait relatif, car si nous comptons dans les Sarcodiscés des espèces qui sont assez charnues pour que nous puissions nous en servir comme aliments : les Morilles, les Helvelles et quelques Pezizes, il en est qu'on rangerait volontiers, au premier abord, dans les Leptodiscés tant leurs disques sont peu charnus. Toutefois, en

---

1. Dans cette partie nous avons suivi aussi religieusement que possible le mémoire de notre maître E. Boudier intitulé *Discomycètes charnus* in ***Bull. soc. Mycol de France***, vol. Ier, 1885, page 91.

les examinant de plus près, on trouve qu'il y a, même pour les plus petits, une différence à établir entre leurs disques toujours épais et mous et les disques des familles que nous venons de passer en revue qui sont plutôt minces, secs, parcheminés et même carbonacés : ce qui n'empêche pas de reconnaître qu'entre ces Mycophytes voisins il y a des transitions telles qu'il faut un œil bien exercé pour ne pas se tromper dans la détermination[1].

Dans cet Ordre on compte neuf familles, dont trois sont inoperculées ce sont : Hélotiacés, Calloriacés, Léotiacés, et six sont operculées, ce sont : Ascobolacés, Humariacés, Pézizacés, Rhizinacés, Helvellacés, Morchellacés.

26e Famille. — HÉLOTIACÉS.

Ectothécés-sarcodiscés à thèques inoperculées. Disques tronqués, d'abord plus ou moins urcéolés, devenant cyathiformes, minces relativement à la taille.

Trois tribus.

1re Tribu. — *Hélotiés.* — Disques stipités ou sessiles, glabres, pruineux ou filamenteux ; thèques à foramen marginé.

Deux sous-tribus.

1e Sous-Tribu. — *Hélotiés-Ciboriés.* — Disques glabres, finement furfuracés, pubescents, très minces, profondément excavés, spores continues.

Genre. — *Ciboria* Fuck..

2e Sous-Tribu. — *Hélotiés-Stamnariés.* — Disques plus épais, filamenteux, rarement glabres ou pruineux, mous, cyathiformes. Spores ayant tendance à se cloisonner.

Genres. — *Phialea* Fr., — *Chlorosplenium* Fr., — *Helotium* Pers., — *Cyathicula* de Not., — *Stamnaria* Fuck..

2e Tribu. — *Dasyscyphés.* — Disques, stipités ou sessiles, velus ; poils ou filaments très visibles, thèques à foramen immarginé.

Deux sous-tribus.

1re Sous-Tribu. — *Dasyscyphés - hirsutés.* — Paraphyses

---

1. C'est ainsi qu'on voit le genre *Midotis* Fr., être tantôt classé dans les Dermatéacés qui sont des Ectothécés-leptodiscés, ainsi que nous venons de le voir, et tantôt rangé parmi les Ectothécés-sarcodiscés de la famille des Pézizacés. Cela confirme encore ce que nous disions page 23.

simples longuement fusiformes, pointues dépassant plus ou moins l'hyménium; disques un peu épais.

Genres. — *Dasyscypha* Fr. (fig. 110), — *Lachnella* Fr..

2ᵉ Sous-Tribu. — *Dasyscyphés-subhirsutés*. — Paraphyses souvent rameuses ou divisées; cylindriques ou en massue très allongées, ne dépassant pas l'hyménium.

Genres. — *Trichoscypha* Boud., — *Pitya* Fuck., — *Pithyella* Boud., — *Arachnoscypha* Boud., — *Hyaloscypha* Boud..

3ᵉ Tribu. — *Urcéolés*. — Disques à poils très courts, rarement glabres, stipités ou sessiles, à foramen immarginé. Deux sous-tribus.

1ʳᵉ Sous-Tribu. — *Urcéolés-Micropodiés*. — Disques presque toujours urcéolés, aplatis seulement par les temps humides; pubérulents, à poils le plus souvent courts, pointus, fréquemment ondulés, plus longs vers la marge, souvent aussi, connivents en côtes, plus rarement en dents ou grains. Thèques très petites à base large ou peu visiblement rétrécie; spores simples.

Genres. — *Micropodia* Boud., — *Urceolella* Boud..

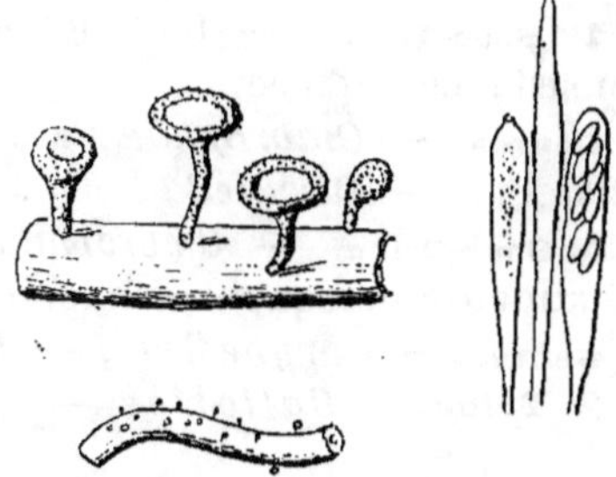

Fig. 110. — *Dasiscypha virginea* Fr. Port grand. natur. et port grossi; thèques et paraphyse.

2ᵉ Sous-Tribu. — *Urcéolés-Mollisiés*. — Disques urcéolés mais seulement au jeune âge, exceptionnellement tronqués, à poils courts et obtus, quelquefois presque nuls et granuleux, rarement ils forment des côtes; la marge du disque est le plus souvent fimbriée par de poils allongés, parallèles et égaux, plus rarement membraneux, lacérés-dentés; thèques atténuées légèrement, mais visiblement à la base: spores continues ou septées.

Genres. — *Coronella* Karst., — *Tapesia* Fr., — *Desmazierella* Lib., — *Mollisia* Fr., — *Beloniella* Fr., — *Niptera* Fr., — *Pyrenopeziza* Fuck., — *Mollisiella* Boud., — *Pseudopeziza* Fuck., — *Spilopodia* Boud..

27ᵉ Famille. — CALLORIACÉS.

Ectothécés-sarcodiscés à thèques inoperculées. Disques tronqués d'abord, plus ou moins urcéolés, devenant plans convexes et cupulés, épais relativement à la taille, érumpents ou superficiels, grands ou petits, gélatineux ou cornés-gélatineux. Thèques 4-8-16 sporées accompagnées de paraphyses. Spores variables.

Deux tribus.

1ʳᵉ Tribu. — *Ombrophilés*. — Disques ordinairement turbinés ; thèques à foramen marginé.

Deux sous-tribus.

1ʳᵉ Sous-Tribu. — *Ombrophilés-Calycellés*. — Disques de consistance céracée.

Genres. — *Ombrophila* Fr., — *Pachydisca* Boud., — *Calycella* Fr., — *Discinella* Boud., — *Melachroïa* Boud..

2ᵉ Sous-Tribu. — *Ombrophilés-Bulgariés*. — Consistance gélatineuse presque trémelloïde.

Genres. — *Coryne* Tul., — *Bulgaria* Fr..

2ᵉ Tribu. — *Calloriés*. — Disques ordinairement turbinés ; thèques à foramen immarginé.

Deux sous-tribus.

1ʳᵉ Sous-Tribu. — *Calloriés-Corynellés*. — Paraphyses grêles, très rameuses, jamais en massue. Spores continues.

Genres. — *Polydesmia* Boud., — *Epiglia* Boud., — *Calloria* Fr., — *Corynella* Boud..

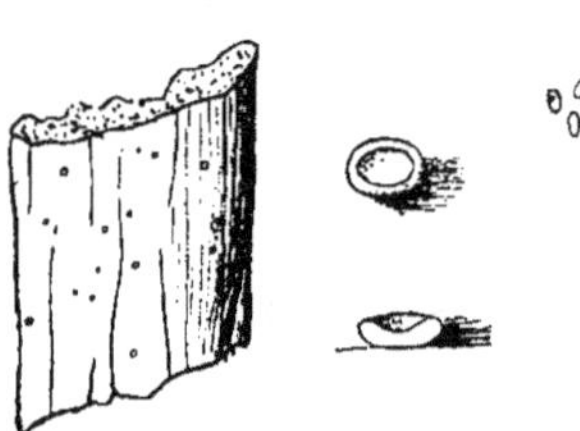

Fig. 111. — *Orbilia coccinella* Fr.

Port grand. natur.; port et coupe longitudinale grossis ; thèque, paraphyses et spores.

2ᵉ Sous-Tribu. — *Calloriés-Orbiliés*. — Paraphyses simples, le plus souvent épaissies, en massue ou en bouton à leur sommet.

Genres. — *Mniœcia* Boud., — *Cheilodonta* Boud., — *Orbilia* Fr. (fig. 111), — *Hyalinia* Boud..

28° Famille. — LÉOTIACÉS[1].

Ectothécés-sarcodiscés à thèques inoperculées. Disques claviformes ou sphériques, simples, stipités, rarement sessiles.

Deux tribus.

1re Tribu. — *Géoglossés.* — Disque stipité, ordinairement, renflé en une tête peu distinctement séparée du stipe.

Genres. — *Trichoglossum* Boud., — *Geoglossum* Pers., — *Leptoglossum* Cook., — *Microglossum* Sacc., — *Hemiglossum* Pat..

2° Tribu. — *Léotiés.* — Disque stipité, ordinairement, renflé en une tête nettement séparée du stipe par un sillon.

Genres. — *Heyderia* Fr., — *Mitrula* Fr., — *Leotia* Hill., — *Cudonia* Fr. (fig. 112), — *Spathularia* Pers., — *Neolecta* Speg., — *Vibrissea* Fr., — *Apostemidium* Karst., — *Pilacre* Fr.[2].

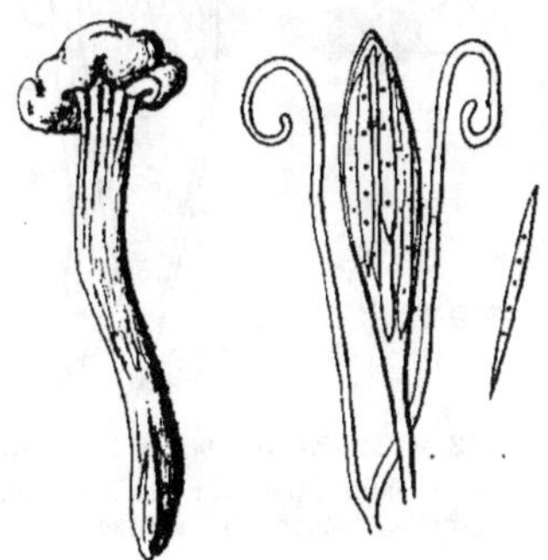

Fig. 112. — *Cudonia circinans* Pers. Port grand. natur. ; thèque, paraphyses et spore.

29° Famille. — ASCOBOLACÉS.

Ectothécés-sarcodiscés à thèques operculées. Petites espèces. Disques sessiles, glabres, presque plans ; cérumineux, mous, à hyménium mou, déliquescent. Thèques claviformes, assez longues, ou ellipsoïdales-allongées dépassant plus ou moins

1. Nous avons accepté toutes les divisions faites par Boudier et nous avons reproduit d'aussi près que possible ses diagnoses ; nous n'avons eu, la plupart du temps, qu'à modifier les noms de ses groupes pour les faire rentrer dans notre *Enumération*. Boudier a pris le mode de déhiscence des thèques comme caractère dominateur, cela explique pourquoi les Léotiacés sont ici éloignés des Helvellacés dont elles semblent bien voisines par leurs autres caractères.

2. Les *Pilacre faginea* B. et Br. et *P.*, *Petersii* B. et Curt. sont des *Echyna* Fr. « Les vrais *Pilacre Friesii* et *P. subterranea* Weinm. sont devenus très connus sous le nom de *Ræsleria hypogea* Thüm. qui n'a pas de raison d'être. » (Boud. *loc. cit.*, page 111).

le niveau de l'hyménium. Spores continues à une gouttelette, incolores ou violettes. Saprophytes fimicoles.

Genres. — *Sphœridiobolus* Boud., — *Ascobolus* Pers. (fig. 113),

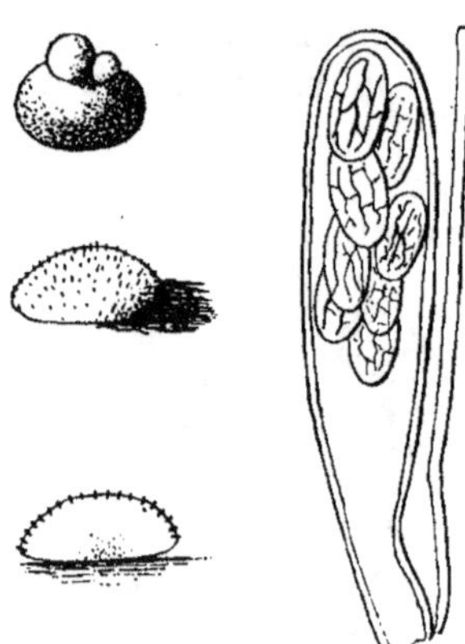

Fig. 113. — *Ascobolus vinosus* Berk.
Port grand. natur.; port et coupe longitud. grossis, thèque et paraphyse.

— *Saccobolus* Boud., — *Theco-theus* Boud., — *Lasiobolus* Sacc., — *Ascophanus* Boud., — *Ryparobius* Boud., — *Gymnodiscus* Zuk., — *Ascozonus* Remy, — *Thelebolus* Tode [1].

30e Famille. — HUMARIACÉS.

Ectothécés-sarcodiscés operculés. Petites espèces fort voisines des Ascobolacés ; elles s'en distinguent par leurs disques poilus ou garnis de filaments extérieurs et ne présentant point de ces thèques saillantes qui rendent l'hyménium comme échinulé ou papilleux, ainsi que cela a lieu dans les Ascobolacés. Saprophytes fimicoles.

Deux tribus.

1re Tribu. — *Ciliariés*. — Disque extérieurement garni de poils roides. longs ou courts, aigus ou obtus.

Genres. — *Trichophœa* Boud., — *Ciliaria* Q. (incl. *Sphœrospora* Sacc.), — *Cheilymenia* Boud., — *Melastiza* Boud., — *Anthracobia* Boud., — *Pseudombrophila* Boud..

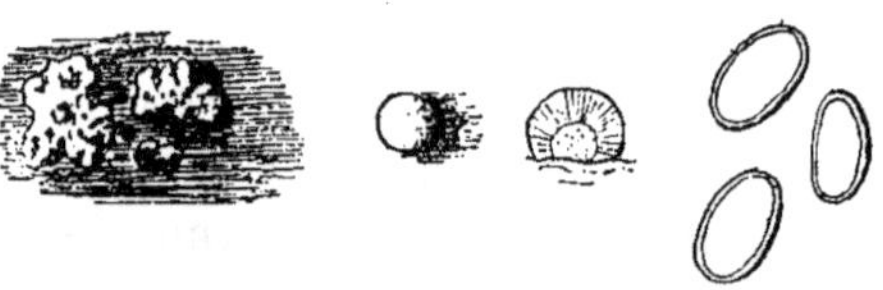

Fig. 114. — *Pyronema glaucum* Boud.
Port grand. natur. ; port et coupe longitud. grossis; spores.

2e Tribu. — *Humariés*. — Disque garni extérieurement de filaments ou de furfurs.

Genres. — *Humaria* Fr., — *Lamprospora* de Not., — *Boudiera* Cook., — *Coprobia* Boud., — *Pulvinula* Boud., — *Pyronema* Carus (fig. 114), — *Pyronemella* Sacc..

---

1. Tous les mycologues anciens et un certain nombre de contemporains, placent encore le *Thelebolus* à côté des *Sphærobolus*, dans les Basidiomycètes de la famille des *Nidulariacés*.

31ᵉ Famille. — Pézizacés.

Ectothécés-sarcodiscés à thèques operculées. Disques simples, sessiles ou pédiculés, cupuliformes, plans ou convexes,
charnus ou charnus-céracés ou simplement céracés, minces
relativement à leur taille. Spores ellipsoïdales-allongées ou
sphériques, continues, à 1-3 gouttelettes ou sporidioles incolores assez grandes. Saprophytes humicoles, fimicoles, carbo-
nicoles ou lignicoles.

Cinq tribus.

1ʳᵉ Tribu. — *Disciné s.* — Disques portés sur un pédicule
parfois très court, presque toujours sillonné, se prolongeant
en veines sur la cupule. Stipe court, sillonné, hyménium,
d'abord lisse, de-
venant mamelon-
né ou veiné-on-
dulé. Thèques ne
bleuissant pas par
l'iode.

Genres. — *Dis-
cina* Fr., — *Deto-
nia* Sacc., — *Dis-
ciotis* Boud..

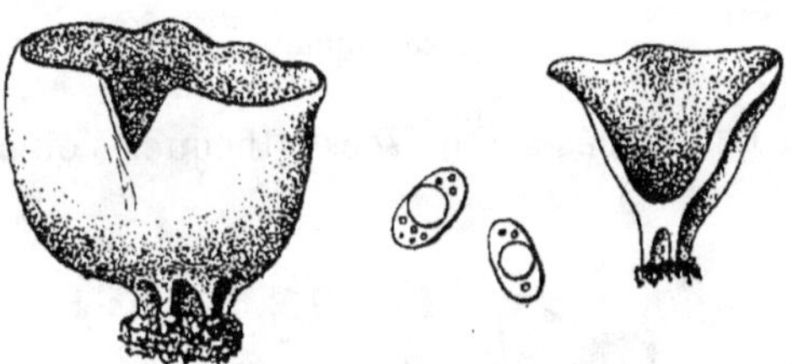

Fig. 115. — *Acetabula leucomelas* Pers.
Port et coupe longitud. grandeur naturelle; spores.

2ᵉ Tribu. — *A c é-
tabulés.* — Comme dans la tribu précédente, les disques
sont portés par des pédicules parfois très courts, presque
toujours sillonnés, se prolongeant en veines sur la cupule.
Thèques ne bleuissant pas par l'iode. Ici, les stipes sont généralement allongés, presque toujours sillonnés. L'hyménium
est lisse ou du moins peu veiné.

Genres. — *Acetabula* Fuck.. (fig. 115), — *Macropodia* Fuck..

3ᵉ Tribu. — *A l e u r i é s.* — Disques sessiles le plus souvent,
rarement veinés au-dessous de la cupule, extérieurement furfuracés, jamais poilus, Thèques bleuissant au sommet par
l'iode.

Genres. — *Lepidotia* Boud., — *Aleuria* Fr., — *Galactinia*
Cook., — *Sarcosphæra* Awersw., — *Sphærosoma* Klotz.. ,
— *Plicaria* Fuck..

1. Voir la note de la page 136 et la page 153.

4ᵉ Tribu. — *Calopézizés.* — Disques le plus souvent sessiles, rarement veinés au-dessous de la cupule finement furfuracés, rarement filamenteux ou poilus, de colorations variées, même noirs. Thèques ne bleuissant pas par la teinture d'iode.

Genres. — *Wynnella* Boud., — *Midotis* Fr.[1], — *Otidea* Fuck., — *Pustularia* Fuck., — *Peziza* Dill., — *Caloscypha* Boud., — *Sarcoscypha* Fr., — *Melascypha* Boud., — *Pseudoplectania* Fuck..

5ᵉ Tribu. — *Lachnés.* — Disques le plus souvent sessiles, rarement veinés au-dessous de la cupule, couverts de poils roides ou flexueux ordinairement bruns.

Genres. — *Leucoscypha* Boud., — *Tricharia* Boud., — *Lachnea* Fr., — *Hydnocystis* Tul.[2], — *Sepultaria* Cook..

32ᵉ Famille. — Rhizinacés.

Ectothécés-sarcodiscés à thèques s'ouvrant par un opercule.

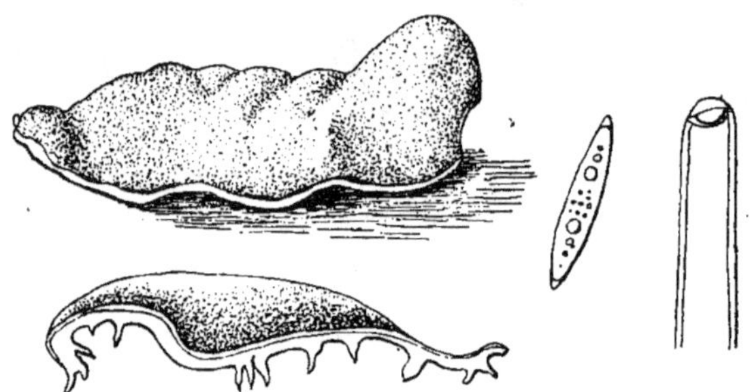

Fig. 116. — Rhizina undulata Fr.
Port, coupe longitudinale, sommet d'une thèque, spore.

Disques simples étalés à terre en lames boursouflées, ondulées, retenues au sol par des processus radiculaires ; disséminés et solitaires ou plus ou moins serrés, parfois confluents ; hyménium d'abord blanchâtre, puis brun clair, enfin brun foncé. Humicoles.

Genre. — *Rhizina* Fr..

1. Le genre *Midotis* Fr., est placé par certains mycologues dans les Dermatéacés. (Voir la note page 162).
2. Voir la note de la page 136 et la page 153.

33° Famille. — HELVELLACÉS.

Ectothécés-sarcodiscés à thèques operculées, à disques portés sur un stipe vertical plus ou moins long, ayant la forme de lames charnues ou céracées, tantôt peltées et simplement attachées par leur centre, libres, entières ou lobées, infléchies de façons diverses, tantôt, au contraire, chiffonnées en une tête gaufrée

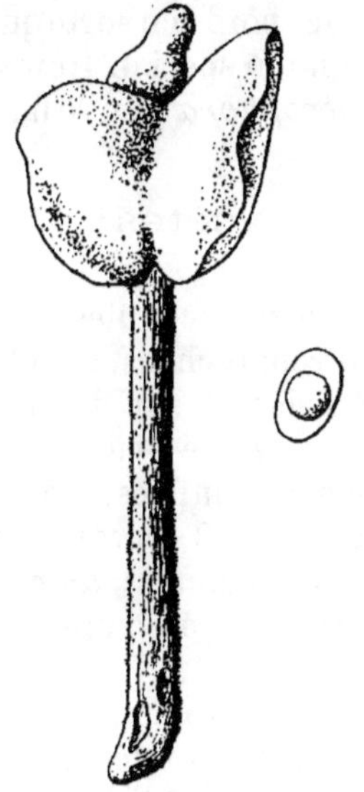

Fig. 117. — *Helvella atra* Kön.

Port grand. natur.; spore.

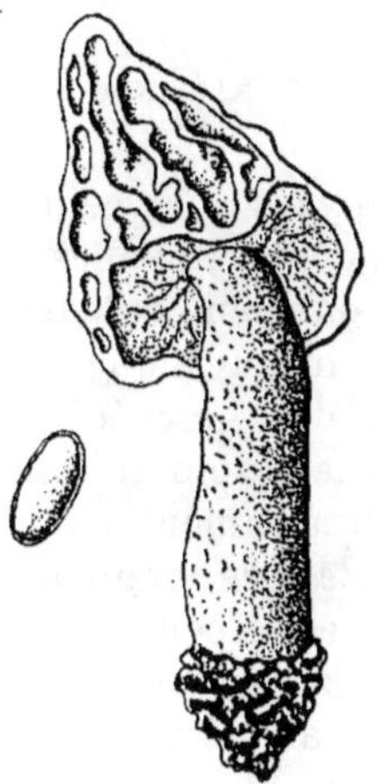

Fig. 118. — *Mitrophora semi-libera* DC.

Port grand. natur.; spore.

recouverte d'un hyménium qui tapisse aussi bien les côtes que les vallécules. Thèques à deux ou huit spores accompagnées de paraphyses. Humicoles.

Deux tribus.

1re Tribu. — *Helvellés.* — Disques peltés fixés par leur centre au sommet du stipe, à bords seulement soudés au stipe.

Genres. — *Physomitra* Boud., — *Helvella* Lin., — *Leptopodia* Boud., — *Verpa* Swartz.

2° Tribu. — *Gyromitrés.* — Stipe supportant un disque ramassé en tête ovoïde ou arrondie, à côtes épaisses, ondulées, contournées, mésentériformes, toujours entièrement adnées au stipe.

Genre. — *Gyromitra* Fr..

34ᵉ Famille. — MORCHELLACÉS.

Ectothécés-sarcodiscés à thèques operculées. Réceptacles coniques ou ovoïdes, à côtes élevées longitudinales et transversales, lui donnant l'aspect réticulé-cellulé. Les larges alvéoles ainsi constituées sont stériles sur les bords en sorte que chacune d'elles est tapissée par un hymenium spécial. Humicoles.

Genres. — *Morchella* Dill., — *Mitrophora* Lév. [1] (fig. 118).

4ᵉ ALLIANCE. — Basidiomycètes[2].

Sporomycés à mycéliums et filaments encellulés, c'est-à-dire, immobiles ; hyphes cloisonnées, rapprochées, simplement feutrées ou bien contextées. Spores naissant sur des basides.

Les basides tels que les comprenait Léveillé sont des cellules spéciales, gorgées de protoplasma, renflées, continues, portant à leur sommet une couronne de 2 à 8 spores rarement plus, ordinairement supportées par des pointes : *acicules* ou *stérigmates*, de longueur variable, restant en communication directe avec la cellule basilaire (fig. 119).

Depuis la création de ce mot on a beaucoup abusé de lui et l'on en est arrivé à l'employer pour désigner toute cellule portant un ou plusieurs corps reproducteurs par l'intermédiaire d'une partie étranglée que l'on représente comme un *stérigmate*[3]. De sorte que le mot baside s'appliquerait aux clinides et aussi à la plupart des cellules fructifères, ou sporophores des Asporomycés. Ainsi compris le mot baside perd complètement sa valeur, aussi ne l'avons-nous pas accepté avec cette interprétation. Néanmoins nous ne nous en sommes pas tenus à la définition rigoureuse de Léveillé, l'enchaînement naturel des groupes nous a forcé à admettre des *basides anormaux* à côté des *basides normaux*. Comme la Nature ne se plie

---

1. Quélet réunit ces deux genres en un seul qu'il nomme *Morilla* Q.

2. Se reporter à ce que nous avons dit plus haut, en particulier aux pages 7, 20 et suiv.

3. Se reporter aux détails donnés page 4 et suiv.

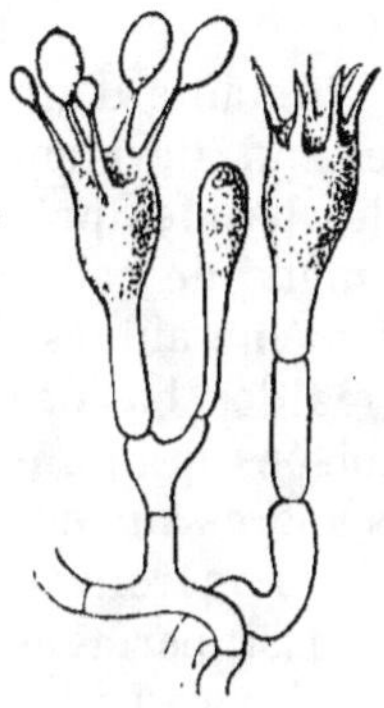

Fig. 119. — *Cantha-
rellus cibarius* Fr.
Basides normaux.

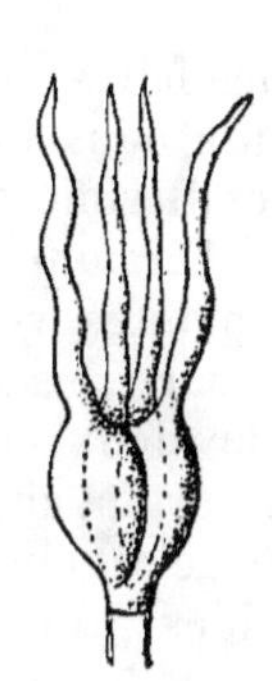

Fig. 121. — *Tremella
viscosa* Berk.
Baside anormal.

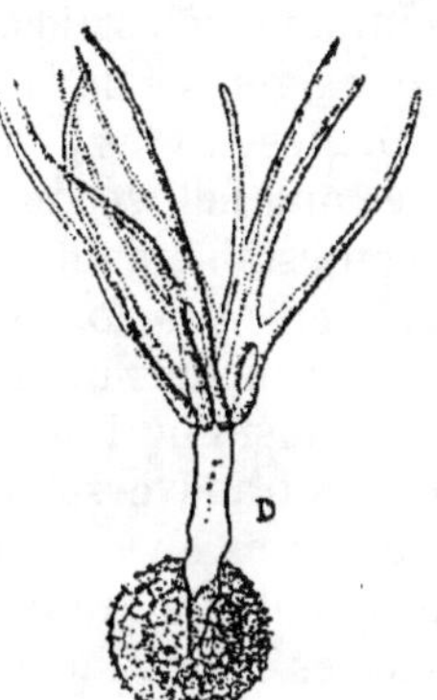

Fig. 124. — *Tilletia
caries* Tul.
Baside anormal.

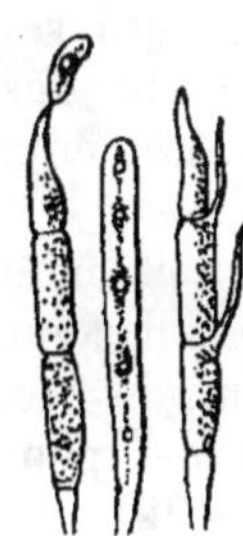

Fig. 120. — *Auricularia
sambucina* Mart.
Baside anormal.

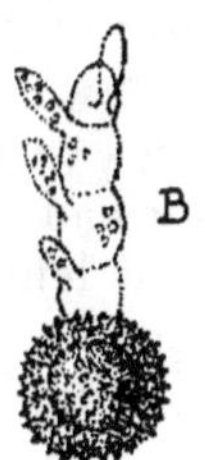

Fig. 122. — *Ustilago
receptaculorum* Fr.
. Baside anormal.

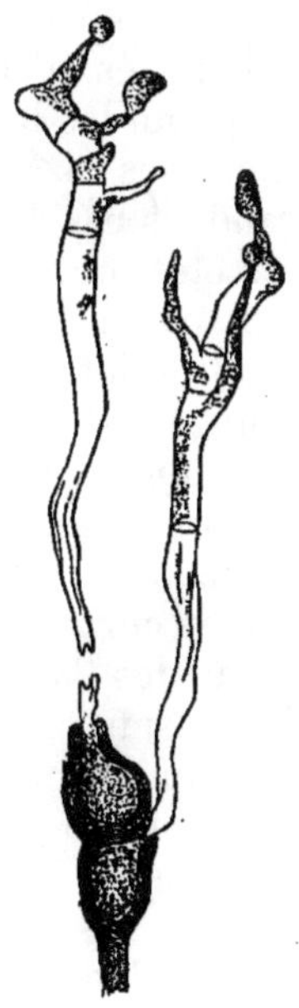

Fig. 123. — *Puccinia
graminis* Pers.
Baside anormal.

point à nos classifications, il faut savoir plier nos classifications aux exigences de la Nature.

Or, les études anatomiques faites depuis une vingtaine d'années ont fait reconnaître que dans des espèces qui devaient incontestablement rester des Basidiomycètes, les basides présentaient des formes qui différaient complètement de celles qu'on rencontrait sur des plantes voisines et même affines : c'est ainsi que l'on trouvait dans les Auriculariés des basides coupés transversalement par deux ou trois cloisons qui limitaient trois ou quatre loges portant chacune des spores sur des stérigmates latéraux (fig. 120) ; c'est ainsi encore que l'on trouvait dans les Trémellacés des basides qui étaient, eux aussi, partagés en deux ou quatre loges comme les Auriculariacés, mais ici les cloisons étant longitudinales et chaque loge portant un stérigmate et sa spore sur le sommet de la chaque loge ce baside anormal, donnait tout à fait l'apparence des basides normaux (fig. 121). Dans ces cas il ne pouvait y avoir d'hésitation : ces basides, pour n'être point de ceux qui répondent à la définition de Léveillé, n'en étaient pas moins des basides ; les Auriculariacés, comme les Trémellacés, ne peuvent cesser de figurer parmi les Basidiomycètes.

Ces prémisses acceptées, pour être logique, on doit, lorsqu'on prend les basides pour point de départ, accepter comme Basidiomycètes tous les Mycophytes qui dans le cycle de leur vie présentent de ces sortes de basides. C'est pourquoi l'on réunit aux Basidiomycètes les *Ustilago* (fig. 122), comme aussi les Pucciniacés (fig. 123), qui ont des basides anormaux disposés comme ceux des Auriculariacés ; et les *Tilletia* (fig. 124), qui possèdent des basides anormaux rappelant, comme forme du moins, ceux des Trémellacés ; en y comprenant aussi les curieux basides des *Sirobasidium* (fig. 125), et, encore, ceux des Calocéracés.

Chez les Basidiomycètes les plus parfaits, ces basides, qu'ils soient vrais ou normaux ou qu'ils soient anormaux, se réunissent, côte à côte en palissade, de façon à ce que leurs sommets arrivent à la même hauteur ou à peu près ; entremêlés souvent de cellules stériles qu'on nomme *cystides ;* basides et cystides forment généralement un *hyménium* plus parfait encore que celui que l'on rencontre dans les *Thécamycètes* (voy. page 130). Ces basides et ces cystides naissent ordinairement d'hyphes plus grosses que les autres, contournées, dont l'ensemble compose une sorte de trame que l'on appelle *zone* ou *couche sous-hyméniale*.

L'hyménium est loin d'avoir toujours cette régularité et cette complication ; et dans bien des cas, c'est en vain qu'on cher- cherait non seulement la trame sous-hyméniale, mais la nappe de basides elle-même. Les basides portés à l'extrémité des filaments fertiles s'épanouissent isolément et assez loin les uns des autres, formant l'*hyménium disjoint* (voy. pages 43 et 44).

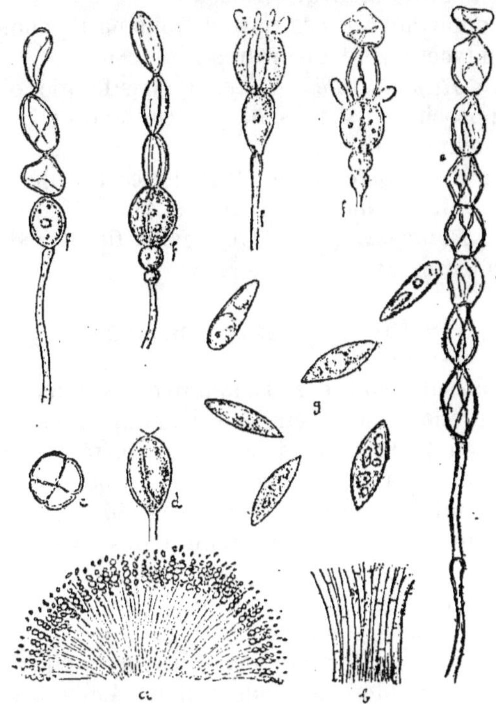

Fig. 125. — *Sirobasidium albidum* de Lagerh. et Pat.

a, coupe longitudinale montrant la disposition générale des éléments ; *b*, filaments du tissu végétatif ; *c*, baside (pseudo), isolé, vu par le haut, montrant ses cloisons ; *d*, baside (pseudo) à cloison oblique ; *e*, un chapelet de huit basides (pseudo) flétris ; *f*, chapelets de basides (pseudo) à divers états de développement ; *g*, spores.

Il est même des cas dans lesquels les basides procédent non plus des extrémités des filaments végétatifs arrivés à la fin de leur existence, mais de spores spéciales : *hypnospores* des Ustilaginacés (fig. 126 et 127), *téleutospores* des Pucciniacés (fig. 9, 123 et 135), qui après une période de repos poussent au dehors le baside dont les spores deviennent le point de départ de la nouvelle génération. Dans ces cas on dirait que les plantes, au lieu de donner de suite leurs basides à l'extrémité des hyphes, ont emmagasiné les protoplasmas qui leur eussent servi à fabriquer des basidiospores pour s'en façonner des *kystes* dont le premier acte, en sortant de leur engourdissement, sera de fournir ces basidiospores avec ces éléments protégés pendant la mauvaise saison.

En nous appuyant sur ces raisons nous partageons l'alliance des Basidiomycètes en trois ordres :

1er Ordre : *Haplobasidés*. — Les hyphes fongiques sont simplement rapprochés, ils ne sont pas contextés ; il n'y a pas, par suite, d'hyménium vrai :

2e Ordre : *Endobasidés*. — Mycophytes tissulés dont l'hyménium est enfermé dans un péridium ;

3e Ordre : *Ectobasidés*. — Mycophytes tissulés dans lequel l'hyménium est exsert.

1er Ordre. — **Haplobasidés.**

Les Haplobasidés sont des Basidiomycètes dans lesquels les filaments mycéliens ou végétatifs sont simplement approchés, enchevêtrés ou feutrés, mais jamais contextés et ne fournissant point, par conséquent, un tissu pour porter les basides. Ces basides sont : 1° normaux, dans la famille des Exobasidiacés, et ils sont produits à l'extrémité des hyphes devenues basidifères ; ou bien ils sont : 2° anormaux, dans les Ustilaginacés, et ils sont alors donnés par une spore de repos *hypnospore* (voy. pag. 39), sorte de kyste qui a protégé contre les périls extérieurs les éléments du baside qu'il se hâte de restituer au retour de la période active [1]. Les spores latérales du faux baside sont pour nous, comme au reste aujourd'hui pour un grand nombre de mycologues, des basidiospores [2].

Les Exobasidiacés sont les plus simples des Basidiomycètes à basides normaux ; ils correspondent aux Taphrinacés chez

1. Un grand nombre de mycologues appellent *promycélium* ce processus que nous appelons baside et que Bréfed nomme *protobaside*, pendant que V. Tieghem donne le nom de *probaside* à notre hypnospore ou spore-kyste. C'est un *contidiophore* pour P. Vuillemin.

2. De Bary les a appelées *hypospores* (nom qu'il ne faut pas confondre avec celui de *hypnospores* ; et Vuillemin en fait des conidies.

les Thécamycètes : *Exobasidium* et *Exoascus* sont homologues. Les affinités des Exobasidiacés ne font de doute pour personne, ils touchent aux Ectobasidés-homobasidés par le genre *Hypochnus* dont les espèces pourraient revenir aux Haplobasidés si certaines d'entre elles, un peu plus parfaites que les autres, ne présentaient pas des réceptacles vraiment contextés.

Quant aux Ustilaginacés leur place est au contraire fort discutée, on ne sait généralement pas trop où les placer dans des classifications qui ont la prétention d'ordonnancer les êtres dans un ordre à peu près naturel. Déjà, d'après ce que nous venons de voir, on peut juger que la vie de ces plantes présente des singularités telles qu'on est fort embarrassé pour leur trouver des alliés bien nettement définis. En effet, ce ne sont point les affinités qui manquent, on est bien plutôt gêné par le nombre de celles qu'on leur reconnaît et qui les réclament. Mais nous ne pouvons insister qu'après avoir indiqué les caractères tout spéciaux que possèdent ces Mycomycophytes.

Deux sous-ordres :

1er *Sous-Ordre*. — HAPLOBASIDÉS-HÉTÉROBASIDIÉS — *Haplobasidés* à basides anormaux.

2e *Sous-Ordre*. — HAPLOBASIDÉS-HOMOBASIDIÉS. — *Haplobasidés* à basides normaux.

1er *Sous-Ordre*. — **Haplobasidés-hétérobasidiés.**

Une seule famille : celle des Ustilaginacés. Les caractères de la famille sont ceux de l'Ordre.

1re Famille. — USTILAGINACÉS[1].

Haplobasidés, parasites-endophytes attaquant les plantes phanérogames terrestres ou aquatiques, parfois marines, aussi bien dans leurs organes de végétation que dans ceux de reproduction : tiges, rameaux, feuilles, enveloppes florales, étamines et ovaires, sont envahis par eux, on les trouve plus rarement dans les racines. Chez les céréales elles déterminent des maladies nommées « Caries » et « Charbons », « Rouilles noires », presque aussi redoutées que celles qui sont dues aux Rouilles proprement dites ou « Rouilles rouges », et celles provoquées par les « Rouilles blanches », Mildew, Oïdium, etc. De ces

---

1. Voir plus haut pages 20 et 21.

Champignons les uns, comme le Charbon du maïs (*Ustilago Maydis* Lév.), attaquent sans distinction tous les organes de la plante, feuilles, tiges, bractées, glumes, etc., etc., tandis que d'autres ont un lieu d'élection, un organe préféré, vers lequel on admet que se rendent les filaments mycéliens pour s'y développer : tel par exemple l'*Ustilago antherarum* Fr., qu'on ne trouve que dans les anthères de certaines cariophyllacées, telle encore la Carie des blés, *Tilletia Caries* Tul., qui ne s'attaque qu'aux ovaires de certaines graminées.

Endophytes, ils envahissent les plantes au moment de leur germination : après avoir pénétré dans la tigelle de l'embryon, puis cheminent à l'intérieur des divers organes, soit en suivant les espaces intercellulaires, enfonçant çà et là des suçoirs *(haustoria)* dans les cellules, soit en transperçant les cellules elles-mêmes. Le tissu de la plante victime s'hypertrophie souvent sous leur action; l'apport des aliments devient plus abondant, mais les sucs qui affluent sont utilisés par l'hôte indiscret qui se crée avec les tissus un faux péridium. Dans quelques cas l'organe attaqué garde ses dimensions et, à première vue, on ne se douterait pas de la présence du parasite, mais, dans d'autres, l'hypertrophie est énorme, on a dans des bractées ou dans des feuilles des tumeurs de la grosseur du poing ou même de celle de la tête d'un enfant. Sous ce logement d'emprunt les filaments se développent, s'enchevêtrent, s'enlacent, tantôt sans ordre aucun comme dans les *Ustilago* (fig. 126); d'autres fois en se feutrant pour donner, comme dans le *Tilletia*, une couche doublant la face intérieure de la cavité; d'autres fois même, rapprochant assez les hyphes pour constituer une fausse membrane sacciforme, comme dans le *Doassansia*. Dans tous les cas on a une *gléba* composée de filaments cloisonnés, remplis de protoplasma, qui, parfois, se serrent et se pelotonnent en petites masses. Quand les réserves sont prêtes et que la sporification doit avoir lieu, la gléba devient malacoïde par suite de la gélification des filaments ; cette gélification se fait à des degrés variables suivant les espèces. C'est

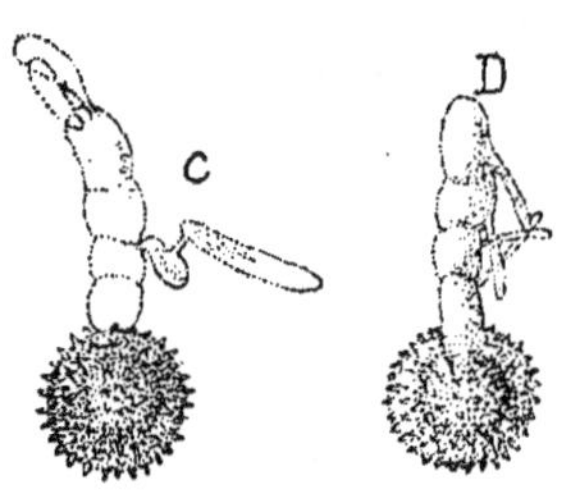

Fig. 126.
Ustilago receptaculorum Fr..
Conjugation des basidiospores.

pendant la gélification que se forment les « hypnospores. »
Celles-ci sont produites de plusieurs façons : 1° ou bien le
protoplasma de chacune des cellules du filament se roule en
globule, s'enveloppe d'une double couche de cellulose à la
façon des chlamydospores des Mucoracés, ex. : *Ustilago*, *Entyloma*, etc. ; 2° ou bien, seules les extrémités des filaments et
de leurs ramifications se renflent, formant ainsi des bouquets
en des points prédestinés de la périphérie, sortes de placentas,
ex. : *Tilletia*, etc. ; 3° ou bien, les hyphes forment des sortes de
nœuds dans la cavité, ex. : *Tolyposporium*. Lorsque les hypnospores sont arrivées à parfait développement la masse est
devenue sèche et le faux péridium se déchire pour leur permettre de sortir, sous forme d'une poussière noire, laissant
dans la cavité vide un capillitium plus ou moins serré, débris
des filaments constitutifs. La pous-
sière noire qui se répand comme de
la suie sur le végétal et sur les objets
environnants peut faire croire qu'ils
ont subi les atteintes du feu, ils semblent brûlés (*ustus*, brûlé) d'où le
nom *Ustilago* et ses dérivés. La poussière qui s'échappe n'est pas toujours
composée de la même façon, toutes
les hypnospores peuvent être isolées,
libres, indépendantes, c'est le cas
des *Ustilago* ; d'autres fois elles sont

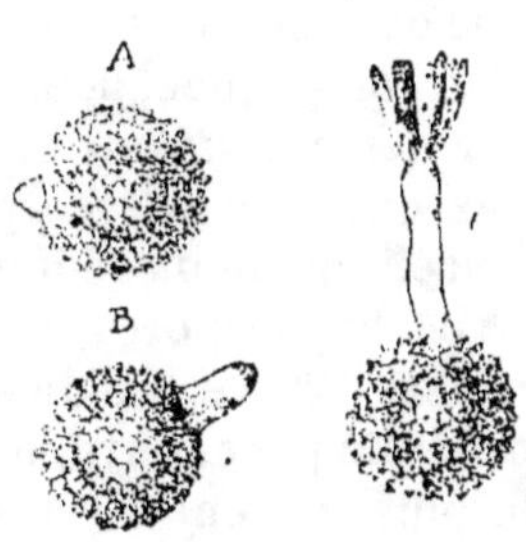

Fig. 127. — *Tilletia*.
Basides.

accouplées deux par deux, comme dans le *Schroeteria*, ou
bien elles sont réunies en masses qui sont nues dans les *Entyloma* et *Tuburcinia*, ou, qui se recouvrent de cellules stériles,
dans l'*Urocystis*.

Les hypnospores qui terminent la vie active de ces Champignons sont violettes ou tirent sur le noir plus ou moins foncé ;
elles sont lisses ou papillées, et encore échinulées ou bien réti-
culées et guillochées. Après un repos d'une durée variable, et
dans des conditions favorables, elles laissent échapper une
cellule qui 1° ou bien se partage, par des cloisons transversales,
en quatre loges portant sur le côté chacune un stérigmate sur-

1. Ce sont ces corps reproducteurs que de Bary a appelé *hypospores*,
d'autres les ont nommés *sporidies* et *sporidioles*. Ces derniers noms ne
peuvent être conservés étant employés avec des significations toutes autres
(voy. pag. 40).

monté d'une spore, *Ustilago*, etc. (fig. **122**, **126**) ; ou bien 2° reste continue et se couronne à son sommet de six, huit, dix spores, *Tilletia* (fig. **124**, **127**). Cette cellule septée ou continue est un baside et chaque spore une basidiospore. Ces basidiospores ont pour caractère de s'unir deux à deux, dans le *Tilletia*, etc., le canal de jonction, très visible entre les deux basidiospores, donne à l'ensemble des deux spores la forme d'un H. (fig. **124**)).

Chez le *Tuburcinia Trientalis* DE BY. et WOR., on trouve des conidies exsertes. Certains filaments percent le faux péridium et arrivés au dehors ils égrènent, une à une, des conidies globuleuses, rappelant ainsi la production conidiale des *Empusa*, *Entomophtora*, etc.

La production du mycélium par les spores des Ustilaginacés est, comme nous l'avons expliqué plus haut, page 39, souvent bien compliquée, nous n'y reviendrons pas, et, sans nous occuper des *répétitions* et *rénovations* qui se produisent à chaque fois que l'un des corps reproducteurs s'essaye à produire un mycélium, nous réduisons ces corps à trois sortes, qui sont : 1° les hypnospores, qui se forment dans les tumeurs charbonneuses ; 2° les basidiospores, qui sont portées par les basides produits par ces hypnospores : basidiospores qui se conjuguent le plus souvent ; 3° les conidies, qui n'ont été jusqu'ici signalées que dans le *Tuburcinia Trientalis*.

On doit comprendre maintenant l'embarras dans lequel se trouve le classificateur pour assigner une place aux Ustilaginacés. Examinons sommairement les principales opinions émises sur ce sujet.

Les anciens, tenant compte surtout de leur mode de vie et de leurs habitats, les associaient aux « Rouilles rouges » et aux « Rouilles blanches » pour les maudire comme fléaux de l'agriculture. C'étaient des ennemis qu'ils accablaient des mêmes malédictions, parce qu'ils les regardaient comme s'alliant les uns des autres pour détruire leurs récoltes. Aussi, quoique Persoon, longtemps après Tragus (Le Bouc), ait distingué les Rouilles noires ou Charbons des autres en leur donnant le nom caractéristique d'*Ustilago*, on trouve, pendant bien des années encore, leurs espèces confondues avec celles des Rouilles rouges ; dans quelques ouvrages même, on a donné les *Ustilago* comme dépendant du genre *Uredo*. Ce n'est qu'en 1847 que Tulasne les détacha un peu sérieusement en créant la famille des Ustilaginacés (Ustilaginées), à côté de celle des Uredinées. Malgré cela, jusqu'en ces derniers temps, on voit les deux familles réunies sous le nom d'Hypodermés, sans que personne ait pensé à rompre des liaisons aussi anciennes et presque aussi justifiées. Les découvertes anatomiques les plus récentes semblent même confirmer ces affinités que, jusque-là, on avait seulement avait accepté d'une manière empirique. Nous trouverons, en effet, dans les Pucciniacés, des spores-kystes ou hypnospores, qui nous rappellent tout à fait celles que nous venons de signaler chez les Ustilaginacés.

Payer, en 1849, paraît avoir été l'un des premiers à rompre la liaison, acceptée par tous, entre les Rouilles rouges et les Rouilles noires (voy. pag. 15). Il les disjoint et pendant qu'il met les *Uredo* (Pucciniacés) près des *Tremella* et des *Exidia*, dans son troisième Ordre des Trichosporés, il transporte les *Ustilago* dans son cinquième Ordre des Myxosporés, près des *Fuligo* et *Stemonitis*. « Tous les Champignons de l'Ordre des Myxosporés, dit-il, ne forment d'abord qu'un mucilage peu consistant au sein duquel nagent librement des spores. Dans les *Ustilago*, ce mucilage disparaît presque complètement, et la poussière des spores est renfermée dans l'organe qu'avaient envahi ces entophytes. Dans les *Fuligo*.....; dans le *Stemonitis*...» Quoique pour nous il y ait une différence capitale entre les Myxomycètes qui possèdent des mycéliums malacoïdes et les Ustilaginacés où les filaments constitutifs sont encellulés, nous ne pouvons qu'être néanmoins frappé du rapprochement indiqué par Payer. Le mode de reptation des hyphes, leur réunion en masses composées, leur consistance glaireuse, en certains moments de leur vie, la copulation des basidiospores, la dissémination de la poussière de corps reproducteurs mélangés à du capillitium, semblent faire des Ustilaginacés des Myxomycètes sédentaires, parasites et endophytes, pendant que les autres seraient plutôt des saprophytes-ectophytes. Les *Plasmodiophora* serviraient de passage entre les uns et les autres. A côté des Myxomycètes libres et vagabonds, ils seraient les espèces prisonnières enfermées dans de faux péridiums rappelant ceux de la série des *Melanconium* parmi les Clinidomycétales.

Au dire de Fischer de Waldheim [1], Luerssen placerait les Usti-

---

1. FISCHER (de Waldheim); Congr. internat. d'Amsterdam, 14 avril 1877, *in* *Rev. Scientif.*, VIᵉ année, 1141.

laginacés près des Entomophtoracés et, toujours d'après le
même mycologue, Bréfeld, dans une communication verbale,
acceptait à la même époque, 1877, cette affinité qui pourrait se
justifier peut-être par la présence, dans le *Tuburcinia Trientalis*, de ces conidies courtes rappelant celles des *Empusa,
Basidiobolus, Conidiobolus*, etc.

De Bary[1], à la même époque, les fait dériver des Chytridiacés.
« les Chytridinés, dit-il, forment le point de départ de deux
séries divergentes dont l'une se termine par les Ustilaginés,
tandis que l'autre, passant par les Mucorés et les Péronosporés,
conduit aux Ascosporés et autres Champignons supérieurs ». Il
met en avant surtout les conjugations des Ustilaginacés qui
rappellent les conjugations analogues si fréquentes chez les
Chytridiacés..... (fig. 124, 126). Les Ustilaginacés se rattacheraient aux Chytridiacés par le *Cladochytrium* et le *Protomyces
macrosporus* qui passent aux *Entyloma*.

E. Heckel et J. Chareyre[2] font, au contraire, dériver les Ustilaginacés des Mucoracés ; ils assimilent les hypnospores formées
dans les filaments aux chlamydospores des Mucoracés inférieurs. « Leur formation endogène, aux dépens du protoplasma
des filaments qui se condense et s'entoure d'une membrane
spéciale, ne permet pas, disent-ils, de doute à cet égard ;
d'ailleurs, si chez la plupart des Ustilaginées, ces spores se
groupent de manière à former des fructifications complexes, il
existe des types chez lesquels ces organes présentent des caractères de simplicité irrécusables, grâce auxquels l'assimilation
ne saurait être douteuse. Chez les *Entyloma*, par exemple, ces
spores se forment sur le trajet des filaments et demeurent
isolées les unes des autres : mises en liberté par la destruction
des tubes qui les contiennent, elles s'accumulent dans les
cavités intercellulaires de l'hôte, et sont plus tard mises en
liberté par destruction des tissus de la feuille ». Ici encore c'est
l'*Entyloma* qui sert de trait d'union.

Tout récemment P. Vuillemin[3], à la suite de considérations
intéressantes, incline à penser que le « promycélium » doit être
regardé comme un conidiophore ; que les Ustilaginés doivent

1. Bary (de), Congr. internat. d'Amsterdam, 14 avril 1877, *in Rev. Scientif.*
VIe année, 1141.
2. Heckel (E.) et Chareyre (J.), *in* Bull. Soc. Myc. de Fr., I, 1885, p. 135.
3. Vuillemin (P.), *Remarq. sur les affin. des Basidiomycètes* (Journ. bot.
Morot., 1893, p. 184.

être exclus des Basidiomycètes, qu'ils doivent être disjoints des Urédinés (Pucciniacés) et que l'on doit les laisser au voisinage des Ascomycètes (Thécamycètes) auxquels les relient les *Protomyces*.

L'opinion qui semble prévaloir est celle qui accepte les Ustilaginacés dans les Basidiomycètes. Certes, les basides des *Ustilago* et les basides des *Tilletia* sont loin de ressembler à ceux des Polyporacés et des Agaricacés; mais les premiers avec leurs cloisons transversales et leurs basidiospores latérales ressemblent à s'y méprendre à ceux des Pucciniacés, voire même à ceux des Auriculariacés (fig. 120, 122, 123). Quant aux seconds qui portent leurs spores au sommet, ne rappellent-ils pas les basides anormaux des Trémellacés (fig. 124) et ne nous font-ils pas songer, par leurs formes, aux basides normaux des Polyporacés et des Agaricacés? (fig. 3, 119, 128, etc.).

De tout cela, il ressort que par suite de leurs affinités multiples, les Ustilaginacés sont réclamés, en même temps, par chacune des quatre alliances de Sporomycés : Siphomycètes, Myxomycètes, Thécamycètes et Basidiomycètes. Il semble donc qu'il soit impossible de concilier des prétentions aussi contradictoires. Pourtant nous espérons y être arrivé, dans la mesure du possible, en plaçant les Ustilaginacés en tête des Basidiomycètes dans l'ordre des Haplobasidés. Car si l'on veut se rappeler qu'aucune classification naturelle ne peut se sérier *linéairement*[1], il sera permis de disposer nos alliances autrement que nous sommes obligé de le faire dans la rédaction d'un livre. Si maintenant on admet avec de Bary que les Chytridiacés sont comme le foyer autour duquel rayonnent tous les représentants de la classe des Champignons, nous pouvons nous représenter les Chytridiacés avec les autres familles de l'alliance des Siphomycètes comme formant le centre d'une figure d'où partiraient sous forme de trois cercles, les Myxomycètes, les Thécamycètes , les Basidiomycètes , tous touchant au centre par les types les plus rudimentaires (voyez plus haut page 14). C'est ainsi que pour les Basidiomycètes, les Haplobasidés amènent les Ustilaginacés au contact des *Plasmodiophora*, Myxomycètes, dans le voisinage des *Cladochytrium*, Siphomycètes auxquels les relient, d'après de Bary, le *Protomyces macrosporus* qui, suivant Vuillemin, les souderait en même temps aux Thécamycètes.

<hr>

1. MARCHAND (L.), *Botanique Cryptogamique*, 1, p. 97, et plus haut. p. 1.

D'autre part, si l'on cherche à se rendre compte des relations que peuvent avoir les Ustilaginacés avec les autres familles de Basidiomycètes, on voit qu'ils sont placés assez près des Pucciniacés pour que les partisans de la conservation du groupe des Hypodermés puissent les réunir; néanmoins nous avons maintenues séparées par l'ordre des Endobasidés les deux familles si longtemps confondues l'une avec l'autre. Nous l'avons fait d'abord parce que les Ustilaginacés avec leurs faux péridiums sont proches voisins des Basidiomycètes à péridium vrai, et lorsque l'on compare un *Doussansia* à un *Gautieria* et qu'on voit que ce dernier terme, le plus rudimentaire, quoique placé dans les Endobasidés manque d'enveloppe, tandis que celle-ci se trouve dans le *Doassansia*, on est tenté de se demander comment l'Ustilaginacé n'est pas plutôt un Endobasidé; et, en effet, il le serait si le péridium contenait des basides et non plus seulement des spores-kystes ou hypnospores. D'autre part, nous n'avons pas réuni les Ustilaginacés et les Pucciniacés, parce que, comme nous le verrons, il existe dans ces derniers des caractères différentiels assez tranchés pour que, sans aller aussi loin que ceux qui les rejettent dans les Myxomycètes ou dans les Thécamycètes, nous nous trouvions justifié d'avoir séparé les deux familles d'Hypodermés par les Endobasidés. La place que nous assignons, ici, aux Ustilaginacés nous semble donc justifiée, au moins pour l'instant, en tête des Haplobasidés mais, pourtant, il peut se faire qu'on trouve mieux.

En présence des réclamations que nous avons vu formuler, il peut arriver qu'au nom de caractères que l'on découvrira on tente de partager le groupe entre les familles qui le réclament. Van Tieghem[1] n'a pas hésité déjà à donner l'exemple de ce démembrement en coupant les Ustilaginacés en deux tronçons, dont l'un prend pour lui le nom de famille des « Ustilagées », qu'il place près des « Pucciniacées » et des « Auriculariées » et dont l'autre reçoit le nom de famille des « Tilletiées » qu'il place bien loin de la précédente entre les « Trémellinées » et les « Agaricacées ».

Pour nous, la famille est divisée en deux tribus :

1re Tribu. — *Ustilaginés.* — Le baside est partagé trans-

---

1. TIEGHEM, (Ph. VAN); sur la classif. des Basidiomycètes, *in* Journ. Bot. de Morot 1893, p. 78.

versalement le plus souvent par trois cloisons qui limitent ainsi quatre cellules ; chacune pousse un stérigmate surmonté d'une spore.

Genres. — *Ustilago* Pers., — *Cintractia* Corn., — *Sphacelotheca* de By., — *Schizonella* Schroet., — *Tolyposporium* Wor., — *Testicularia* Klotz.

2ᵉ Tribu. — *Tillétiés*. — Le baside n'est pas septé, il est continu et porte à son sommet des spores en forme de fils ou poinçons, droites ou un peu courbées, réunies en couronne. Ces spores sont souvent reliées l'une à l'autre vers le milieu de la hauteur par un tube de conjugation.

Genres. — *Œdomyces* Sacc., — *Entyloma* de By., — *Tuburcinia* Fingerh., — *Tilletia* Tul., — *Melanotœnium* de By., — *Entorrhiza* Webb., — *Ustilagopsis* Speg., — *Urocystis* Rabenh., — *Doassansia* Corn., — *Schroeteria* Wint., — *Thecaphora* Fingerh., — *Sorosporium* Rud..

2ᵉ *Sous-Ordre*. — **Haplobasidés-homobasidiés.**

Une seule famille, celle des Exobasidiacés. Les caractères du sous-ordre sont donc ceux de la famille.

2ᵉ Famille. — Exobasidiacés.

Cette famille n'était, il y a quelques années à peine, représentée que par un seul genre *Exobasidium* Wor. genre qui, lui-même, ne comprenait qu'une seule espèce, le *E. Vaccinii* Wor. (fig. 128). Cette plante est pour les Basidiomycètes ce que les *Taphrina* ou les *Exoascus* sont pour les Thécamycètes. Comme cela a lieu dans ces Mycophytes, le tissu atteint par le parasite s'hypertrophie et produit une tache qui occupe toute la feuille la colorant en jaune à la face supérieure et en blanc à la face inférieure. Le mycélium sous-épidermique pénètre dans les cellules du parenchyme des feuilles, les extrémités de ses filaments ressortent et se redressent plus ou moins près les unes des autres, se renflant à leur sommet pour porter quatre ou cinq spores hyalines attachées à autant de stérigmates dressés. Ce sont bien là de vrais basides qui, en se rapprochant ainsi les uns des autres ébauchent un hyménium. Les spores simples au début deviennent bi ou pluriseptées. — Dans ces dernières années on a signalé un nouveau (?) genre. C'est un parasite de la vigne, l'*Aureobasidium Vitis* Viala. Au lieu d'être hyalines comme dans l'*Exobasidium*, les spores semblent jaunes.

Les Exobasidiacés nous font passer aux Théléphoracés par les *Hypochnus* qui, nous le rappelons, seraient des Haplobasidés si certaines espèces, au lieu de ne présenter que des filament épars, libres et indépendants, ne les soudaient de manière à constituer un tissu (voyez page 175).

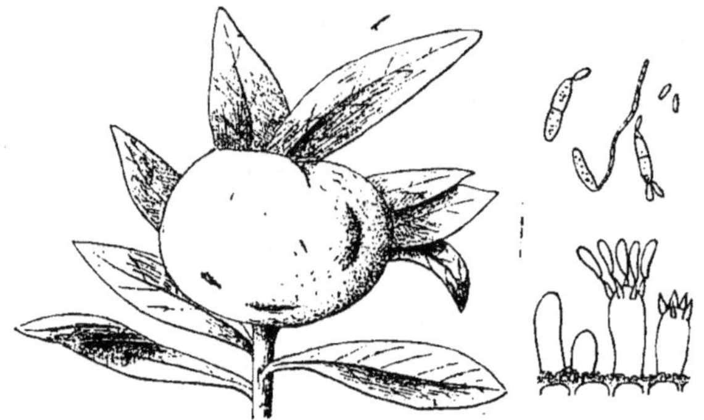

Fig. 128. — *Exobasidium Vaccinii* Fckl. — var. *Rhododendri.*
Port, basides et spores en germination.

Genres. — *Exobasidium* Wor. (fig. 128), — *Aureobasidium* Viala. (fig. 15), — *Microstroma* Niessl, — *Urobasidium* Gies..

2ᵉ Ordre. — Endobasidés.

Les Endobasidés sont des Basidiomycètes dans lesquels les hyphes sont contextés composant des réceptacles en forme de sacs ou poches dans l'intérieur desquels[1], l'hyménium se trouve renfermé. Ces réceptacles plus ou moins sphériques et globuleux sont partagés par des replis qui s'entrecroisent en limitant des logettes plus ou moins larges tapissées par la membrane hyméniale. L'enveloppe est nommée *péridium*, le contenu est dit *gléba*. Le péridium, dans certains cas, est double en sorte que l'on a *endo* et *ectopéridium*. Ce dernier est comme surajouté ; il correspond à ce que nous nommerons la volve

1. Avec les Péridiocarpés, voyez page 135, ils composent les Gastéromycètes de Fries.

chez les Ectobasidés. L'hyménium peut être composé de basides septés ou anormaux ou de basides normaux non cloisonnés. Donc deux sous-ordres :

1er Sous-Ordre. — Endobasidés-hétérobasidiés : Endobasidés à basides anormaux.

2e Sous-Ordre. — Endobasidés-homobasidiés : Endobasidés à basides normaux.

1er Sous-Ordre. — **Endobasidés-hétérobasidiés.**

Endobasidés dans lesquels le péridium, sessile ou stipité, renferme une gléba faite de filaments grêles ou, pour mieux dire très grêles, partant de la base pour aboutir à la périphérie. Basides cylindriques, droits ou courbés, cloisonnés.

3e Famille. — ECCHYNACÉS.

Mêmes caractères : Basides cylindriques, droits ou courbes avec cloisons transversales ; spores colorées, latérales ; péridium fugace.

Un seul genre, le genre *Ecchyna* Fr. dont la seule espèce connue alors fut prise d'abord pour un *Onygena* (*O. faginea* Fr. et Auct.); c'était, par conséquent, un Gastéromycète de

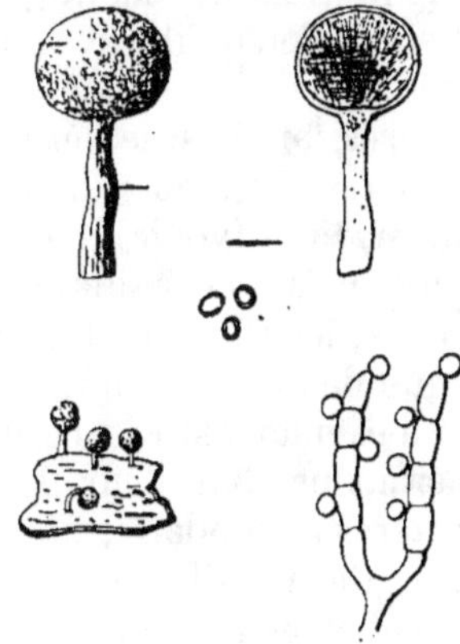

Fig. 129. — *Ecchyna faginea*
(B. et Br.)

En bas, à gauche : port grand. natur. ; en haut : les mêmes, grossis. dont un coupé verticalement; au bas, à droite, pseudo–basides avec spores ; au centre : spores.

Fries; plus tard elle devint un *Pilacre* (*P. faginea* Auct. RECENT.). Depuis on a reconnu : 1° qu'ayant un péridium et des spores non endothécés, ce ne pouvait être un *Pilacre*; 2° que ces spores provenant de basides septées ce devait être un Basidiomycète-hétérobasidé. D'où enfin, cette conclusion que c'était un Endobasidé-hétérobasidié.

Genre. — *Ecchyna* Fr. [1] (fig. 129).

1. D'après E. Boudier, c'est dans ce genre que rentrent *Pilacre faginea* Weinm. et *P. Petersii* Weinm..— *Discomyc. charnus*, in *Bull. Soc. mycol.*, vol. 1er, 1885, page 111.

2ᵉ Sous-Ordre. — **Endobasidés-homobasidiés.**

Endobasidés à basides normaux non septés. Pour tous les auteurs ils composent à eux seuls l'ordre des Endobasidés; ce sont eux qui, plus particulièrement, formaient les Gastéro-mycètes de Fries en s'unissant à nos péridiocarpés.

Les Endobasidés-homobasidiés composent un groupe de cinq familles qui se distinguent tout d'abord les unes des autres par le mode de déhiscence des péridiums qui renferment la gléba. Rappelons d'abord que le péridium peut être simple ou double. Or, dans trois des familles de ce sous-ordre, le péridium, qu'il soit simple ou qu'il soit double, retient enfermée dans sa cavité la gléba jusqu'à complète maturité; tandis que dans les deux dernières familles, le péridium étant composé de deux couches séparables, l'endopéridium, à un moment donné, presse sur l'exopéridium (volve) le déchire, le transperce et vient s'étaler ensuite à l'air et la lumière pour mûrir sa gléba. Dans le premier cas, les Champignons peuvent être dits : endogastrés tandis que dans le second, ils pourraient être désignés sous le nom d'exendogastrés : ce nom rappellant l'évolution singulière s'opérant pendant leur développement. La *gléba* fournit les caractères secondaires qui séparent les familles les unes des autres. Ces familles sont :

1° celle des Hyménogastracés, basides restant enfermés;
2° celle des Lycoperdacés,   —
3° celle des Nidulariés,   —
4° celle des Battaréacés, basides enfermés puis exserts;
5° celle des Phalloïdacés,   —

4ᵉ Famille. — Hyménogastracés.

Endobasidés-endogastrés qui pourraient être définis des Basidiomycètes-tubéracés. On les a souvent confondus avec les Tubéracés-thécamycètes (fig. 3 et 4) : seules les cellules-mères des spores les distinguent; dans les uns on a, en effet, des thèques, tandis qu'au contraire, dans les autres, on a des basides.

Les réceptacles fructifères sont plus ou moins sphériques, bulbeux, hypogés, ou à moitié enfouis dans le sol. Le mycélium est persistant; ils sont péridiés, excepté le *Gautieria*, qui reste *charnu, pultacé*; les péridiums sont simples, indépendants ou bien adhérents; la gléba est creusée de logettes nombreuses, irrégulièrement sinuées sur la surface desquelles s'épanouit l'hyménium. La mise en liberté des spores se fait par la déliquescence et le pourrissement des réceptacles.

Genres. — *Gautieria* Vitt., — *Gymnoglossum* Mass., — *Macowanites* Kalch., — *Hymenogaster* Vitt. (fig. 130), — *Protoglossum* Mass., — *Hydnangium* Wallr., — *Octaviania* Vitt., — *Hysterangium* Vitt., — *Rhizopogon* Fr., — *Melanogaster* Cord. (fig. 3).

5e Famille. — **Lycoperdacés.**

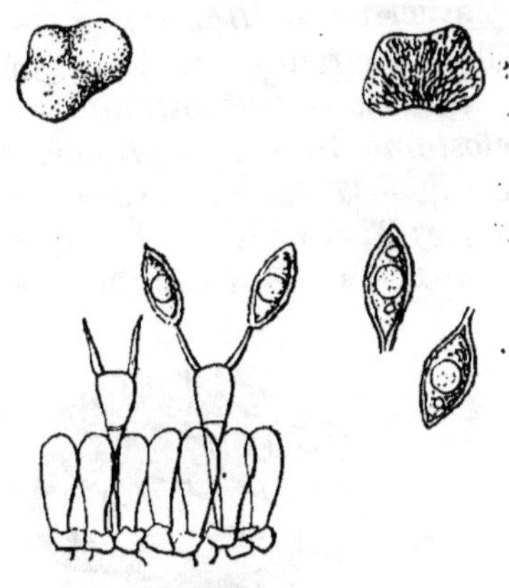

Fig. 130. — *Hymenogaster citrinus* Witt.

Port et coupe gr. nat.; hyménium et spores.

Endobasidés-endogastrés. Réceptacle fructifère le plus souvent non soulevé du sol, mais parfois montrant un pied qui peut dans certains cas devenir assez long. Ce pied est bien chez quelques-uns un vrai stipe; dans le genre *Tulostoma*, par exemple, où il y a deux enveloppes péridiales, le stipe développé à la base entre les deux feuillets déchire, en s'accroissant, l'ectopéridium (volva) et, à travers la déchirure, soulève l'endopéridium. Dans les genres *Astœrus*, *Géaster*, etc., l'ectopéridium s'ouvre, s'écarte, s'étale en laissant à nu l'endopéridium, etc. L'intérieur du réceptacle est composé, comme dans les Hyménogastracés, d'une masse charnue blanchâtre creusée de logettes tapissées par l'hyménium. A la maturité cette gléba se résout en une poussière de spores et un capillitium de fibres tubulaires parfois assez richement ramifiées. — Les Lycoperdacés vivent sur le sol.

Six tribus :

1re **Tribu**. — *Lycoperdés*. — Le réceptacle n'a pas de columelle; il est sessile ou stipité; les cavités de la gléba ne sont pas persistantes, le capillitium est floconneux.

Genres. — *Eriosphœra* Reisch, — *Lanopila* Fr., — *Bo-*

vista Dill., — *Calvatia* Fr., — *Lycoperdon* Tourn., — *Lycogalopsis* Fisch..

2° Tribu. — *Tulostomés*. — Réceptacle sans columelle, sessile ou stipité, ostiolé ou non : l'ectopéridium, lorsqu'il se déchire, est rompu par la poussée de l'allongement du stipe.

Genres. — *Tulostoma* Pers., — *Queletia* Fr., — *Husseia* Berk., — *Mitremyces* Nées.

3° Tribu. — *Géastrés*. — Réceptacle sans columelle sessile, s'ouvrant en étoile par déhiscence naturelle.

Genres. — *Plecostoma* Desvx., — *Geaster* Micheli, — *Myriostoma* Desvx., — *Diplocystis* B. et Curt., — *Diploderma* Link, — *Trichaster* Czern., — *Broomeia* Berk., — *Coilomyces* B. et Curt..

4° Tribu. — *Sclérodermés*. — Réceptacles sans colu-

Fig. 131. — *Secotium acuminatum* Montg.
Port grand. natur.; en coupe verticale à droite.

melles, durs, épais, coriaces; gléba creusée de logettes celluleuses.

Genres. — *Pompholyx* Cord., — *Hippoperdon* Montg., — *Castoreum* Cook. et Mass.. — *Phlyctospora* Cord., — *Scleroderma* Pers., — *Mycenastrum* Desvx., — *Astræus* Morg., — *Xylopodium* Montg., — *Phellorina* Berk., — *Areolaria* Kalch., — *Favillea* Fr..

5° Tribu. — *Polysaccés*. — Réceptacles sans columelles, durs, épais, contenant de nombreux péridioles prisonniers dans les logettes.

Genres. — *Polygaster* Fr., — *Polysaccum* DC. (= *Pisolithus* Alb. et Schw.), — *Arachnion* Schw., — (?) *Paurocotylis* Berk..

6 Tribu. — *Podaxinés*. — Réceptacles columellés; gléba se résolvant en poussière.

Genres. — *Gyrophragmium* Montg., — *Secotium* Kunz. (fig. 131), — *Periplocium* Berk., — *Cycloderma* Klotz, —

Mesophellia Berk., — *Cauloglossum* Grév., — *Podaxon* Desvx., — *Sphæriceps* Welw..

6e Famille. — NIDULARIACÉS.

Endobasidés-endogastrés. Réceptacles fructifères sphériques ou claviformes. Vivant en saprophytes sur les bois, écorces, feuilles pourrissantes. La gléba se transforme en un ou plusieurs péridioles sphériques ou lenticulaires tapissés par l'hyménium qui lors de la maturation, apparaissent, libres ou attachés par un pédicule, au fond du péridium ouvert. Dans le *Sphærobolus*[1] le péridiole est chassé au loin lors de la déhiscence du péridium.

Fig. 132. — *Sphærobolus stellatus* Tode.

Port gr. nat. et basides.

Genres. — *Nidularia* Fr., — *Cyathus* Hall., — *Crucibulum* Tul., — *Dacryobolus* Fr., — *Sphærobolus* Tode (fig. 132).

7e Famille. — BATTARÉACÉS.

Endobasidés - exendogastrés, à volve remplie de mucilage; hypogés puis épigés par suite de l'allongement du stipe qui déchire l'exopéridium (volva) et apporte à l'extérieur l'endopéridium couvert par la gléba pulvérulente dont le capillitium présente des bandes spiralées.

Genres. — *Battarea* Pers. (fig. 133).

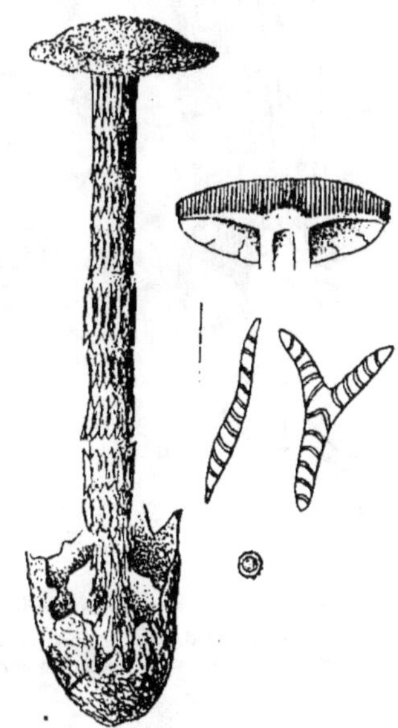

Fig. 133. — *Battarea phalloïdes* Pers.

Port demi-grand. natur.; à droite, coupure verticale du chapeau, filaments du capillitium et spores.

1. Plusieurs Mycologues y joignent le *Thelebolus* (voir note page 166).

8e Famille. — PHALLOIDACÉS.

Endobasidés-exendogastrés : épigés, sur le sol ou sur le tronc des arbres pourrissants. Réceptacles ovoïdes ou sphériques poussant d'un mycélium secondaire dont les filaments sont assemblés en faisceaux de cordelettes (rhizomorphes) qui feraient croire que ces réceptacles sont radicants. — La gléba a le plus souvent, une odeur repoussante et comme cadavérique.

Dans les Phalloïdacés l'arrivée à l'air de l'hyménium ne se fait pas toujours par les mêmes procédés. Dans les uns, en effet, qui sont stipités, l'épanouissement se fait, comme pour les Battaréacés, par l'allongement du stipe et la déchirure de l'enveloppe externe (exopéridium-volva); dans d'autres, au contraire, l'épanouissement à l'air ne se fait que par l'accroissement, l'expansion de l'endopéridium et du contenu.

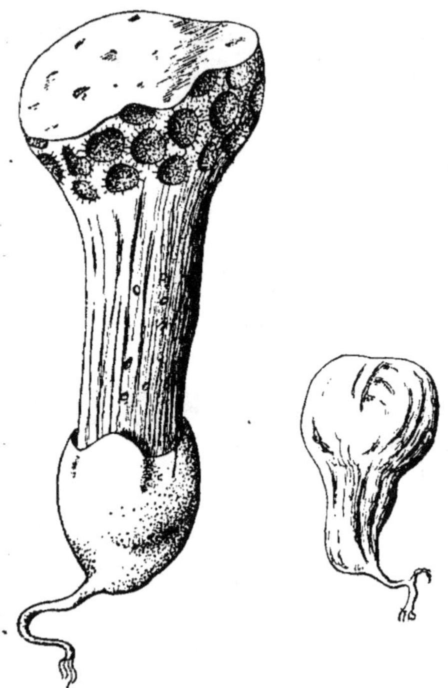

Fig. 134. — *Simblum periphragmoïdes* KLOTZ. Port grand. natur.; à droite, encore enveloppé dans la volve; à gauche un spécimen adulte.

Dans l'un comme dans l'autre cas, le phénomène est préparé par la gélification de la lame interne de l'exopéridium-volva.

Deux tribus.

1re **Tribu.** — *Phalloïdés.* — Après la chute de la volve la gléba est extérieure et l'hyménium recouvre soit directement le sommet du stipe, soit une tête en forme de gland ou de mitre.

Genres. — *Dictyophora* DESVX., (= *Dictyophallus* CORD.),

— *Ithyphallus* Fr. (= *Phallus* Fr., = *Omphalophallus* Kalch.,
= *Satyrus* Bosc.), — *Mutinus* Fr. (= *Corynites* B. et Curt.,
= *Xylophallus* Montg.), — *Lysurus* Fr., — *Kalchbrennera*
Berk..

2e Tribu. — *Clathrés.* — La gléba reste intérieure. Les
divisions de l'endopéridium sont libres ou anastomosées.

Genres. — *Clathrus* Schleck. (= *Ileodictyon* Tul., = *Later-
nea* Turp., = *Ectoclathrus* Fres.), — *Simblum* Klotz (fig. 134),
(= *Colus* Cav. et Séch., = ? *Fetidaria* Montg.), — *Aseroe*
Labil., (= *Schismaturus* Cord.), — *Calathiscus* Montg., —
Anthurus Kalch., (= *Staurophallus* Montg.), — *Phallo-
gaster* Morg. (voy. page 23), — *Aserophallus* Lep. et Montg..

3e Ordre. — Ectobasidés.

Basidiomycètes à hyphes réunis, serrés, formant tissu, à
basides le plus souvent réunis en un hyménium exsert, c'est-
à-dire étalé à l'extérieur. Dans le cas particulier des Pucciniacés on a bien encore un hyménium exsert, mais il est composé
de spores-kystes qui donnent les basides après quelque temps
de repos, comme cela arrive pour ces mêmes sortes de spores
chez les Ustilaginacés.

Les réceptacles sont de formes diverses; aussi l'hyménium,
tout en restant étalé à l'extérieur, ne se trouve-t-il pas toujours
placé de la même façon. Tantôt il est général, alors il recouvre
le réceptacle, en haut, sur les côtés et même en bas quand le
réceptacle est capité : on le dit *amphitrope;* tantôt il ne se
rencontre qu'à la partie supérieure et il est dit *anotrope*;
mais, le plus souvent, chez les Ectobasidés il regarde en bas,
il est *catotrope*[1]. Pour cela le réceptacle se renfle en tête plus
ou moins régulière, qui est bombée sur la face supérieure et est
plane sur la face qui regarde la terre, on dirait un clou fiché
par sa pointe ou un parasol planté par son manche, celui-ci
étant plus ou moins long. C'est sur la face inférieure que s'étale
l'hyménium s'appliquant sur les saillies, s'enfonçant dans les
dépressions diverses qui s'y rencontrent. Ce sont bien là les
« Hyménomycètes » des modernes répondant à ceux de Fries,
un peu modifiés, toutefois (fig. 14).

En général, dans les Ectobasidés, l'hyménium exsert est
catotrope en opposition à ce qu'on observe chez les Ectothécés
où il est le plus souvent anotrope (voyez page 152). Néanmoins

il y a dans les Ectobasidés des cas très rares dans lesquels l'hyménium est réellement anotrope (sans tenir compte des cas exceptionnels tels que les Cyphelles et les Agarics en forme de Pézize qui croissent à la face supérieure des branches, mais qui ont une tendance marquée à redevenir catotropes). Ces cas se rencontrent principalement chez les Théléphoracés resupinés qui croissent sur le sol uni : (ex. *Tomentella cœsia* Pers. et le *T. umbrina* Pers.); il y a même un genre spécial, le *Rimbachia* Pat. (fig. 135), qui est une sorte de Pézize terrestre à hyménium de basides. Ces deux dispositions sont reliées par les espèces où l'hyménium est amphitrope : les Clavaires, et les Trémelles, par exemple.

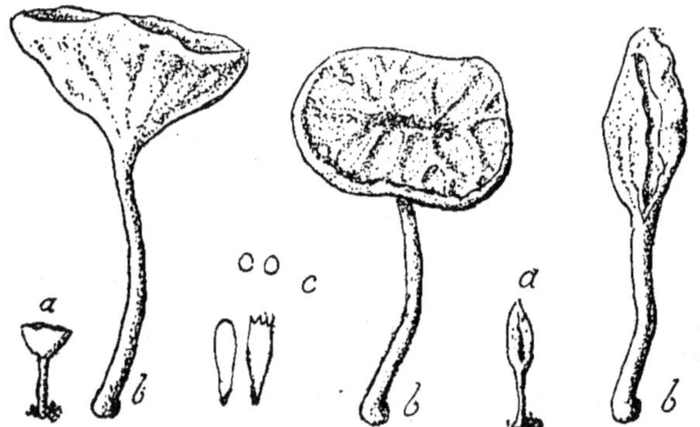

Fig. 135. — *Rimbachia paradoxa* Pat.
a, Port gr. nat.; *b*, port grossi : *c*, basides et spores.

Dans des cas, assez rares au reste, on pourrait croire, aux débuts du développement, que l'on a affaire à des Champignons endobasidés. Les jeunes *Amanita*, entre autres, peuvent être prises pour des Lycoperdons au moment où elles sortent de terre à l'état d'œuf. En effet l'hyménophore ou chapeau et le pied ou stipe se ramènent sur eux-mêmes, le chapeau rabattant ses bords sur le stipe encore très court; le tout étant enveloppé dans un sac fermé de toutes parts qu'on nomme volve (ectopéridium). Si en ce moment on fait une coupe longitudinale on voit, sous la volve, l'hyménophore placé par rapport au stipe dans une position qui rappelle ce qu'on a, soit dans certains Podaxinés à columelle, soit encore dans les Phal-

___

1. Ces qualificatifs de l'hyménium sont dus à Quélet, *Flore Mycol.* 1888.

loïdacés stipités et les Battaréacés avec leurs deux enveloppes emboîtées. De telle sorte que Podaxinés, Phalloïdacés, Battaréacés et Amanites, à ce point de vue se ressemblent beaucoup et, au fond, seraient des Exendogastrés s'il n'y avait pas d'autres caractères pour justifier leur éloignement. Il y a là des passages comme on en constate de tous côtés quand on veut établir une classification.

Les basides que l'on rencontre dans les Ectobasidés sont ou bien anormaux : pseudo-basides, ou bien normaux : vrais basides. Cela nous permet d'établir deux sous-ordres.

1ᵉʳ *Sous-Ordre* : Ectobasidés-hétérobasidiés : Ectobasidés à basides normaux;

2ᵉ *Sous-Ordre* : Ectobasidés-homobasidiés : Ectobasidés à basides normaux.

Iᵉʳ *Sous-Ordre*. — **Ectobasidés-hétérobasidiés.**

Basidiomycètes à hyphes contextés et dans lesquels les basides sont anormaux. Ces basides sont de plusieurs sortes, cela nous permet d'établir quatre familles, qui tout en étant distinctes, sont néanmoins comme enchaînées les unes avec les autres et qui, en même temps, nous font passer au sous-ordre des Ectobasidés à basides normaux (voy. page 170).

Ces quatre familles sont :

1° Les Pucciniacés. — Dans cette famille les basides anormaux par leur mode de production rappellent ceux que nous avons décrits dans les Ustilaginacés. Comme dans ces derniers ils sortent d'une spore-kyste, spore de repos, sous la forme d'un tube court, trapu, partagé par des *cloisons transversales* (fig. 5 ᴀ, 123 et 136 ᴅ), en quatre loges qui donnent chacune une basidiospore latérale;

2° Les Auriculariacés. — Ici les basides sont semblables comme forme à ceux des Pucciniacés (fig. 120 et 137); ils forment sur le réceptacle un hyménium amphitrope. Ils se développent directement, c'est-à-dire sans l'intermédiaire d'une spore-kyste. Toutefois on retrouve la trace de cette spore-kyste dans la cellule inférieure du corps basilaire du *Septobasidium* (*Podobasidium* Lager .) *pedicillatum* (Schwein.) Pat. ; en effet, cette cellule qui a des parois épaisses, ne porte jamais de stérigmates et semble germer pour donner un baside à parois minces, courbé, septé et stérigmatifère. C'est en résumé ce que l'on constate dans les *Uromycés* avec cette différence que la spore-kyste ou téleutospore ne s'est pas détachée du réceptacle comme dans les Pucciniacés ;

3° Les Trémellacés. — L'hyménium est amphitrope comme celui des Auriculariacés, mais les basides qui le forment sont globuleux, à cloisons longitudinales, à basidiospores apicales, rappelant aussi les basides normaux (fig. 124) ;

4° Les Calocéracés. — L'hyménium est toujours amphitrope, il est formé de basides en massue, surmontés de deux cornes pointues portant chacun une spore (fig. 139). On les a pris pour des basides normaux et on les a rapprochés de ceux des Clavariacés, mais ils en diffèrent par le mode de développement et de plus leurs spores, en germant, se comportent comme celles de la plupart des autres Ectobasidés-hétérobasdiés.

9° Famille. — Pucciniacés.

Les Pucciniacés sont les états sporomycés dont la section des *Uredo* (page 93) et celle des *Æcidium* (page 102), nous ont offert les états conidiaux ; leur ensemble constitue les « Rouilles rouges. » Ce que nous avons déjà dit de leur polymorphisme (pages 47 et 48) nous dispense de revenir ici sur ce sujet. Nous avons vu comment les choses se passaient en particulier pour le *Puccinia graminis*, Pers., mais il est bon de remarquer que l'on ne rencontre pas toujours une aussi grande richesse de formes ou que, du moins, il est bien des cas où elles ne sont pas toutes connues, et enfin qu'il s'en faut de beaucoup qu'il y ait toujours hétéroïcité.

Les Pucciniacés s'attaquent le plus souvent aux plantes vivantes. Leur mycélium est sous-épidermique, souvent c'est ce qui reste du mycélium conidifère de l'*Uredo* (voy. pag. 13 et fig. 136 b, c, d). Ce mycélium donne une sorte de stroma, sur lequel se dressent, côte à côte, ou plus ou moins espacés, des filaments fructifères (clinides) accompagnés de filaments stériles (cystides) renflés ou étirés comme de simples paraphyses ; clinides et cystides forment un hyménium rudimentaire ou *clinode*, les filaments fructifères portent des corps reproducteurs : « téleutospores » des auteurs ; ces téleutospores sont des spores-kystes, des spores de repos analogues aux hypnospores des Ustilaginacés. Chaque clinide qui se forme comme il a été décrit plus haut (voy. pag. 12 et fig. 9), chaque clinide, disons-nous, peut ou bien ne porter qu'un seul téleutospore, ou en porter deux (fig. 5 A, 123, 136 D), trois, quatre ou même dix, soudés et superposés en chapelets. Les téleutospores sont hyalines ou orangées, lisses ou alvéolées, ou bien encore échinulées ; elles ont des pores « germinatifs » (voy. pag. 36). En germant chaque téleutospore laisse échapper par ledit pore germinatif un baside qui se conduit comme celui de la tribu des Ustilaginés chez les Ustilagina-cés, c'est-à-dire qu'il se partage en quatre cellules superposées pleurospo-rées, ce qui signifie à spores latérales. Ces basidiospores reproduisent les états conidiaux.

Nous l'avons déjà dit, les « Rouilles rouges » ou *Uredo* et *Æcidium*, les « Rouilles noires » ou Ustilaginacés et les « Rouilles brunes » ou Pucciniacés ont, presque toujours, été associées et, dernièrement encore, on les réunissait sous le nom d'Hypodermés. Pendant bien longtemps, pour admettre cette réunion l'on n'a eu que les caractères tirés de l'habitat et de la nature parasitaire des uns comme des autres ; plus tard on a été amené à constater que leur manière

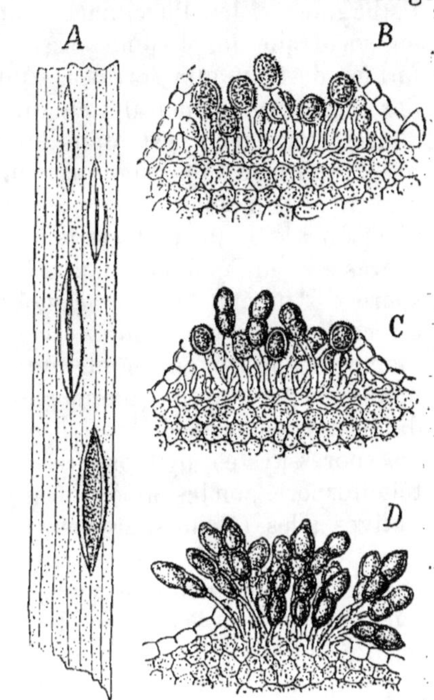

Fig. 136. — *Uredo linearis* PERS. et *Puccinia graminis* PERS.

A, Sores d'*Uredo* sur *Triticum sativum* à divers états, grossi cinq fois ; B, *Uredo* seul ; C, *Uredo* et *Puccinia* mélangés ; D, les *Puccinia* ont remplacé les *Uredo*.

de se conduire au moment de la sporulation les rapprochait encore. Ainsi l'on a vu que, dans les Pucciniacés comme dans les Ustilaginacés, le pseudo-baside provenait d'une sorte de spore-kyste qui ne se développait qu'après un temps de repos variable suivant les cas, ces spores-kystes résumant, pour ainsi dire, les efforts de la nutrition et se réservant de produire en un temps ultérieur les basides qui, dans tous les autres Ectobasidés, terminent la vie du Champignon. Cet ensemble de caractères analogues et singuliers est tel que nous avons longtemps hésité à éloigner les Pucciniacés des Ustilaginacés. Cependant nous nous y sommes décidé pour les raisons suivantes :

a. Contrairement à ce que nous avons constaté pour les Ustilaginacés, les Pucciniacés sont des Mycophytes tissulés : en sorte que les hypnospores viennent sur des coussinets formés de filaments serrés les uns contre les autres, formant des carpostromes bien nettement définis.

b. L'état parfait est, dans les Pucciniacés, précédé d'états préparatoires complémentaires qui évoluent en un ordre qui se montre sensiblement le même pour tous. Dans les cycles complets on a : 1" un état conidial *Uredo* qui donne des urédospores ; 2" un état conidial *Æcidium* qui donne des æcidiospores ; 3" un état conidial *Æcidiolum* qui donne des *spermaties* ou æcidiolispores. Chacun de ces états peut se reproduire lui-même, et donner, en même temps, les deux autres, soit sur la même plante victime (homoœcie) ou sur des plantes victimes différentes (hétéroœcie), en attendant que l'état parfait donne les spores-kystes, hypnospores ici nommées spores ultimes ou téleutospores, en les opposant aux autres qui étaient des spores hatives ; les téleutospores se formant, soit sur le réceptacle ayant déjà porté les premières spores, soit sur un réceptacle propre. On sent bien que, malgré les analogies qu'ont les unes avec les autres, les spores-kystes des Ustilaginacés et celles des Pucciniacés, il y a une certaine différence entre elles : les hypnospores des premiers résument le plus souvent en elles toute la sporulation de chaque plante, tandis que les téleutospores des seconds ont été précédées de sporulations antérieures qui rappellent tout à fait le polymorphisme des Thécasporés.

c. Les spores provenant des basides des Pucciniacés ne copulent pas comme celles produites des basides des Ustilaginacés. Par contre, on trouverait chez les Pucciniacés une zygose interne, une sorte de copulation entre deux noyaux de cellules (?) [1].

d. Certains mycologues font, en outre, remarquer que, tandis

---

1. Cette copulation, décrite par Sapin-Trouffy, rappellerait celle que Dangeard a indiquée dans la Truffe (voy. page 53 et fig. 27).

que le baside des Pucciniacés porte toujours quatre spores, une seule par loge, tandis que celui des Ustilaginacés peut en porter un nombre moindre, parce que le nombre des logettes est, lui-même réduit, ou un nombre supérieur parce que plusieurs spores peuvent naître d'une même loge du baside.

Genres. — *Alveolaria* LAGERH., — *Uromyces* LINK, — *Hemileia* B. et BR., — *Melampsora* CAST., — *Melampsorella* SCHROET., — *Cronartium* FR., — *Trichopsora* LAGERH., — *Michenera* B. et CURT., — *Chrysopsora* LAGERH., — *Puccinia* PERS., *Coleopuccinia* PAT., — *Uropyxis* SCHROET., — *Diorchidium* KALCH., — *Gymnosporangium* HEDW., — *Posidoma* LINK, *Rostrupia* LAGERH., — *Phragmidium* LINK, — *Neobarclaya* SACC., — *Coleosporium* LÉV., — *Chrysomyxa* UNG., — *Pucciniastrum* OTTH., — *Tecopsora* MAGN., — *Calytospora* KUHN, — *Endophyllum* LÉV., — *Miletia* WHITE, — *Pucciniosira* LAGERH., — *Triphragmium* LINK, — *Ravenelia* BERK..

10ᵉ Famille. — AURICULARIACÉS [1].

Ectobasidés-hétérobasidiés à mycélium filamenteux, à réceptacles fructifères gélatineux ou cartilagineux petits ou de taille moyenne. Ils vivent sur le bois mort, parfois sur le sol. Les Mycophytes de cette famille faisaient partie autrefois des Trémellacés, mais ici les basides sont cylindriques, droits ou courbés, portant leurs spores sur des stérigmates latéraux. Les basidiospores germent en se renouvelant.

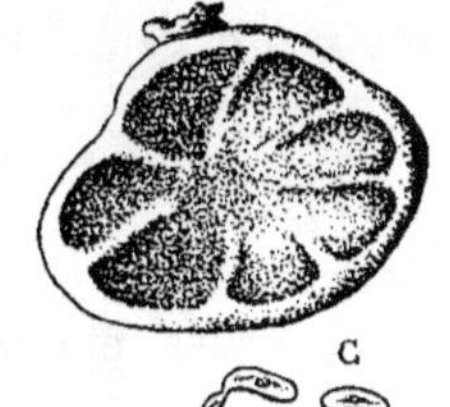

Fig. 137. — *Auricularia sambucina* MART.
Port et spores.
(Voyez la figure 121).

Genres. — *Auricularia* FR. (fig. 137), (= *Hirneola* FR., et *Laschia* FR., pr. p., — *Platyglœa* SCHROET., — *Mycelitopsis* PAT., — *Helicoglœa* PAT., — *Helicobasidium* PAT., — *Septobasidium* PAT..

11ᵉ Famille. — TRÉMELLACÉS.

Ectobasidés-hétérobasidiés, à mycélium filamenteux, à réceptacles fructifères gélatineux ou cartilagineux, de taille moyenne ;

---

1. Le groupe que Quélet nomme *Auricularsi* n'est pas comparable à celui-ci. Voir plus loin la note 1 des Téléphorés.

basides sphériques à cloisons longitudinales, 1—2, se coupant en croix ou nulles ; stérigmates terminaux ; les basidiospores germent en se renouvelant. Ils vivent en saprophytes sur les bois morts.

Genres. — *Delortia* Pat., — *Tulasnella* Schröet., — *Sirobasidium* Pat. et Lagerhn. (fig. 125), — *Heterochœte* Pat., —

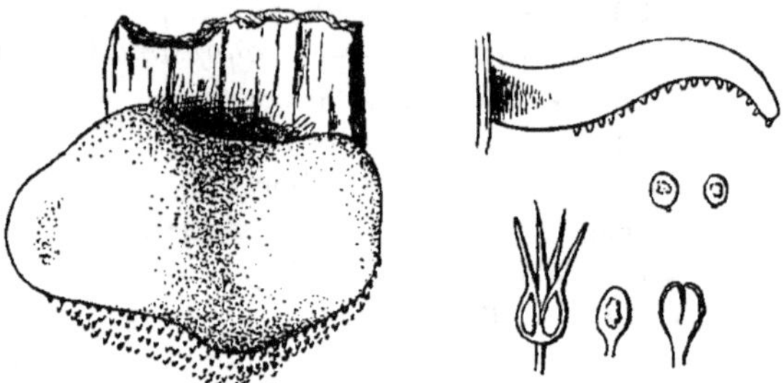

Fig. 138. — *Tremellodon gelatinosum* Fr.
Port, coupe longitudinale, basides et spores.

Sebacina Tul., — *Exidia* Fr., — *Ulocola* Bref., — *Detangium* Karst., — *Tremella* Dill., — *Guepinia* Fr., — *Tremellodon* Pers. (fig. 138).

12° Famille. — CALOCÉRACÉS.

Ectobasidés-hétérobasidiés simples, claviformes ou ramifiés, secs, cornés, entièrement recouverts par l'hyménium ; basides bifurqués ; basidiospores allongées courbées. Ces basidiospores se cloisonnent transversalement, et chaque loge donne une conidie (!) Dans certaines espèces, il y a une seconde forme de conidies en chapelets se désarticulant. Plantes saprophytes sur le bois et les écorces.

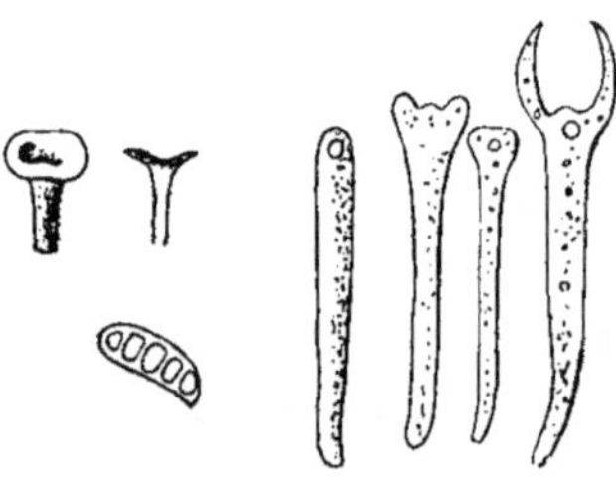

Fig. 139. — *Ditiola conformis* Karst.
Port et coupe longitudinale grand. natur. ;
basides à différents âges ; spore.

Genres. — *Ceracea* Crag., — *Ditiola* Fr., (= *Femsjonia* Fr.), — *Dacryomyces* Nées (= *Arrhytidia* Berk.), — *Guepiniopsis* Pat., — *Dacryomitra* Tul. (= *Dacryopsis* Mass.), — *Calocera* Fr..

2e *Sous-Ordre*. — **Ectobasidés-homobasidiés.**

Dans ces Basidiomycètes, les basides sont normaux : ce sont des cellules continues renflées dont le sommet se couronne de deux, quatre (c'est le nombre qu'on rencontre le plus fréquemment), six, huit et quelquefois neuf spores portées chacune par un stérigmate plus ou moins long, manquant rarement.

Ce sous-ordre comprend cinq familles d'importance bien inégale. On les distingue facilement les unes des autres, à la disposition que prend l'hyménium. Dans la famille des Clavariacés, il est amphitrope, c'est-à-dire qu'il tapisse tout l'extérieur du réceptacle ; dans les autres, il est catatrope, c'est-à-dire qu'il est tourné du côté du sol, il est protégé par un hyménophore bien souvent en forme du parapluie, qu'il tapisse en dessous. Lorsqu'il est lisse, étalé et tendu, on a la famille des Théléphoracés ; s'il se relève sur des pointes ou des aiguillons, on a la famille des Hydnacés ; s'il plonge dans des tubes plus ou moins larges ou plus ou moins profonds, on a celle des Polyporacés ; dans les Agaricacés il recouvre des feuillets plus ou moins écartés ou des plis plus ou moins épais. Les spores sont incolores (leucospores) ou colorées (chromospores)[1].

13e Famille. — CLAVARIACÉS [2].

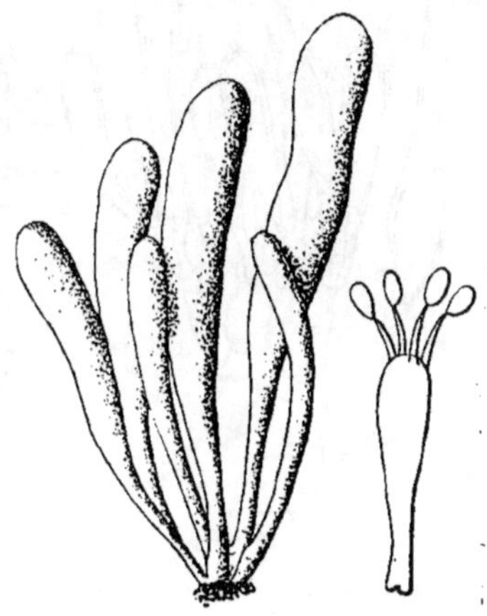

Fig. 140. — *Clavaria argillacea* Fr.
Port grand. natur.; baside.

Basidiomycètes-ectobasidés-homobasidiés à hyménium amphitrope. Spores blanches incolores ou colorées. Réceptacles claviformes, stipités ou non ;

---

1. La plupart des mycologues sont d'accord pour prendre, pour les Agaricacés, la couleur des spores comme base de la subdivision en tribus. Patouillard, dans ses *Hymomycètes d'Europe*, a procédé de même pour les autres familles d'Homobasidés.

2. Quélet (*Enchiridion*), y fait rentrer le genre *Calocera* qu'avec Patouillard nous avons classé dans les Ectobasidés–hétérobasidiés. Pour Quélet le genre *Clavaria* a comme sous-genres : *Syncoryne, Holocoryne, Ramaria*, et *Clavariella*. Ces deux derniers se trouvent, ici, élevés à la dignité de genres.

ramifiés ou non, verticaux, charnus, ou fibreux. Ils croissent sur le sol, plus rarement sur le bois, sur des tiges vertes, sur des feuilles pourrissantes, etc.

Genres. — *Pterula* Fr., — *Lachnocladium* Lév. (= *Eulachnocladium* Pat.), — *Physalacria* Peck, — *Typhula* Pers., — *Ceratella* Q., — *Hirsutella* Pat., — *Pistillaria* Q., — *Pistillina* Q. (incl. *Sphærula* Pat.), — *Clavariella* Karst, — *Clavaria* Fr. (fig. 140), — *Ramaria* Fr., — *Sparassis* Fr. [1].

14° Famille. — Théléphoracés.

Basidiomycètes-ectobasidés-homobasidiés, à hyménium catotrope, à surface hyméniale lisse ou à peine rugueuse. Réceptacles parfois petits, aplatis, en forme de croûtes, d'éventails, de coquilles, de cupules, de calices...; tantôt dressés et verticaux, tantôt penchés et retombants. — Ils croissent sur le bois ou les écorces; ils sont rarement humicoles.

Genres. — *Rimbachia* Pat. (fig. 135), — *Cyphella* Fr., — *Phæocyphella* Pat., — *Hypolissus* Montg., — *Solenia* Hoffm., — *Malacodermum* Fr., — *Stereum* Fr., — *Gloïocephala* Mass., — *Skepperia* Berk., — *Hymenochæte* Lév., — *Asterostroma* Mass., — *Thelephora* Ehr., — *Coniocladium* Pat., — *Dendrocladium* Pat., — *Phylacteria* Pers., — *Cristella* Pat., — *Cladoderris* Pers., — *Lopharia* Kalch. (= *Thwaitesiella* Mass.), — *Corticium* Fr., — *Peniophora* Cook., — *Kneffia* Fr., — *Hypochnus* Fr. (fig. 141), — *Coniophora* Pers., — *Tomentella* Pers., — *Aleurodiscus* Rabenh. (fig. 6 et 28) [2].

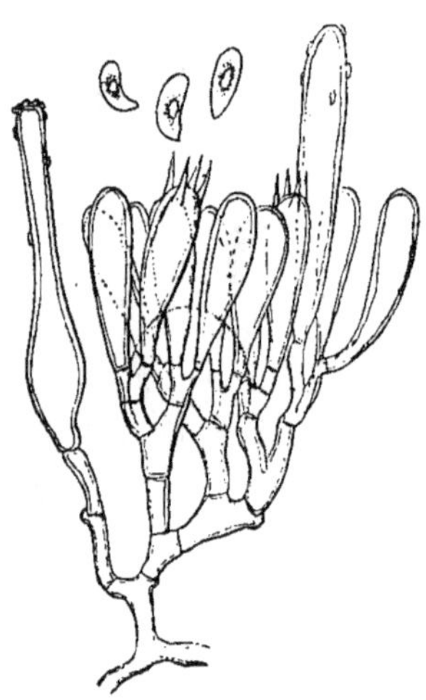

Fig. 141. — *Corticium tenue* Pat.
Basides, cystides et spores.

---

1. Léveillé admettait, en outre : 1° le genre *Gomphus* Pers. qu'on a reconnu être un état imparfait de *Cantharellus;* 2° le genre *Merisma* Pers. qui est un Polyporacé; 3° le genre *Crinula* Fr. qui rentre dans les Discomycètes (page 161).

2. Quélet (*Ench.*) admet en outre dans ce groupe, auquel il donne le nom de Phlébophorés, les genres *Auricularia* Bull. (voy. Ectobasidiés-hétéroba-

15° Famille. — HYDNACÉS.

Basidiomycètes-ectobasidés-homobasidiés à hyménium catotrope, à surface hyméniale hérissée de pointes, aiguillons
ou crêtes; spores blanches ou colorées. Réceptacles fructifères
étalés (comme des croûtes) ou en forme de parapluies ou de

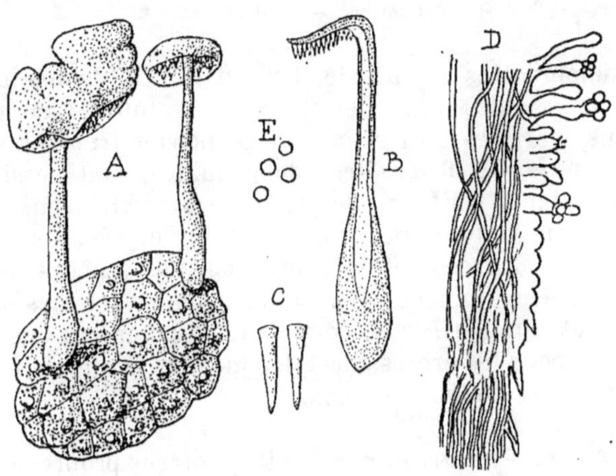

Fig. 142. — *Hydnum auriscalpium* LIN.
A, port grand. natur.; B, coupe longitudinale grand. natur.; C, aiguillons;
D, constitution d'un aiguillon; E, spores.

chapeaux stipités, plus rarement coralloïdes (rameux); charnus,
subéreux ou parcheminés. Ils sont lignicoles ou humicoles.

Genres. — *Hydnum* LIN. (fig. 142), — *Hericium* PERS., —

sidiés), *Phlebia* Fr. (pour nous, Hydnacé) et *Phlogiotis* Q. (pour nous, *Guepinia*
Fr.). Dans sa Flore il les divise en deux groupes : le premier, **Frondini**, com-
prend *Hypochnus* Fr., *Coniophora* Pers..., *Exobasidium* Wor., *Phlebia* Fr.,
Stereum Pers., *Phlogiotis* Q., *Sparassis* Fr.; le second, **Cyathini**, comprend :
Auricularia Bull., *Cytidia* Q., *Calyptella* Q., *Cyphella* Fr, *Solenia* Hoff..
Ces deux groupes réunis forment la famille des Auriculariés. Le genre *Thele-
phora* Ehr., est pour lui un Hydnacé.
Certains auteurs ajoutent les genres *Cora* et *Dichonema* ou *Dictyonema* qui
sont des Lichens.
Pour Forquignon (*Champ. supér.*) le genre *Cladoderris* n'est qu'un *Thele-
phora* ; le même auteur rapproche des *Corticium* le genre *Stigmatolemna*
Kalch. (= *Porothelium* Fr.) et, avec doute, *Michenera* B. et Curt., pour nous
Puccinacé, et l'*Artocreas* B. et Bn. que l'on fait rentrer dans le *Michenera*.
Certains mycologues réunissent le *Beccariella* Ces. au *Cladoderris* Pers.,
d'autres, de même, réunissent au *Corticium* Fr. les genres *Peniciphora* Cook.
et *Kneffia* Fr.

Dryodon Q., — *Sarcodon* Q., — *Pleurodon* Q., — *Calodon* Q., — *Leptodon* Q., — *Asterodon* Pat., — *Odontia* Fr., — *Caldesiella* Sacc., — *Phlebia* Fr., — *Hymenogramma* B. et Montg., — *Grammothele* B. et Curt., — *Grandinia* Fr., — *Sistotrema* Pers., — *Irpex* Fr., — *Radulum* Fr., — *Mucronella* Fr. [1].

<h3 style="text-align:center">6e Famille. — Polyporacés.</h3>

Basidiomycètes-ectobasidés-homobasidiés; l'hyménium catotrope, tapisse des trous, des alvéoles, des tubes. Champignons charnus, coriaces ou ligneux; à réceptacles fructifères tantôt plans, en forme de croûtes, de coquilles, soit sessiles soit stipitées, tantôt en forme de parapluie avec chapeaux à stipes centraux ou excentriques, plus ou moins élevés. Ils croissent sur le bois, les écorces et sur le sol. Les espèces ligneuses vivent plusieurs années ; alors les couches hyméniales se superposent, et l'on peut, en les comptant, supputer leur âge comme on le fait pour les arbres dicotylédonés, en comptant les zones concentriques de tissu ligneux.

Deux tribus [2].

1re Tribu. — *Polyporés*. — Polyporacés proprement dits : les tubes qui garnissent la surface hyméniale ne se séparent pas entre eux et sont adhérents au reste de l'hyménophore, étant homogènes et comme sculptés dans la trame.

Genres. — *Cyclomyces* Fr., — *Dœdalea* Pers. [3], — *Hexagonia* Poll., — *Favolus* Fr., — *Myriadoporus* Peck, — *Trametes* Fr. [4], — *Placodes* Q., — *Fomes* Fr., — *Ganoderma* Karst., — *Polyporus* [5] Micheli, — *Leucoporus* Q., — *Pelleporus* Q., — *Melanopus* Pat., — *Cerioporus* Q., — *Clado-*

---

1. Quélet (*Fl. Mycol.*) admet en outre dans ce groupe le genre *Thelephora* Ehr., placé par nous dans la famille des Théléphoracés et *Trémellodon* que nous avons classé dans les Trémellacés.

2. Quélet (*Fl. Mycol.*) divise sa famille des Polyporiés en deux tribus : 1° Porophorées; 2° Bolétées. Il fait rentrer dans la première le genre *Lenzites* Fr. que nous classons dans les Agaricacés; précédemment (*Ench.*), il les y plaçait lui-même à côté des *Schizophyllum*.

3. Les *Ceriomyces* Batt., d'après les recherches récentes, seraient des états imparfaits de quelques *Dædalea* (voyez Asporomycés, page 95).

4. Ce genre pour certains mycologues se divise en deux sous-genres : 1° *Eutrametes* ; 2° *Pycnoporus* Karst..

5. Les *Ptychogaster* seraient le plus souvent des états imparfaits : des Asporomycés, de *Polyporus* (voy. page 97).

meris Q.[1], — *Polystictus* Fr. pr. p., — *Leptoporus* Q., — *Spongipellis* Pat., — *Coriolus* Q., — *Inonotus* Karst., — *Inodermus* Q., — *Poria* Pers., — *Poroptyche* Beck, — *Xylodon* Karst., — *Fistulina* Fr., — *Porothelium* Fr., — *Laschia* Fr. (fig. 143), — *Merulius* Fr., — *Glœoporus* Montg., — *Bresadolia* Speg., — *Gyrophana* Pat., — *Campbellia* Cook. et Mass., — *Mycodendrom* Mass..

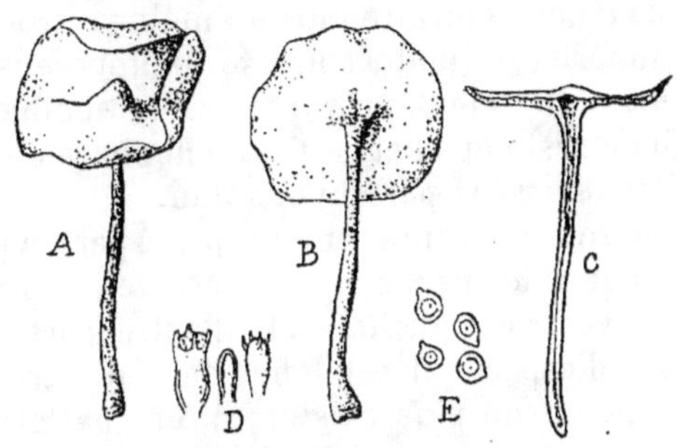

Fig. 143. — *Laschia clypeola* Pat.
A, B, port grand. natur.; C, coupe grand. natur.;
D, basides; E, spores.

2e Tribu. = *Bolétés*[2]. — Polyporacés dans lesquels les tubes mucilagino-gélatineux garnissant la face hyméniale et l'hyménophore qui les porte étant hétérogènes sont faciles à disjoindre sous la pression ; ils se séparent aussi les uns des autres avec la plus grande facilité.

Genres. — *Boletinus* Kalch., — *Strobilomyces* Berk., — *Gyrodon* Opat., — *Boletus* Fr., — *Tylopilus* Karst., — *Gyroporus* Q..

1. Quélet divise les espèces du genre *Cladomeris*, en 1° **carnosi**, 2° **lenti**, 3° **caseoli**, 4° **suberosi**.

2. Patouillard donne les Bolétés comme une tribu d'Agaricacés : Payer (Bot. Crypt., 1859), avait déjà opéré ce rapprochement. Patouillard, autour du genre *Boletus* range tous ceux admis ici par nous; il caractérise sa tribu par: « Hyménium mou, facilement séparable de l'hyménophore entièrement poreux.» Il regarde les pores comme dérivés de lames rayonnantes anastomosées.

Quélet (*Fl. Mycol.*) admet cette tribu dans les Polyporés; il y fait trois séries avec huit genres : 1re série, **paradoxi** : *Dictyopus* Auct. (= *Phylloporus* Q.), *Euriporus* Q. — 2e série, **viscipelles** : *Uloporus* Q., *Ixocomus* Q. (divisé en 2 sous-genres *Gymnopus* Q. et *Peplopus* Q.). — 3° série, **versipelles** : *Aerocomus* Q., *Dictyopus* Q., *Gyropus* C., *Eriocoris* Q..

17ᵉ Famille. — AGARICACÉS.

Basidiomycètes-ectobasidés-homobasidiés à hyménium catotrope tapissant des lames, des veines ou des plis de l'hyménophore. Spores blanches et spores colorées.

Le chapeau ou hyménophore est ordinairement épais, en
forme de parasol (fig. 14, 143, 144, 145, 146), à bords plus ou
moins infléchis ou au contraire plus ou moins retroussés et, par
suite, à face supérieure, tantôt convexe, tantôt creusée et dépri-
mée à son centre. Dans le *Montagnites*, il ne semble pas y avoir
de chapeau, il ne reste en effet de l'hyménophore que des lames
destinées à être tapissées par l'hyménium.

L'hyménophore est, ordinairement, porté par un pied central
ou stipe, sur lequel le disque semble être en équilibre ; mais
ce pied peut devenir excentrique et, d'autre part, si dans un
certain nombre d'espèces il est long, dans d'autres il devient
si court qu'il paraît ne plus exister ; enfin, parfois il n'existe
pas réellement, et le chapeau s'attache directement sur le corps
qui le supporte par un de ses bords élargis et épaissis. La
couleur et les ornementations de la face supérieure de ces
chapeaux varient suivant les espèces.

Les lames qui occupent la face inférieure sont simples (rarement rameuses ou anastomosées), elles se dirigent du bord
du chapeau vers le stipe, et sont rayonnantes ; il en est qui ne
l'atteignent pas, mais, la plupart du temps, elles viennent s'y
attacher. On leur décrit : 1° un bord supérieur, celui par lequel
elles tiennent au tissu de l'hyménophore ; 2° un bord libre, le
plus souvent mince et tranchant, égal ou denticulé, d'autres fois
épais, et, par exception, fendu de manière à présenter deux
lèvres ; 3° une extrémité antérieure qui est celle qui touche au
bord ; enfin 4° une extrémité postérieure ou talon qui avoisine
le stipe et qui, tantôt se fond en son tissu, tantôt descend sous
son insertion et devient décurrente, tantôt, au contraire, n'atteint pas le stipe et reste à distance.

Dans quelques Champignons des mieux doués on trouve, au
début, toute la masse fructifère : pied et hyménophore, enfermée
et protégée par un sac qu'on nomme *volva* ou *volve*. Sous la
pression de la poussée d'accroissement, ce sac se déchire, laissant à la base une *gaine* ou *vaginule* ou un simple bourrelet,
et, d'autre part, emportant le reste sous forme d'une membrane

plus ou moins serrée, se partageant en lambeaux qui se détachent ou adhèrent à la surface supérieure du chapeau ou qui
disparaissent sous forme de peluche ou de fine poussière. Sous
ce sac *extérieur* (voile général), on en trouve un autre qu'on
dit *voile partiel*, qui peut exister seul ou se rencontrer en même
temps que le premier. Celui-là réunit le pied au bord de l'hyménophore : tantôt il est membraneux, tantôt il est floconneux.
Dans le premier cas, quand il se rompt parsuite de l'extension
de l'hyménophore il laisse une *collerette* ou *anneau* autour du
stype à une hauteur variable ; dans le second cas, il se fond
en filaments aranéeux qui composent ce qu'on nomme *cortine*.

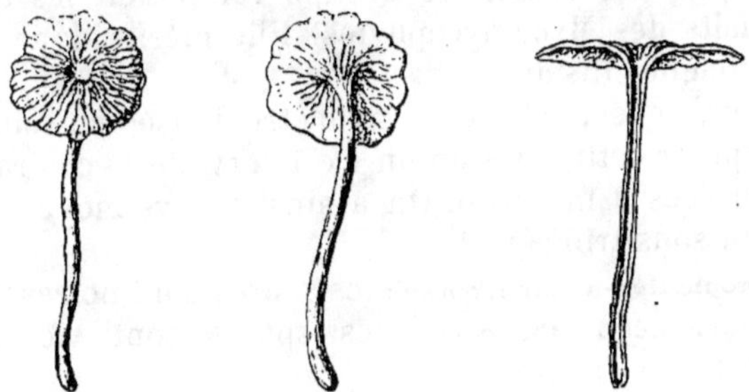

Fig. 144. — *Craterellus rugulosus* PAT.
Port et coupe longitudinale grand. natur.

Cette famille est de beaucoup la plus connue des Basidiomycètes comme nombre de représentants, et ensuite parce
qu'elle renferme la plupart des types que tout le monde connaît
sous le nom de Champignons.

Les espèces sont charnues, coriaces ou ligneuses, elles vivent
sur le sol, sur le bois et les écorces des arbres, le fumier, etc.,
etc. Il en est qui, brisés, laissent couler un suc blanc laiteux,
d'autres des sucs jaunes ou rouges qui sont produits dans des
cellules dites lacticifères (voyez page 35).

Deux tribus. [1]

1ʳᵉ Tribu. — *Ptychophyllés* [2]. — Agaricacés dans lesquels
l'hyménium tapisse des plis flabelliformes, souvent dichotomes,

---

1. Patouillard (*Hymén. d'Europe*) admet quatre Tribus : 1° *Agaricés*, 2° *Can-
tharellés*, 3° *Paxillés*, 4° *Boletés*. Nous avons gardé les Boletés dans les Polyporacés ; quant aux Paxillés, ils font partie des Leptophyllés-phéosporés.

2. Quélet élève cette tribu à la dignité de famille ; il y fait rentrer le genre
Merulius.

à divisions libres ou anastomosées. Réceptacles dressés, parfois roulés en cornet, en conque ou en coupe.

Genres. — *Cantharellus* Adans., — *Craterellus* Fr. [1] (fig. 144), — *Nevrophyllum* Pat., — *Trogia* Fr., — *Arrhenia* Fr., — *Dictyolus* Q. [2], — *Nyctalis* Fr., — *Geopetalum* Pat..

2ᵉ Tribu. — *Leptophyllés.* — Agaricacés dans lesquels l'hyménium tapisse des lames. Réceptacles en forme de parapluie ordinairement stipités mais parfois sessiles.

Cette tribu a une importance très grande en raison du grand nombre d'espèces qu'elle renferme, et aussi en raison de l'intérêt tout particulier que lui portent les mycologues. Elle est regardée par tous comme le groupe réunissant les types les plus parfaits des Mycomycophytes. Elle mérite donc de nous arrêter quelques instants.

Très nombreuse, cette tribu a du être divisée en sous-tribus, et pour opérer cette division on s'est servi de la coloration des spores arrivées à maturité. On a ainsi trouvé moyen de composer cinq sous-tribus :

1° **Leptophyllés-mélanosporés** : les spores sont noires:

2° **Leptophyllés-ianthosporés** : les spores sont violacées ou pourprées ;

3° **Leptophyllés-phéosporés** : les spores sont ochracées-jaunes ;

4° **Leptophyllés-rhodosporés** : les spores sont roses ;

5° **Leptophyllés-leucosporés** : les spores sont non colorées.

Quelques auteurs réunissent les quatre premières sous-tribus sous l'appellation commune de *chromosporés* que l'on oppose aux *leucosporés* formant la cinquième. Au dire de certains auteurs, la coloration des spores, laisserait à désirer, mais jusqu'ici on n'a pas pu trouver mieux.

Pour établir les genres on s'est servi de caractères assez faciles à observer ; ainsi la forme générale, la couleur et l'état de la surface du chapeau ou hyménophore ; la longueur du stipe, son épaisseur, sa forme et sa structure, sa position par rapport au chapeau, son absence quelquefois : la présence ou l'absence d'une volve, d'une collerette ou anneau, d'une *cortine*. On a plus particulièrement insisté :

1° *Sur la structure comparée* du stipe et du chapeau. Dans

---

1. Pour Forquignon (*loc. cit.*) *Phlebomorpha* est synonyme de *Craterellus*, ce qui a été confirmé depuis par Patouillard.

2. Quélet partage son genre *Dictyolus* en 2 séries : 1° **bryophylli**, 2° **lignatiles.**

certains cas en effet le tissu est le même pour les deux organes ;
le chapeau fait suite au stipe sans ligne de démarcation, et il est
difficile de séparer l'un de l'autre. Ces espèces sont dites
homogènes. Dans d'autres le tissu du chapeau est différent de
celui du pied, les espèces sont dites *hétérogènes*, on les reconn-
naît à la facilité de séparer l'hyménophore du pied qui le supporte.

2° *Sur les rapports réciproques* des lamelles et du stipe.
Les lamelles peuvent, en effet, par leur base ou talon, être

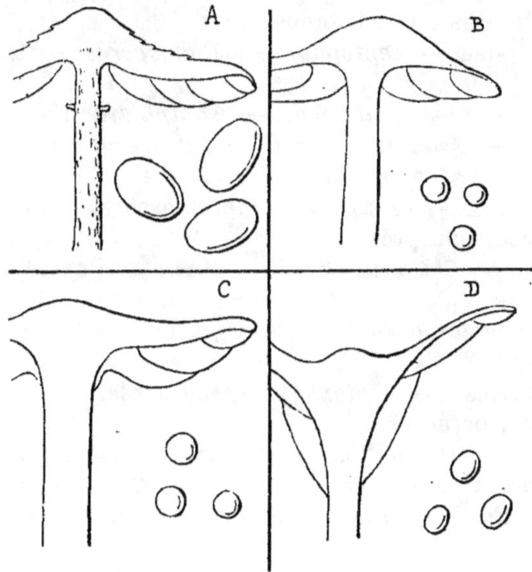

Fig. 145. — Insertion des lames chez les **Agaricacés-leptophyllés**.
A, lames libres : *Lepiota* Fr ; — B, lames adnées : *Collybia* Fr. ; — C, lames émarginées
Tricholoma Fr. ; — D, lames décurrentes : *Clitocybe* Fr.

éloignées du pied, distinctes et séparables sans déchirure, ou
bien elles sont *confluentes* et même soudées, de sorte que l'on
a des lames :

A. *libres* ou *écartées* (du stipe), lorsque le talon s'arrête à
une certaine distance. Ex. : *Lepiota* (fig. 145, A);

B. *adnées*, lorsque le talon adhère au stipe sur une étendue
plus ou moins restreinte. Ex. : *Collybia* (fig. 145, B);

C. *sinuées* ou *émarginées*, le talon adhère au stipe comme
précédemment, mais le bord de la lame est entaillé un peu

en avant du point d'insertion. Ex. : *Tricholoma* (fig. 145, c);

D. *décurrentes*, le talon descend le long du stipe en s'atténuant d'une façon régulière. Ex.: *Clitocybe* (fig. 145, ᴅ);

3° Puis on a la *forme générale* des lames qui peuvent être larges ou étroites, minces ou épaisses, etc. Viennent ensuite les caractères particuliers de ces lames dont on examine successivement les faces, la base tenant à l'hyménophore, l'arête libre, la pointe et le talon;

4° Enfin les *rapports réciproques* des lames, quant à leur longueur, à leur écartement les unes des autres, à leur liberté, à leurs soudures ou anastomoses, etc.

1ʳᵉ Sous-Tribu. — *Leptophyllés-mélanosporés.* — Les spores sont noires.

Genres. — *Montagnites* Fʀ., — *Gomphidius* Fʀ., — *Coprinus* Pᴇʀs. [1], — *Anellaria* Kᴀʀsᴛ., — *Panæolus* Fʀ., — *Psathyrella* Fʀ., — *Antracophyllum* Cᴇs. [2].

2ᵉ Sous-Tribu. — *Leptophyllés lanthinosporés.* — Les spores sont violacées-pourpres.

Genres. — *Chitonia* Fʀ., — *Pratella* Pᴇʀs. [3] (fig. 14), — *Pilosace* Fʀ., — *Stropharia* Fʀ. [4], — *Lacrymaria* Pᴀᴛ., — *Hypholoma* Fʀ. [5], — *Psilocybe* Fʀ., — *Psathyra* Fʀ. [6], — *Deconica* W. Sᴍ..

3ᵉ Sous-Tribu. — *Leptophyllés-phéosporés.* — Les spores sont jaunes, ocracées.

Genres. — *Pluteolus* Fʀ., — *Bolbitius* Fʀ., — *Rozites* Karst., — *Locellinia* Gɪʟʟᴇᴛ, — *Pholiota* Fʀ. [7], — *Cortinarius* Fʀ. [8], — *Hebeloma* Fʀ. [9], — *Inocybe* Fʀ. [10], — *Flammula* Fʀ. [11], —

1-2. Forquignon (*loc. cit.*) rapproche l'*Anthracophyllum* du *Marasmius*; et le *Rhacophyllus* Bᴇʀᴋ. des *Coprinus* Pᴇʀs.

3. C'est l'ancien genre *Agaricus* de Linné qui, passé à l'état de famille, est remplacé par le nom de *Pratella* Pᴇʀs., plus ancien que celui de *Psalliota* Fʀ.

4. Quélet (*Enchir*) réunit les genres *Stropharia* Fʀ. et *Psilocybe* Fʀ. et en faire son genre *Geophila* Q.

5-6. De même il réunit les genres *Hypholoma* Fʀ. et *Psathyra* Fʀ. pour former son genre *Drosophila* Q.

7. Quélet (*Fl. Mycol.*) réunit *Pholiota* Fʀ. et *Flammula* Fʀ. en un seul genre : *Dryophila* Q., les espèces sont partagées en trois sections : 1° **humigeni**, 2° **truncigeni**, 3° **muscigeni**.

8. Pour Otto Wunsche le genre *Cortinarius* Fʀ. comprend les genres *Phlegmacium* Fʀ., *Myxacium* Fʀ., *Inoloma* Fʀ., *Telamonia* Fʀ., *Hydrocybe* Fʀ. qui ne sont ordinairement regardés que comme sous-genres.

9. Pour Quélet, *Hebeloma* Fʀ. se divise en : 1° **indusiati**, 2° **dimidiati**.

10. Le genre *Inocybe* Fʀ. se divise en : 1° **levispori**, 2° **angulispori**.

11. Le genre *Flamula* Fʀ., se divise en : 1° **lubrici**, 2° **udi**, 3° **sapinei**.

Riparites Karst., — *Paxillus* Fr.[1], — *Tubaria* Fr., — *Naucoria*[2] Fr., — *Galera* Fr., — *Crepidotus* Fr..

4° Sous-Tribu. — *Leptophyllés-rhodosporés.* — Les spores sont roses.

Genres. — *Volvaria* Fr., — *Chamæota*[3] W. Sm., — *Pluteus* Fr., — *Entoloma*[4] Fr., — *Leptonia* Fr , — *Nolanea* Fr., —

Fig. 146. — *Amanita muscaria* Lin.

Eccilia Fr., — *Octojuga* Fayod, — *Claudopus* W. Sm., — *Clitopilus* Fr., — *Dochmiopus*[5] Pat..

5° Sous-Tribu. — *Leptophyllés-leucosporés.* — Spores non colorées.

Genres. — *Androsaceus* Pers., — *Marasmius*[6] Fr., —

1. Quélet comprend dans le genre *Paxillus* les genres *Tapinia* Fr., *Lepista* Fr. et *Orcella* Q. — Patouillard avec les genres *Tapinia* Fr. et *Paxillus* Fr. a fait une tribu celle des Paxillés qu'il caractérise ainsi : « Agaricinées charnues à lames molles facilement séparables de l'hyménophore et plus ou moins anastomosées. »

2. *Naucoria* se divise en : 1° **gymnoti**, 2° **phœoti**, 3° **lepidoti**.

3. Remplace *Annularia* Schulz, ce nom s'appliquant déjà à une plante fossile.

4. Quélet réunit les genres *Entoloma* Fr., *Leptonia* Fr., *Eccilia* Fr., *Nolanea* Fr. et *Claudopus* V. Sm., en un seul genre *Rhodophyllus* Q.

5. Cooke (*Handb.*) a été le premier à admetre ici le genre *Chamæota*, W. Sm.

6. Fries divisait les *Marasmius* en *Collybia*, *Mycena* et *Apus*.

14

Xerotus Fr., — *Omphalia*[1] Fr., — *Collybia* Fr.[2] (fig. 145, b), — *Mycena*[3] Fr., — *Lenzites*[4] Fr., — *Schizophyllum*[5] Fr., — *Oudemansiella*[6] Speg., — *Lentinus* Fr., — *Panus*[7] Fr., — *Calathinus* Q., — *Pleurotus*[8] Fr., — *Hygrophorus*[9] Fr., — *Clitocybe*[10] Fr. (fig. 145, d), — *Hiatula* Fr., — *Tricholoma*[11] Fr. (fig. 145, c), — *Melaleuca* Pat., — *Laccaria* Cook., — *Russula*[12] Fr., — *Lactarius*[13] Fr., — *Armillaria*[14] Fr., — *Armillariella* Karst., — *Mucidula* Pat., — *Heliomyces* Lév., — *Schulzeria* Bres., — *Lepiota*[15] Fr. (fig. 145, a), — *Amanitopsis* Roze, — *Amanita*[16] Pers. (fig. 146).

1. Les espèces du genre *Omphalia* Fr., ont été réparties en deux groupes : 1° **Collybiarii**, 2° **Mycenarii**.

2. Le genre *Collybia* Fr., est divisé en : 1° **striœpedes**, 2° **vestipedes**, 3° **levipedes**, 4° **tephrophanœ**.

3. Patouillard, d'après Fries, admet la répartition des espèces de *Mycena* Fr. en 9 séries : 1° **calodontes**, 2° **adonidæ**, 3° **rigipedes**, 4° **fragilipedes**, 5° **filipedes**, 6° **lactipedes**, 7° **glutinipedes**, 8° **basipedes**, 9° **insititiæ**.

4. Le *Lenzites* est parfois partagé en : *Eulenzites* et *Glœophyllum*.

5. Pour Quélet (*Fl. Myc.*), le *Schizophyllum* est le type d'une famille, celle des Schizophyllés.

6. L'*Oudemantiella* Speg. peut être défini un *Pleurotus* à lames de *Schizophyllum*.

7. Les espèces du genre *Panus* Fr., sont partagées en : 1° **conchati**, 2° **styptici**, 3° **resupinati**.

8. Le genre *Pleurotus* Fr. est divisé en deux séries : 1° **excentrici**, 2° **dimidiati**.

9. Le genre *Hygrophorus* Fr. comprend les genres *Limacium* Fr., *Hydrocybe* Fr., *Camarophyllus* Fr., regardés, ici, comme des sous-genres : ils sont conservés comme genres dans Otto Wunsche (*Fl. gén. des Champ.)* et par d'autres mycologues.

10. Le genre *Clitocybe* est divisé par Fries en : 1° **disciformes**, 2° **difformes**, 3° **infundibuliformes**, 4° **cyatiformes**, 5° **orbiformes**, 6° **versiformes**.

11. Quélet (*loc. cit.*) réunit les deux genres *Tricholoma* Fr. et *Armillaria* Fr. et il en forme, avec le sous-genre *Gymnoloma* Q. un genre *Gyrophila* Q. qui les contient tous.

12. Fries partage les espèces du genre *Russula* en : 1° **compactæ**, 2° **furcatæ**, 3° **rigidæ**, 4° **heterophylles**, 5° **fragiles**.

13. Le genre *Lactarius* est divisé par Fries en : 1° **piperites**, 2° **dapetes**, 3° **Russularii**, 4° **pleuropus**.

14. Patouillard admet dans le genre *Armillariella* Karst. deux séries : 1° **Clitocyboïdeæ**, 2° **Pleurotoïdeæ**.

15. Deux groupes aussi dans le genre *Lepiota* Fr. : 1° **viscipelles**, 2° **siccipelles**.

16. Quélet admet en plus les genres *Omphalina* Q., *Limacinus* Q., *Dictyolus* Q. et *Arrhenia* Fr.. Ces deux derniers ont été pris par Patouillard pour former sa tribu des Cantharellées. Nous les y avons laissés. (voyez tribu Ptychophyllés). Saccardo cite encore les genres *Pterophyllus* Lév. et *Rhacophyllus* Berk. qu'il place près des *Schizophyllum*; ce sont des monstruosités.

2ᵉ Sous-Classe

MYCOPHYCOPHYTES[1]

LICHENS

Les Mycophytes de cette seconde sous-classe se distinguent de ceux formant la première par leur couleur ordinairement verdâtre à l'*état frais*. Cette coloration tient à ce que des cellules fongiques, incolores, sont associées à des cellules contenant de la chlorophylle et qu'on nomme *gonidies*[2]. Ces deux sortes d'éléments sont tantôt mêlés les uns aux autres sans ordre défini; tantôt au contraire disposés de telle façon que les cellules colorées forment, au milieu des zones à cellules incolores, une couche spéciale bien définie que l'on nomme *couche gonidiale :* Dans le premier cas les Lichens sont dits *homœomères*, dans le second ils sont appelés *hétéromères*.

Les cellules incolores se conduisent comme toutes les cellules fongiques, elles brûlent les hydrates de carbone. Les gonidies, au contraire, se conduisent comme le font toutes les cellules à chlorophylle, c'est-à-dire qu'elles créent ces mêmes hydrates; de telle sorte que cette association, au premier abord, rappelle tout à fait ce que l'on rencontre chez les autres plantes colorées en vert par la chlorophylle; c'est pour cela que pendant longtemps on a placé les *Lichens* parmi les Cryptogames chlorophyllés.

Les naturalistes les rapprochent actuellement des Champignons parce qu'ils ont constaté que les cellules à chlorophylle des Lichens ne sont point comparables, quoi qu'en disent certains lichénologues, aux cellules chlorophylliennes des autres

---

1. Voir pages XIII et suivantes, et aussi pages 8, 14, 26.
2. Les gonidies se distinguent en : 1° *chlorogonidies* ou *gonidies* proprement dites, elles sont colorées en vert gai; 2° *chrysogonidies*, quand la chlorophylle se trouve masquée par des huiles jaune-doré; 3° *cyanogonidies* ou *gonimies* quand la chlorophylle se trouve associée à de la phycocyanine qui lui donne une coloration vert-bleuâtre érugineuse ou noirâtre.

végétaux verts : les gonidies sont des entités bien nettes, des végétaux dont les caractères génériques, tout au moins, sont bien définis ; ce sont, en un mot, des Algues vivant en symbiose ou consortium avec des Champignons plus ou moins complexes dans les tissus desquels ils s'abritent[1]. De telle sorte que les Lichens formeraient une sorte d'amalgame dont les parties constituantes bien déterminées peuvent se dissocier et vivre séparement, tandis que dans les plantes chlorophylliennes ordinaires il y a plutôt une combinaison telle que les deux éléments ne peuvent se séparer sans que mort s'en suive pour

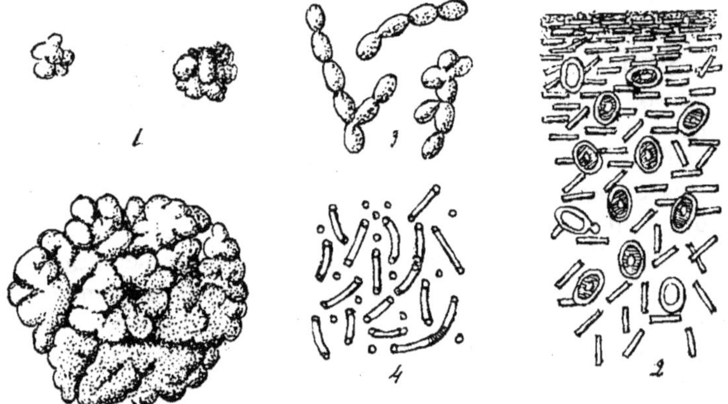

Fig. 147. — *Zooglée du Képhir.*

1, zooglées de tailles diverses : *2*, coupe grossie d'une portion de zooglée montrant les deux éléments : *Saccharomyces* et *Bacillus ; 3*, *Saccharomyces* en bourgeonnement ; *4*, *Bacillus subtilis (Dispora caucasica* KERN).

l'un comme pour l'autre. On comprend ainsi pourquoi nous avons donné à cette sous-classe le nom de Mycophycophytes (μύχης, φῦχος, φυτόν).

Cette définition exclut avec raison, pensons-nous, du groupe des Lichens, l'association de Champignons et d'Algues quand ces Algues appartiennent au groupe des Achromophycées et ne sont plus des gonidies chlorophylliennes. Ainsi le Képhyr, agent producteur du « Champagne du Caucase » (fig. 147) est composé d'un Champignon (*Saccharomyces*) et d'une Algue non

1. Les Algues en entrant dans l'association subissent une sorte d'accommodation qui fait que si, *le plus souvent*, il est impossible de déterminer spécifiquement l'Algue vivant dans le thalle, on saisit toujours les caractères génériques.

colorée par la chlorophylle (*Bacillus* ou *Dispora*). Ces deux éléments sont simplement approchés l'un de l'autre, réunis pour accomplir une même besogne : une fermentation spéciale du lait. Ils sont des collaborateurs, mais on ne constate pas entre eux la réciprocité des services qui consacre l'association appelée « Lichen ». Le rapprochement de ces deux mêmes éléments, *Saccharomyces cerevisiæ* et *Bacillus subtilis*, se rencontre du reste dans une autre fermentation, spéciale aussi celle-là, c'est celle de la *bière tournée*, mais dans ce cas les deux éléments ne sont pas disposés de la même façon : ils sont en essaims et non plus en zooglées comme ils l'étaient dans le képhir (fig. 148).

L'histoire des Mycophycophytes n'a rien à envier à celle des Mycomycophytes elle est tout aussi longue et plus touffue peut-être. Krempelhuber (*Histoire de la Lichénologie*, 1867-1869) l'a retracée dans ses moindres détails avec la plus grande conscience jusqu'en 1865.

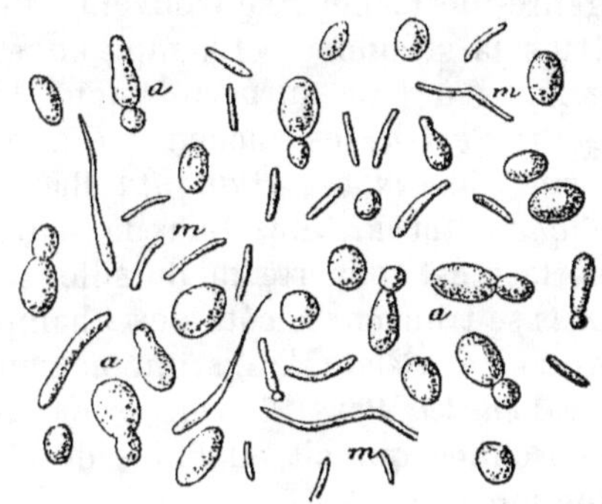

Fig. 148. — Ferments de la bière tournée.
a. Saccharomyces cerevisiæ; b. Bacillus subtilis.

A cette époque elle avait, pour lui, six périodes : on peut bien en compter une septième de 1865 à nos jours ; nous allons très succinctement résumer les faits qui ont marqué ces sept périodes.

La première s'étend des temps anciens à Tournefort, 1699. Les anciens regardaient les Lichens comme des exanthèmes, des lèpres, d'où le nom de λειχήν que leur donnaient les Grecs, et qu'ils partageaient avec certaines Hépatiques qui, il faut bien l'avouer, s'en rapprochent assez, comme port. Plus tard, en leur compagnie, ils devinrent des Mousses (*Musci*) ; c'est sous ce nom qu'on retrouve les Lichens dans Bauhin, Morison et Ray. Tournefort le premier sépara le groupe « *Lichenes* » des *Musci*.

Pendant la deuxième période qui va de Tournefort à Micheli, 1728, nous avons des travaux nombreux qui augmentent le nombre des espèces connues, espèces qui bientôt vont elles-mêmes se grouper et former des genres dans la période suivante. Micheli découvre les organes de la fructification.

La troisième période s'étend de 1729 à 1779, se terminant à Weber. Les Lichens ne forment encore qu'un grand genre conservé par Dillen (1741) dans les *Musci*, séparé d'eux, et placé par Linné (1753) dans les Algues au milieu des *Riccia, Jungermannia*, *Marchantia*, *Blasia*, aujourd'hui devenus des Hépatiques, enfin fusionné avec les Champignons par Adanson (1763). A ce moment le genre Lichen a été démembré en divers genres groupant nombre d'espèces récemment découvertes. Adanson divisait les *Fungi* en sept sections; les genres de Lichens se trouvent dans la seconde et la sixième. Dans la seconde : « Champignons à écussons qui portent les graines à leur surface » nous trouvons, accompagnant le genre *Peziza*, les Lichens : *Cladona* Brown (= *Cladonia*), — *Usnea* Brown, — *Platisma* Brown, — *Placodion* Brown, — *Lichen* Tourn., etc. Dans la sixième, « Champignons dont la surface est couverte de de sillons inégaux », les Lichens *Graphis* se trouvent à côté des Champignons *Striglia* Ital., *Sesia* Adans. et *Serda* Adans. qu'on connaît aujourd'hui sous le nom de *Dædalea* Pers. *Trametes* Fr. Remarquons qu'Adanson est le premier qui ait eu l'idée de réunir les Lichens aux Champignons.

La quatrième période s'ouvre en 1780 et s'arrête en 1803, à Acharius. Les travailleurs sont nombreux qui s'intéressent aux Lichens ; mais, la plupart du temps, sans y insister d'une façon spéciale. Nous devons signaler ici le *Genera plantarum* d'A. L. de Jussieu ; suivant les errements de Linné et de son oncle Bernard, Antoine Laurent de Jussieu met les Lichens dans les Algues *(Algæ)*, mais le premier il a l'idée d'en faire une division spéciale, celle des *Lichenes*, ébauchant ainsi leur autonomie. On les voit figurer de même dans la *Cryptogamie complète* de Jolyclerc an VII (1798), dans l'*Encyclopédie méthodique* de Lamarck (*Botanique*, III, 1789) et dans la *Flora atlantica* de Desfontaines (1790-1800). Pendant ce temps De Candolle, en 1798, publie un essai sur la nutrition des Lichens et Acharius (*Lichenes Sueciæ*, 1798), s'occupe d'eux d'une façon toute spéciale.

La cinquième période s'ouvre en 1803 sur l'ouvrage d'Acharius : *Methodus Lichenum;* elle se termine en 1845 à De Notaris. Les principaux travaux à signaler sont la classification de Lamarck et De Candolle (*Flore française*, 1805). Puis nous retrouvons Acharius qui, le premier, proclame l'autonomie des Lichens. Dans la « *Lichenographia Universalis* » 1810, il s'exprime ainsi : « *Uti ratum habeo*, LICHENES *ordinem naturalem peculiarem et a reliquis plantis cryptogamis distinctum constitueri.* » Dans le *Synopsis Lichenum* 1814, il en donne la classification. Cette autonomie n'est pas acceptée de tous, car nous retrouvons les Lichens parmi les Algues dans le système proposé par Cassel en 1817 ; il en est de même pour El. Fries (*Lichenographia Europæa reformata*, 1831) ; dans cet ouvrage où l'auteur reprend et réforme les genres d'Acharius, les Lichens sont aussi redevenus des Algues. Il nous faut citer à la même époque les *Botanicon Gallicum* de De Candolle et Duby, 1830 ; la *Flora Capraria* de J. H. Moris et De Notaris, 1830, et encore les travaux de C. Montagne sur les Lichens. mémoires publiés dans les *Annales des Sciences naturelles*, 1843.

La sixième période s'étend de 1845 à 1865. Elle s'ouvre avec les travaux de G. De Notaris et en particulier ses *Framment, Lichenog, di un Lavoro*, etc., 1846. En 1849 Payer dans sa *Botanique Cryptogamique*, revient à l'idée d'Adanson : en conséquence il rapproche les Lichens des Champignons Thécasporés de Léveillé. Il en forme une famille, celle des « Lichens », qu'il intercalle entre celle des Pézizés et celle des Hypoxylons, dans laquelle, au reste, on trouve des genres comme : *Chiodecton* Ach., *Glyphis* Ach., *Graphis* Fr., *Opegrapha* Humb., *Lecanactis* Eschw., *Endocarpon* Hedw., qui, pour les lichénographes actuels, sont de vrais Lichens à gonidies. En 1852, Tulasne fait paraître son mémoire « pour servir à l'histoire *organographique et physiologique des Lichens* », préparant ainsi les travaux qui vont illustrer la période suivante ; l'auteur accepterait volontiers l'idée d'Acharius de faire avec les Lichens un groupe à part. C'est aussi l'opinion de Berkeley (*Introd. to Crypt.* 1857), qui étudie séparément les *Mycétales* et les *Lichénales*.

Aux six périodes que nous venons de passer en revue nous en ajoutons une septième qui s'étend de 1865 à nos jours. Ce n'est pas la moins intéressante ni la moins troublée. Elle est presque toute occupée par les querelles de la question algolichénique. En effet, depuis que Schwendener a déclaré que les *gonidies*, dans le thalle des Lichens, appartenaient aux Algues tandis que les autres éléments associés apparte-

naient aux Champignons, depuis surtout que E. Bornet est
venu confirmer et démontrer le bien fondé des théories
publiées par Schewendener, tout ou presque tout ce qu'on
a fait paraître sur les Lichens a trait à cette théorie : les
uns l'affirmant et la défendant, les autres, au contraire, l'attaquant et cherchant à la renverser. Dans les deux camps, les
champions sont aussi acharnés les uns que les autres ; les
choses en sont même arrivées à ce point que quelques-uns
sortant souvent des limites permises à la discussion scientifique
ont dû demander au latin de voiler la violence de leurs colé-
reuses objurgations... Sage et utile précaution qu'on regrette
de voir trop souvent oubliée !... Cette querelle qui a fait user
plus d'encre et déverser plus de bile aux lichénologues que
toutes les discussions réunies dont se sont occupé les Cryptogamistes, est loin d'avoir aidé les lichénographes à faire avancer
la science qui les intéressait ; l'animosité qui s'était établie entre
eux troublant l'entendement, même des plus autorisés, si bien
qu'ils ne prêtaient plus qu'une attention distraite aux travaux
qui s'accumulaient tous les jours et augmentaient les richesses
de ce groupe de plantes ; de telle sorte qu'on est arrivé à ce résultat étrange que ce groupe de Mycophytes étant, peut-être, de
tous, celui sur lequel on a le plus écrit et discuté se trouve être
un de ceux sur lequel on s'entend le moins.

Tant que l'on présenta le Lichen comme la réunion de deux
plantes Cryptogames dont l'une était le bourreau et l'autre la
victime, on s'expliquait peu comment la résultante de cette vie
en partie double se manifestait par un gain pour chacune
d'elles. Aujourd'hui qu'à l'hypothèse du parasitisme on a subs-
titué celle de la mutualité, beaucoup d'objections sont tombées,
mais non toutes, et l'on reste toujours en face des lichénologues
irréductibles qui veulent que le Lichen ne soit ni Champignon,
ni Algue, ni surtout Champignon-algue, mais un végétal bien
manifestement distinct de chacun d'eux, et par suite autonome.
Les hyphes, d'après cette manière de voir, n'ont *rien de fongique*
et les gonidies *ne sont pas des Algues* : ce sont des productions,
même du thalle !... ; avec de bons objectifs, grossissant 1,200
ou 1500 fois le diamètre, on aperçoit dans certaines *cellules
hyphoïdales* (*gonangium* et *gonocystium*) des poussières de
gonidies naissantes (*microgonidium*) qui, plus tard, sont mises
en liberté par la gélification des parois des dites cellules. Comment, ajoutent les défenseurs de ces théories, admettre, non

pas seulement la vie de l'association mutuelle en des points où
elle n'est possible ni pour l'un ni pour l'autre des associés,
mais encore l'apparition, c'est-à-dire la formation de ces associations sur les sommets des montagnes, voire même sur des
volcans à peine refroidis, à une altitude et dans des conditions où les composants ne peuvent vivre assez pour avoir le
temps de s'y rencontrer et de s'y choisir, si tant est qu'il y ait
grand choix à faire dans ces atmosphères où les organisés sont
si rares.....?

Certainement ces observations ont bien leur valeur, mais
elles ne semblent pas pouvoir infirmer les faits bien réellement
acquis, ni prévaloir contre les constatations que chacun doit
faire, et surtout peut faire, avec des grosissements un peu moins
effrayants et plus à la portée de tous que ceux qu'il faut mettre
en batterie pour voir : *gonangium*, *gonocystium*, *microgonidium*.

Quant à nous qui avons pu voir les préparations de E.
Bornet, nous restons convaincus de la dualité des associations
algo-lichéniques, et c'est même en nous appuyant sur cette
dualité que nous conservons une place bien distincte pour les
Mycophycophytes.....!

I. *Organes de végétation*. — THALLES. — La présence des
gonidies, en modifiant complètement les conditions d'existence
des Mycophytes chez les quels on les rencontre, explique les différences que l'on constate entre les organes de végétation des
Champignons et ceux des Lichens. Les Lichens sont des Thallophytes, tandis que les Champignons sont des Mycéliophytes.
Le mycélium du Champignon est un réseau de filaments incolores qui pénètrent dans le substratum, s'en font les spoliateurs,
ayant pour mission d'en retirer, qu'il soit mort ou qu'il soit
vivant, toutes les matières hydrocarbonées ; caché le plus
souvent pendant des années, accumulant ses provisions sous
des formes diverses, ce mycélium ne se révèle ordinairement
à l'extérieur que lorsqu'ayant ruiné et épuisé le support, il
reconnaît que celui-ci ne lui pouvant plus être d'aucune utilité, il ne lui reste plus qu'à épanouir ses organes de fructification et à disséminer les corps reproducteurs qu'il a ainsi
préparés. Aussitôt il pousse un nombre variable, mais toujours
relativement considérable, de fruits (qu'on nous passe ce mot)
qui sont, le plus souvent, d'une durée éphémère.

Rien de semblable chez les Lichens. Au moment de la germination la spore pousse bien encore un boyau incolore analogue à celui qui commence le mycélium des Champignons. Mais ici ce boyau est une cellule qui se borne à se souder avec le support, et si, parfois, elle concourt à sa désagrégation (ce qui est prouvé lorsqu'il s'agit d'une roche), elle ne l'exploite pas pour en tirer ses aliments; cette cellule n'a donc rien de commun avec le mycélium des Mycomycophytes et c'est à tort qu'on l'a nommée *promycélium*. Une fois fixée cette cellule se multiplie, se parsème de gonidies et forme une lame qu'on nomme *thalle*. Les thalles, ne vivant que de *l'air du temps*, sont soumis à toutes les vicissitudes atmosphériques, ils n'ont qu'une vie intermittente, leurs fonctions cessent dès que l'ensemble des conditions n'est plus favorable, le manque d'eau suspend leur vie qui ne reprend que lorsque l'humidité est redevenue suffisante. Par contre, leur vitalité est telle qu'on ne peut dire s'ils meurent autrement que par accident. Il résulte de tout cela que les Lichens sont ordinairement d'un développement lent et peu appréciable; il en est qui, raconte-t-on, se sont à peine accrus de quelques millimètres en un demi-siècle. L'apparition des fructifications se fait lentement aussi et successivement; ces fructifications sont persistantes et reviviscentes, elles se remettent à donner des spores dès que le thalle lui-même reprend sa vie.

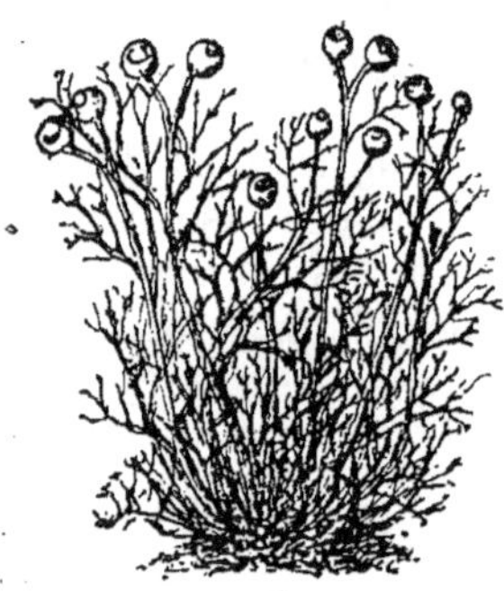

Fig. 149. — *Sphærophoron coralloïdes* Pers.

Port. Thalle fruticuleux.

On voit donc que les organes de végétation des Lichens diffèrent essentiellement des organes de végétation des Champignons : les thalles des Mycophycophytes n'ont rien de commun, ni comme aspect, ni comme structure, ni comme fonction avec les mycéliums des Mycomycophytes, mais, par contre, ces thalles, certains surtout, rappellent ceux des Algues.

Ainsi donc, la présence simultanée d'hyphes et de gonidies sert de *criterium* pour reconnaître un Lichen d'un Champignon. La disposition respective de ces deux éléments varie suivant divers thalles que l'on examine. Dans les uns les goni-

dies sont éparses au milieu d'un lacis d'hyphes, de telle façon
que toutes les parties du corps du Lichen se ressemblent ; dans
ce cas, on les dit *homœomères* (fig. 152, 165) ; sur d'autres, au
contraire, et ce sont les plus nombreux, les gonidies forment
une zone ou couche spéciale, dite *zone* ou *couche gonidiale*,
qui est interposée entre deux couches de tissus fongiques : alors
les Lichens sont dits *hétéromères* (fig. 2, 156, 163). Pour eux
c'est la forme et la nature du thalle qui détermine la position
et la texture des zones ou couches qui composent ces thalles.
Dans un thalle arbusculeux (fig. 149, 164) dont les divisions sont

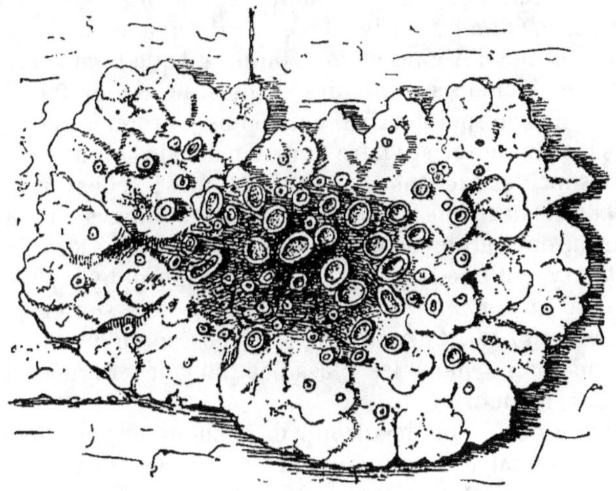

Fig. 151. — *Parmelia saxatilis* LIN.
Port grandeur naturelle.

cylindriques, ou à peu près, la coupe transversale montre les
zones concentriques, la zone gonidiale se trouve entre une sorte
de moelle centrale, *zone médullaire*, et une zone enveloppante
dite *zone corticale*. Quand le Lichen rampe sur le sol comme
une *plaque* (fig. 150) ou qu'il se redresse comme une feuille
(fig. 151), la couche gonidiale se trouve étalée entre une couche
plus ou moins dirigée vers le sol et qui correspond à la zone
médullaire et une couche supérieure qui représente la couche
corticale du thalle arbusculeux ou fruticuleux. La texture de
ces couches varie suivant les cas, les unes sont très lâches, les
autres sont très serrées.

Tantôt ces thalles de Lichens se montrent sous forme de

croûtes ou lèpres (λειχήν), plaques plus ou moins adhérentes au substratum par leur face inférieure qui s'y attache par des crampons (fig. 150); ces thalles à marge soit *indéterminée*, soit au contraire *bordées* sont dits « *thalles crustacés* ». Tantôt ce sont des lames qui se soulèvent plus ou moins, parfois se cramponnant à l'aide de *rhizines* qui hérissent la face inférieure, parfois simplement attachés par un point qui leur sert de base, restant libres dans le reste de leur étendue; on a alors les « *thalles foliacés* » (fig. 151 et 163). Il en est d'autres, enfin, qui ressemblent à de petits buissons diversement ramifiés, à rameaux et ramules plus ou moins comprimés; ce sont les « *thalles fruticuleux* » (fig. 149, 164) On a ainsi la vision de certaines formes d'Algues et l'on comprend que les anciens aient regardé ces Lichens comme des Algues aériennes : erreur (?) dont nous n'avons point à rire, car de nos jours, nous voyons des savants les plus autorisés faire figurer parmi les Algues des végétaux qui sont des Lichens bien authentiques; tel est le *Chlorodictgon foliosum* que presque tous les algologes, sur la foi de J. Agardh, ont gardé parmi les Algues, dont Engler et Prandt ont fait le type d'une famille spéciale de Chlorophyllophycées et qui est le *Ramalina rectiulata* (fig. 1); tels son ces *Scytonema, Sirosiphon, Chroolepus, Gongrosira* qu'on voit figurer en même temps dans les classifications des Algues et dans celles des Lichens.

Le thalle offre dans beaucoup de Lichens des particularités qu'il faut connaître et qui peuvent en imposer quand on n'est pas prévenu : c'est ainsi que les espèces classées sous le nom de *Lepraria* ne sont que des thalles crustacés pulvérulents et stériles; celles dénommées *Variolaria* sont de même des thalles stériles, mais transformés en *sorédies*.

Les *Sorédies* sont des éruptions partielles de la couche corticale. « Se présentant tantôt sous la forme de glomérules arrondis, tantôt sous celle de lisières qui couvrent les bords des frondes. Elles sont de couleur plus claire que le thalle, et consistent en amas de gonidies et de granulations moléculaires auxquelles se mêlent parfois des éléments filamenteux. Les individus qui portent les sorédies sont dits *sorédiés* ou *sorédifères;* ils sont en général stériles. Ils reproduisent le Lichen à la façon de bulbilles. »

Les *Céphalodies* « sont des renflements globuleux, tuberculeux ou difformes du thalle des Usnés, Steréocaulés, Pilophorés,

Ramalinés. De texture cellulaire confuse, ils ont l'aspect d'excroissances morbides de la couche corticale, dont elles se distinguent par une coloration généralement autre que celle du reste de la surface thalline, qui les fait ressembler à des apothécies biatorines. Les thalles qui les portent sont stériles ».

Les *Cyphelles* « sont des excavations urcéolées, blanchâtres ou jaunes, qu'on trouve abondamment à la face inférieure des *Lobaria* (fig. 151) ; leur rôle physiologique est inconnu. Il est probable qu'elles servent aux fonctions nutritives qui semblent atteindre dans ces Lichens un plus haut degré de développement. Les cyphelles, en particulier toutes celles de couleur citrine, sont sorédiformes ».

Les *Spiloma* « sont des taches pulvérulentes souvent noires qui s'observent sur les thalles ».

Les *Podéties* ou *Podétions* sont des portions dressées du thalle qui portent souvent les apothécies. On les rencontre surtout dans la famille des Cladoniacés.

Isidium. « On indique sous ce nom, dit Lamy de la Chapelle (*Lich. du Mont-Dore et de la Haute-Vienne*, p. 183), de petites excroissances dressées, stipitées, coralloïdes, parfois rameuses, éparses ou souvent très rapprochées sur le thalle ».

Fig. 151. — *Lobaria pulmonacea* NYL. = *Sticta pulmonacea* ACH.

II. *Organes de fructification*. — RÉCEPTACLES. — On ne peut s'empêcher d'être tout d'abord, frappé de la ressemblance que ces organes présentent avec ceux des Champignons, particulièrement avec ceux des Thécamycètes. Nous retrouvons jusqu'au polymorphisme que nous avons constaté chez ces derniers, mais, ici, les formes secondaires ou complémentaires se trouvent sur le thalle au lieu de se montrer sur le mycélium et sur le subiculum. Comme les Thécamycètes ils peuvent être homoïques ou hétéroïques. Quelques Basidiomycètes peuvent présenter des gonidies, mais ce fait est relativement rare, et l'on ne connaît que peu d'espèces qui soient dans ce cas : on en a fait les deux genres *Dictyonema* (fig. 152) et *Cora* ; tous les autres Lichens sont pourvus de thèques. Ces thèques sont réunies en un *hyménium* qui, de même que celui des Champignons, est ou bien étalé sur un disque comme dans les Ectothécés, ou bien enfermé dans un périthèce comme dans les Endothécés - pyrénocarpés. Ces disques ou ces périthèces sont ici désignés sous le nom d'*apothécies* ; elles sont accompagnées aussi de *spermogonies* et de *pycnides*. Il résulte, de là, qu'au point de vue des organes de fructification, il y a une très grande parenté entre les Lichens et les Champignons.

A. *Apothécies.* — Les Apothécies sont surtout importantes à étudier. Un examen un peu attentif permet de juger la valeur des ressemblances de ces organes avec les organes correspondants qui chez les Champignons, sont portés soit directement sur le mycélium, soit sur le carpostrome interposé. Quoique les dénominations des parties ne soient pas les mêmes, il est facile cependant de reconnaître tout de suite que l'*excipulum* correspond à l'enveloppe réceptaculaire (périthèce ou péridium), et que le *thécium* ou *thalamium* [1]

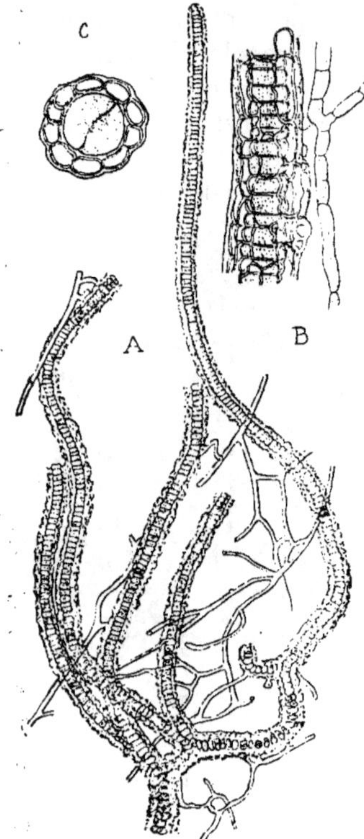

Fig. 152. — *Dictyonema sericeum* Montg.

A, gonidie filamenteuse extraite du thalle et conservant, tout à fait inaltérés, les signes caractéristiques du genre *Scytonema* Ag. ; B, fragment *Scytonema* à l'intérieur du tube formé par l'hypha ; C, coupe de ce fragment.

---

1. On a donné parfois le nom de *thalamium* à l'ensemble des paraphyses ; c'était la partie de l'hyménium, le *thalame*, qui recevait les thèques entre ses filaments qui semblaient leur fournir ainsi un lit (θαλαμος), lit.
Aujourd'hui on regarde *thécium* et *thalamium* comme synonymes.

est l'hyménium ; l'*hypothécium* est une couche formée par les cellules confuses qui occupent la base du thécium, l'*épithécium* en est la partie supérieure.

A. De l'*excipulum*, peu de chose à dire si ce n'est que tantôt il s'efface sur le pourtour de la couche du thalamium, tandis que d'autres fois il forme comme un bourrelet. Quand les apothécies sont enfoncées dans le thalle, le tissu extérieur de l'excipulum se confond dans le tissu du thalle lui-même : l'excipulum dans ce cas est désigné sous le nom de *pyrénium;* lorsque les apothécies sont exsertes ou bien lorsqu'elles s'étalent en disques ouverts l'excipulum reçoit le nom de *périthécium*[1], il est soulevé par une saillie plus ou moins épaisse du thalle. Dans certains cas le thalle peut fournir un rebord autour du thalamium qui, lorsqu'il est déjà bordé par l'excipulum, se trouve ainsi avoir deux rebords concentriques, l'un provenant de l'excipulum plus intérieur, et l'autre entourant celui-ci, fourni par le thalle.

B. Le *thécium* n'est pas tout à fait aussi simple que l'hyménium des Thécamycètes; outre les thèques, contenant les spores il présente des paraphyses qui paraissent avoir à remplir un rôle plus complexe que celles que l'on rencontre chez les Champignons correspondants. C'est au milieu des paraphyses, qu'apparaissent successivement et que se développent les thèques dans lesquelles mûrissent les spores. Les sommets des paraphyses, ordinairement renflés et colorés, s'agglutinent et forment l'*épithécium*. Il arrive parfois que les sommets sont recouverts par une couche de petites granulations colorées, l'on dit alors que l'épithécium est *granuleux*. Les paraphyses sont rarement rameuses, et, quand elles le sont, leurs rameaux n'arrivent pas souvent à la hauteur de la tête des paraphyses. L'épithécium et le thalamium sont imprégnés d'une substance amylacée bleuissant par l'iode, on la nomme *gélatine hyméniale*. Cette gélatine ne va que jusqu'à la tête des paraphyses : il n'y en a pas dans l'épithécium granuleux. Dans un groupe de Lichens, l'épithécium est pulvérulent, ou mieux, n'existe pas à proprement parler. La surface des apothécies est couverte par une poussière de spores échappées des thèques où elles se sont formées, cette singularité a valu à ces Lichens le nom d'Épiconiocarpés (επι sur, κόνις poussière, καρπον fruit) ; ce sont

---

1. Ce mot a le tort de ne pas correspondre au même mot employé pour les Mycomycophytes; on pourrait le remplacer par le mot *périthalamium*.

les espèces les plus voisines des Thécamycètes, mais chez eux, l'épithécium et la gélatine hyméniale n'existent pas.

Les apothécies sont : 1° ou bien pyrénoïdes, c'est-à-dire à périthèces nucléiformes, exserts ou plus ou moins immergés-endocarpés ; ou bien 2° elles sont discoïdes, c'est-à-dire à thécium étalé sur un excipulum ouvert, et dans ce cas, encore, elles sont : ou bien franchement exsertes, rarement pédicelleés ou stipitées, plus souvent sessiles et, parfois, aussi un peu plongées au-dessous du niveau du thalle.

Les apothécies discoïdes sont de plusieurs espèces, elles ont reçu de Nylander les caractéristiques que nous résumons :

A. *Apothécies peltées*. Ce sont les apothécies larges, dépourvues de rebords distincts fournis par le thalle.

B. *Apothécies lécanorines* : (appelées aussi *scutelles*). Elles sont orbiculaires entourées d'un rebord thallin qui se relève parfois pour former une cupule saillante, *exipulum thallinum*. Quelques-uns ont leur épithécium rétréci, simulant certaines apothécies de pyrénocarpées-endocarpées, mais elles n'ont pas la forme nettement globuleuse de celles-ci.

C. *Apothécies lécidéines* ou *patelliformes*. Orbiculaires comme les apothécies lécanorines, elles sont planes, concaves ou convexes ordinairement colorées en noir, si elles sont colorées différemment on les dits *biatorines*. Elles se distinguent des apothécies lécanorines par ce fait que la marge leur est propre, fournie par l'exipulum, et non empruntée au thalle. Il peut y avoir cependant hésitation lorsque ce rebord se recouvre de cellules identiques à celles de l'épithalle environnant.

D. *Apothécies lécano-lécidéines*. Elles ont une double marge : l'une thalline comme dans les apothécies lécanorines, et l'autre plus interne, formée par l'excipulum, comme dans les apothécies lécidéines.

E. *Apothécies lirellines* ou *lirelles*. Ce sont des apothécies lécideines de forme irrégulière, allongées, rameuses, et le plus souvent variables dans la même espèce, à marge propre parfois infléchie.

B. *Spermogonies*. — Elles ont la forme de celles que l'on rencontre chez les Champignons ; ce sont de petites bouteilles à col étroit plus ou moins étiré, à ventre plus ou moins renflé, ordinairement immergées dans le thalle. A leur intérieur sont des filaments courts, trapus, simples ou articulés, qu'on

nomme *stérigmates*, sur lesquels se produisent les *spermaties*. Quelques Mycologues regardent encore ces spermaties
comme des corps fécondants, mais elles passent généralement
pour des conidies. Jusqu'en 1887, ces corps se sont montrés
rebelles à toute culture, elles ne voulaient même pas germer
comme leurs homologues fongiques (voir page 48). Mais à cette
époque, il s'est trouvé un savant qui non seulement a pu les

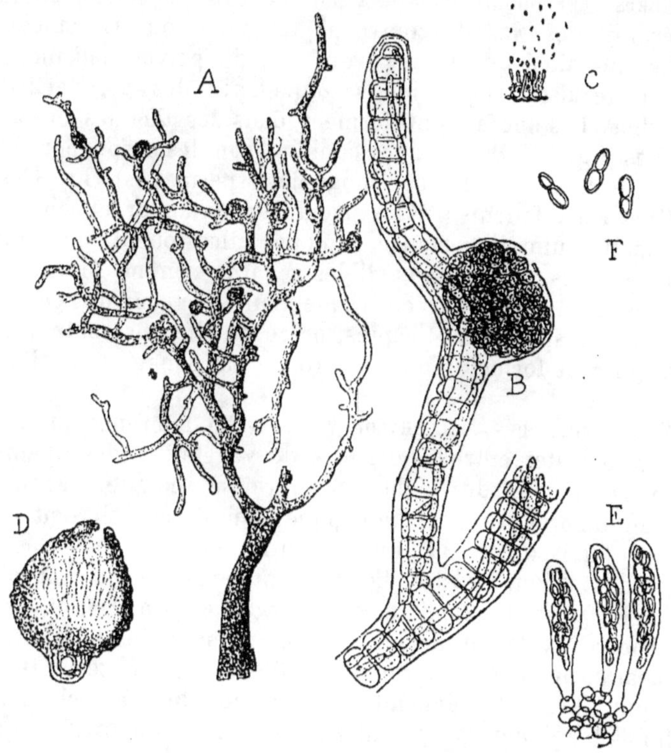

Fig. 153. — *Lichenosphæria Lenormandii* Born.

A, port de la plante; B, rameau grossi montrant une spermogonie et des hyphes fongiques
entourant un *Stigonema*; C, spermaties; D, Apothécie pyrénocarpée; E, thèques; F, spores.

faire germer, mais qui les a vu reproduire le thalle complet.
Cette observation, jugerait, si elle était dûment consacrée, la
nature des spermaties, aussi bien pour les Lichens que pour les
Champignons. Nylander divise les spermaties en : 1° aciculaires
et, 2° non aciculaires. Ces dernières sont ellipsoïdes ou oblongues. Quant aux spermaties aciculaires, elles sont : *a*, fusifor-

mes; *b*, en forme de pilon; *c*, cylindriques droites ou cylindriques courbes.

C. *Pycnides*. Elles ressemblent à celles des Thécamycètes, elles donnent de gros corps reproducteurs, mais elles sont rares, peu constantes, et en général, non utilisées pour la classification.

Corps reproducteurs. — Comme les Mycomycophytes-Thécamycètes, les Phycomycophytes vrais ou Thécalichens jouissent, ainsi que nous l'avons dit, du polymorphisme, et, pour cette raison, on peut leur reconnaître : 1° des spores et 2° des conidies. Les spores sont formées dans les thèques des apothécies (fig. 153 D et E); les conidies sont les corps reproducteurs, formés dans les spermogonies (spermaties) (fig. 153 B et C) et ceux fournis par les pycnides. Nylander attache aux spermaties une importance capitale; elles jouent un grand rôle dans ses descriptions. Il les regarde comme fournissant au classificateur des caractères meilleurs que ceux que peuvent donner les spores des thèques, parce qu'elles présentent une constance de forme qu'on ne retrouve pas dans ces dernières.

Vie et rôle des Mycophycophytes. — La différence que nous avons constater entre les organes de végétation des Champignons et ceux des Lichens, suffirait à indiquer, combien doivent différer les actes biologiques qui s'accomplissent chez les êtres qui composent l'une et l'autre des deux sous-classes; cependant il faut insister. Les Champignons, ne peuvent vivre qu'en se faisant les spoliateurs des organismes morts, et même les bourreaux des organismes encore vivants; les Lichens, au contraire, ne sont ni saprophytes, ni parasites, ils se suffisent : ils sont libres et indépendants. Les gonidies associées aux cellules fongiques, préparent pour celles-ci la nourriture quotidienne; sous l'action de la lumière et d'une certaine humidité, elles composent les hydrates de carbone indispensables. On admet généralement, que l'air et l'eau atmosphérique sont suffisants pour leur procurer tous les éléments nécessaires, non seulement à leur entretien, mais encore à leur reproduction : l'eau et l'air fournissent, en effet, le carbone, l'hydrogène et l'oxygène des hydrates, et aussi l'azote indispensable à la réfection des protoplasmes. L'association se suffit à elle-même, elle n'exige que de la lumière et une atmosphère suffisamment humide, avec cela, elle vit complètement affranchie du *substratum* auquel elle ne demande (et encore pas toujours, témoin le *Lecanora esculenta* SPR. fig. 154) qu'un point pour se cramponner : soit pour s'exposer aux âpretés des éléments, sur les cimes des rochers, soit pour se cacher dans les anfractuosités, où l'humidité se conserve, comme cela arrive pour ces Lichens, qu'on trouve, dans les fentes des pierres ou qui se nichent entre les lames d'écorces, et que pour cette raison on a nommés *hypophléodes*. En cela les Lichens sont comparables aux Algues marines, qui, elles aussi, ne demandent aux rochers sur lesquels elles s'installent et où elles prennent

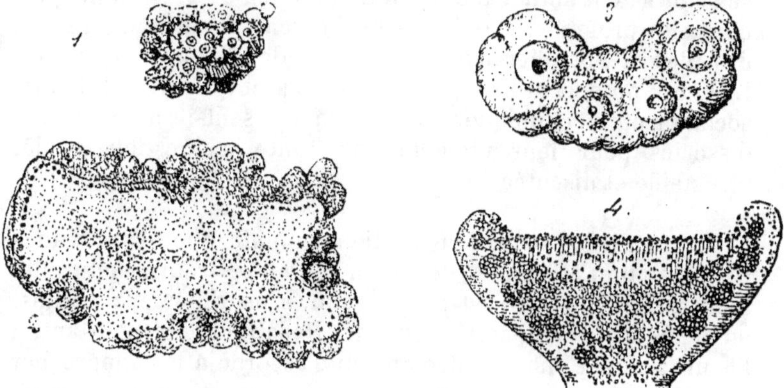

Fig. 154. — *Lecanora esculenta* SPRENG.

1, échantillon fertile de grandeur naturelle; *2*, coupe d'un échantillon stérile, grossi; *3*, portion grossie de l'échantillon fertile montrant les apothécies; *4*, coupe d'une apothécie.

appui, que de ne pas céder aux vagues qui viennent déferler contre elles.

Qui pourrait douter qu'il en soit ainsi, et comment ne pas penser que ces plantes ne vivent que de « l'air du temps », comme nous l'avons dit, quand on les voit s'attacher sur les granits, sur les porphyres, sur les basaltes qui forment nos montagnes, sur les laves à peine refroidies des volcans, et quand on les trouve collées sur les vitraux de nos vieilles églises, dont elles semblent être les contemporaines, ou quand, par contre, on les voit roulées, soulevées, emportées avec les sables du désert ! Certes, dans tous ces cas, ces vies sont précaires et les sujets restent infiniment petits, mais ces petits vivent néanmoins et se reproduisent ; à la loupe, on aperçoit leurs minuscules apothécies, et le microscope montre leurs thèques pleines de spores (fig. 154). Devant de semblables faits, n'est-on pas autorisé à déclarer que, les Lichens *ne demandent rien à leurs substratums*. Et cependant il est évident qu'ils laissent sur leurs supports des traces indéniables de leur existence, lentement, ils ont désagrégé les rochers les plus durs, et en fin de compte, ils ont préparé une couche meuble dans laquelle des végétaux plus exigeants pourront enfoncer leurs racines. Dans certains cas, on a vu des roches tendres comme percés par ces plantules, qui s'enfonçaient dans la masse en la transformant en produits solubles, produits qui plus tard se solidifiaient autour d'elles, formant ainsi de petits puits plus ou moins profonds. Ces effets ne laissent pas que d'être fort difficiles à concilier avec la théorie de l'indépendance des Lichens ; on doit croire qu'ils accomplissent un travail de dissociation plutôt chimique que mécanique. Usent-ils des éléments dissociés pour leur alimentation? Toute la question est là, discutable et discutée.

CLASSIFICATION. — Si l'on ne tient compte que des organes de végétation et du port des Lichens, on se trouve naturellement porté, si l'on n'est pas prévenu, à les relier aux Algues, ou même à les comparer à certaines Hépatiques, et pourtant, à l'heure actuelle, non seulement on s'accorde à les rapprocher des Champignons, comme nous le faisons ici, mais encore, quelques Cryptogamistes tendent à les incorporer purement et simplement dans certaines familles de cette sous-classe, où ils figureraient comme genres ou espèces *lichénisées* à la suite de congénères, genres ou espèces purs de toute *lichénisation*.

C'est, en effet, que s'il est de ces associations de Phycophytes et de Mycophytes formant Lichens, qui touchent aux Algues par suite de la prédominance des éléments gonidiaux sur les éléments fongiques, il en est, par contre, dans lesquels ces deux éléments sont réunis en des proportions inverses. De telle sorte que si, dans le premier cas, on pouvait croire n'avoir devant soi que l'Algue, tant les éléments fongiques étaient peu apparents, dans le second cas, l'élément gonidial est si peu visible, si effacé, qu'on se trouve presqu'en droit d'affirmer qu'il n'y a plus que le Champignon. De plus, dans bien des espèces, on se trouve en face de végétaux, qui, tout en étant manifestement munis de gonidies, sont tellement affines

par leurs organes de fructification, à d'autres non lichénisés,
qu'il devient difficile de les séparer pour les mettre dans deux
sous-classes différentes. C'est ainsi que plusieurs membres de
la famille des Caliciacés errent des Lichens aux Champignons ;
c'est ainsi que les Myriangiacés, jadis Lichens, sont actuellement
des Champignons ; c'est ainsi, encore, que les *Arthonia punc-
tiformés* Ach., A. *dispersa* Nyl.; A. *subastroïdea* Anzi etc., *Coniocybe pallida* Pers. etc., etc. sont tour à tour Lichens ou Champignons. On croit qu'en incorporant, en fondant les deux groupes
en un seul, on simplifiera la chose ; nous ne le pensons pas, car
pour quelques rapprochements heureux, on en aurait beaucoup
de malencontreux. Nous avons cru qu'il était plus utile d'ouvrir,
dans la sous-classe des Mycomycophytes, des casiers nouveaux,
sortes de refuges destinés à recevoir les pseudolichénisés égarés

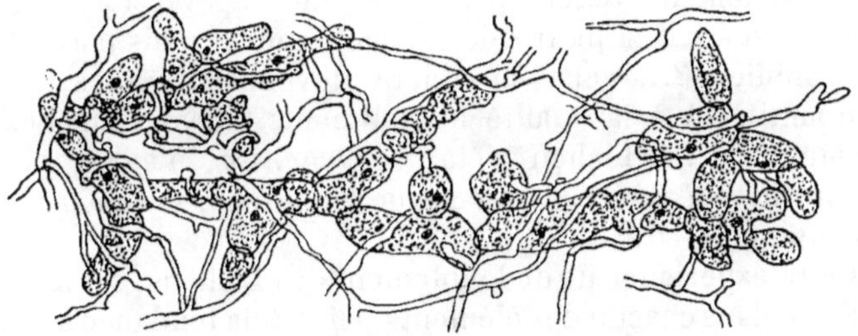

Fig. 155. — *Roccella phycopsis* Ach.
Filament de *Trentepohlia* auquel est fixé l'hypha du *Roccella*.

(familles des Pseudo-Verrucariacés (page 143), Pseudo-Caliciacés (page 158), Pseudo-Graphisiacés (page 160, etc.), de
même que dans la sous-classe des Mycophycophytes nous
ouvrons la famille des Pseudo-Théléphoracés, pour recevoir
quelques espèces de Basidiomycètes qui sont aussi lichénisés.

Les Lichens se trouvent ainsi dans une singulière situation
vis-à-vis des autres Cryptogames cellulaires : attirés vers les
Algues, par les caractères des organes de végétation, ils semblent des Algues aériennes, des *Aérophycées* ; tandis que
par leurs caractères de fructification ils sont réclamés par les
Champignons pour former le groupe des *Lichénisés*, et même
se fondre et s'annihiler en se dispersant dans plusieurs de leurs
familles. Beaucoup de naturalistes, en effet, regardent l'existence
des Lichens comme étant le résultat de rencontres accidentelles
d'entités d'humeur bien différente (fig. 155, 156, etc.). Pour

eux, le Champignon seul a une existence légale ; lorsque les semences rencontrent un sol suffisamment aménagé qui leur fournit assez d'aliments, elles restent « Champignon », mais au cas où ces mêmes semences ne trouvent qu'un sol inhospitalier, comme le sont les basaltes ou les trachytes d'un volcan éteint ou sommeillant, ou bien comme le sont encore, à un moindre degré pourtant, les granits et autres roches dures, elles acceptent le concours, *fortuit* le plus souvent, de spores d'Algues diverses errant dans les airs ou dans les pluies ; les hyphes fournissent le logement et la protection en échange de provisions d'hydrates de carbone que les gonidies s'engagent à leur procurer : dans ces cas, le Champignon se lichénise. A l'appui de cette interprétation, on cite l'expérience intéressante de A. Moëller (1887), qui est arrivé à faire sortir des spores d'un *vrai* Lichen, un végétal parfait, portant apothécies, etc. etc., ayant tout à fait la figure de la plante mère, mais n'ayant plus de gonidies !?... celles-ci étaient devenues inutiles, grâce à la quantité et à la qualité des aliments fournis par l'expérimentateur. Le Lichen s'était *délichénisé*; n'ayant plus eu besoin de s'associer à son Algue habituelle, il était redevenu Champignon.

Cette expérience de dédoublement des Lichens, semble prouver que dans chacun des éléments *persiste* la tendance à l'exploitation des substratums, dont ils useraient *volontiers* à la façon des autres végétaux, si les circonstances leur étaient propices, bien plutôt qu'elle démontre que tout Lichen n'est au fond, qu'un Champignon : car l'Algue délaissée pourrait dans ce cas objecter, s'appuyant sur les mêmes raisons, que tout Lichen est une Algue, puisqu'elle aussi eût pu ne pas se conjoindre, et vivre libre, indépendante.

Qu'on fasse des Mycophycophytes des Aérophycées ou des Thécalichens, leur autonomie n'en est pas moins, pour l'instant, fortement menacée. Elle ne pouvait, peut-être, résister encore qu'en se réclamant d'une classification vraiment naturelle dans laquelle on devait tenir un compte égal des caractères fournis par les organes de végétation et des caractères fournis par les organes de fructification. Au lieu de cela, les Lichénographes modernes se sont faits les artisans de leurs malheurs, en se lançant dans l'exploitation prédominante des caractères tirés des apothécies, des spermaties, des réactions chimiques, caractères de haute valeur bien certainement, mais qui, pour le présent, ne doivent pas faire oublier les caractères du thalle mis en première ligne par les anciens maîtres.

Sur ce terrain, l'autonomie des Lichens eût pu être défendue avec succès, surtout depuis que la découverte de Schwendener corroborée par les observations de E. Bornet et de tant d'autres après lui, démontraient dans ces thalles un phénomène d'une importance capitale, à savoir que les gonidies ne sont autre chose que des Algues facilement reconnaissables comme genres, de telle sorte que chaque plante est faite de deux sortes de végétaux, ce que l'on ne rencontre nulle part ailleurs dans le Règne végétal (fig. 156 et autres). Il s'établit entre eux une vie en commun qui peut paraître étrange au premier abord, mais qui suffit à elle seule à faire du végétal résultat de cette association un être à part, qui n'est ni Algue ni Champignon, étant les deux à la fois ; et qui, **en raison de ce fait**, mérite bien une place dans la classification.

Car enfin, quelle que soit la raison de leur rencontre : parasitisme, *consortium*, symbiose, association perpétuelle ou seulement passagère et accidentelle, il n'en reste pas moins acquis qu'on a des êtres bien singuliers et bien différents de tous les autres végétaux. Ils sont, en effet, formés de deux entités qui, lorsqu'il leur est donné de vivre hors la communauté, ont chacune des mœurs bien distinctes, et même des aptitudes opposées, mais qui, rapprochées, s'accommodent l'une à l'autre par des concessions réciproques à la suite desquelles la plupart perdent une partie de leurs attributs, à ce point que chacun des alliés, facile à reconnaître génériquement, devient dans l'amalgame souvent difficile à déterminer spécifiquement. Aussi ne comprenons-nous pas la levée de boucliers des Lichénographes contre une théorie qui, mieux

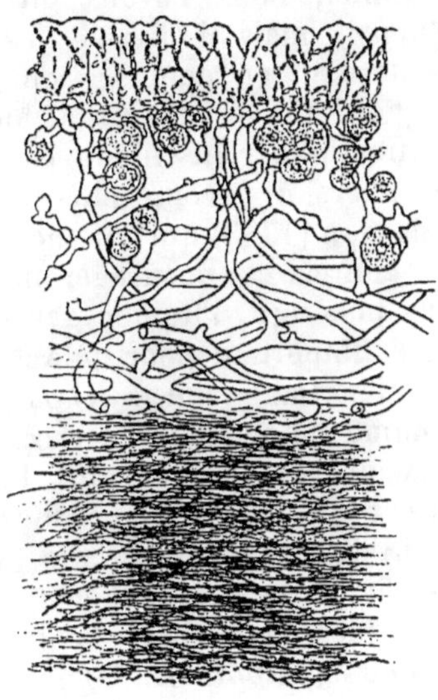

Fig. 156. — *Cladonia furcata* Pers.
Coupe verticale du thalle montrant des *Protococcus* dans la couche gonidienne.

interprétée par eux, eût dû assurer l'autonomie du groupe qu'ils défendent avec tant de passion.

Les classements, rangements, systèmes, etc., des Lichens sont nombreux; l'exposé que nous avons fait de l'histoire de la Lichénographie pouvait le faire présager; c'est encore à l'ouvrage cité plus haut, de Krempelhuber, que nous renvoyons ceux de nos lecteurs qui voudraient connaître à fond la question. Pour notre compte, nous nous bornerons à citer les principales de ces classifications.

Linné, nous l'avons dit, n'admettait que le seul genre *Lichen*, mais il divisait les espèces déjà nombreuses qu'il renfermait en neuf sections, sous-genres comme l'on dirait aujourd'hui, qui devinrent bientôt des genres qui, à leur tour, se fractionnèrent en nouveaux sous-genres destinés comme les premiers à devenir plus tard des genres. Ce furent Hill et Adanson (1763) qui commencèrent ce mouvement de création de genres, et encouragèrent l'étude à ce point que, cinquante ans plus tard, l'unique genre *Lichen* était devenu un groupe assez important pour qu'Acharius en ait pu réclamer l'autonomie. Dans son *Methodus Lichenum* (1803), Acharius, comme Linné, fait son rangement d'après la forme du thalle. Quelques années plus tard, Persoon et Schrader font intervenir la considération des organes de fructification. De Candolle et Duby (*Botanicon Gallicum*, 1803) combinent les deux sortes de caractères, prenant ceux du thalle comme dominateurs, et ceux des apothécies comme secondaires. Pour Elias Fries (*Lichenographia Europæa reformata*, 1831) c'est l'inverse : les caractères tirés de la fructification prennent le premier rang, et ceux de la végétation sont refoulés au second plan. Schœrer (*Enum. crit. Lich.*, 1850) s'inspire des mêmes principes que Fries, mais il apporte quelques changements de détail dans la disposition des groupes. A cette même époque Flotow (*Microscop. Flechten.*, 1850) fait entrer en ligne la structure anatomique du thalle; la proportion et la disposition des gonidies deviennent, à leur tour, caractères dominateurs : les Lichens sont Hétéromères ou Homœomères. Ce système est celui suivi par Körber (*Syst. Lich.*, 1855). Les Homœomères correspondent, au reste, à peu près, aux Byssacés de Fries, et les Hétéromères à ses Lichens proprement dits.

C'est de cette époque que datent les différents *Essais* de classification des Lichens de W. Nylander. En 1858-1860 paraît son *Synopsis Lichenum*. Il y divise les Lichens en : 1° Collémacés (= Byssacés Fr., = Homœomères Flot.; 2° Myriangiacés; 3° Lichénacés (= Lichens Fr., = Hétéromères Flot.). L'auteur fait intervenir tous les caractères de chaque plante, et en particulier ceux des spermogonies et spermaties qu'il préfère à ceux fournis par les thèques et par les spores. Inversement, J. Muller (*Princip. de Classif. des Lich.*, 1862) rejette les caractères des spermaties auxquels il préfère ceux fournis par les spores. — En 1864, Lindeman (*Classif., anat. et développement des Lichens*) ayant cru découvrir la fécondation des Lichens par des corpuscules spermatiques développés dans les paraphyses établit, une classification nouvelle d'après ces principes [1].

Depuis cette époque les discussions anatomo-physiologiques de la théorie Algo-lichénique ont tant occupé les esprits des Lichénologues, qu'on a oublié la taxinomie; toutefois, comme les Lichénographes ont continué leurs recherches sans s'être entendus sur la méthode, ils ont produit une telle quantité d'espèces 6,000 ou 7,000 (les grands diviseurs disent 10,000) que l'on se trouve fort embarrassé pour les ranger. On reconnaît, en effet, que les classifications si nombreuses auxquelles nous avons fait allusion, malgré les modifications qu'elles ont eu à subir dans les dernières années, n'arrivent qu'à se détruire les unes les autres; si bien qu'on se trouve plongé dans une anarchie telle, que les plus savants eux-mêmes ont peine à s'y reconnaître. Les cadres sans cesse remaniés, interprétés de vingt façons différentes (souvent par le même auteur), finissent par n'avoir plus de valeur; les genres sont sans cesse changés et disparaissent pour faire place à d'autres qui sont aussi vivement contestés. Le désarroi est si grand, qu'à ce jour il est impossible d'établir un lien quelconque entre les noms admis pour les mêmes espèces, genres ou familles, par des maîtres d'une valeur également incontestable. Partis de points différents, les classificateurs marchent sans jamais se rencontrer.

Pour ne pas se perdre au milieu de ce dédale, on est obligé de faire un choix et de suivre aussi fidèlement que possible les

---

1. La fécondation chez les Lichens est fort controversée. Plusieurs physiologues avaient admis qu'elle se faisait par les spermaties; Lindeman l'attribue à des corpuscules fournis par les paraphyses; depuis, Stahl (*Beitrage* 1877) a présenté une théorie très ingénieuse, mais qui jusqu'à présent n'a pas eu plus de succès que ses devancières.

errements du classificateur qu'on s'est décidé à prendre pour guide. Nous avons donné la préférence à la classification de W. Nylander, publiée par A. Hue, dans les *Lichenes exotici*, 1893. Néanmoins, si nous l'avons adoptée comme fond nous lui avons donné pour cadre, afin de la rendre moins ardue aux débutants, les anciennes divisions acceptées dans *Synopsis Lichenum* du même savant (1858-1860). Nous avons été puissamaidé dans cette transformation par A. Hue lui-même, et nous devons, en toute sincérité, reconnaître que sans lui il nous eût été impossible de sortir du chaos où nous nous trouvions plongé. Un instant nous avons espéré faire concorder notre classement avec la classification d'Ed. Wainio (*Classif. et Morph. des Lich. du Brésil*, 1890) remarquable en ce sens qu'elle est la première qui ait pour base le principe du consortium Algo-lichénique, mais nous avons reconnu que c'eût été apporter une complication trop grande dans cette étude que nous voulons simplifier autant que possible.

Sous les auspices de A. Hue nous proposons donc la disposition suivante :

Les spores des Lichens se forment :

A. A l'extérieur de basides . 1ʳᵉ ᴀʟʟɪᴀɴᴄᴇ : **Basidiolichens.**

B. A l'intérieur de thèques . 2ᵉ ᴀʟʟɪᴀɴᴄᴇ : **Thécalichens.**

　+ Les gonidies forment des
　　couches distinctes. 1ʳᵉ *Sous.-Alliance* : *Thécal.-Hétéromères.*

　　+ Thalamium [1] enfermé. . . . . **Endothalamiés.**

　　++　　—　　exsert. . . . . **Ectothalamiés.**

　　　　o Apothécies fermées au début . . . **Ectoth.-coniocarpés.**

　　　　oo　　—　　ouvertes dès le début.

　　　　　* Apothécies lirellines . . . . . . **Ectoth.-hystériocarpés**

　　　　　**　　—　　cupuliformes . . . . **Ectoth.-cyclocarpés.**

　+ Les gonidies ne forment pas de couches
　　distinctes . . . . . 2ᵒ *Sous-Alliance* : *Thécal.-Homœomères.*

---

1. Nous pourrions tout aussi bien dire *Thécium* : ce qui nous donnerait *Endothéciés* et *Ectothéciés*. Mais ces deux mots pourraient faire confusion avec *Endothécés* et *Ectothécés* que nous avons pris pour désigner les sous-ordres des Thécamycètes. C'est pour cela que nous avons préféré prendre le mot *Thalamium* qui, ainsi que nous l'avons établi page 120 (*in notis*) est pris actuellement comme synonyme de *Thécium*.

1re Alliance. — **Basidiolichens.**

Le genre Cora a de tout temps été rangé parmi les Lichens. On en a rapproché, depuis peu, plusieurs types qui ont fini par se fusionner en un seul le genre *Dictyonema* ou *Dichonema* de Nées.

Tous ont comme caractères de présenter un hyménium de basides.

Une seule famille.

1re Famille. — Pseudo-Théléphoracés.

Les cryptogamistes réducteurs rapprochent les genres de cette famille des genres de la famille des Théléphoracés. L'aspect et le port autorisent ce rapprochement. Mais l'anatomie montre les tissus pénétrés de gonidies.

Genres. — *Cora* Fr., — *Dictyonema* Nées. (fig. 152) (= *Dichonema* Nées).

2e Alliance. — **Thécalichens.**

Les fructifications sont ici des thèques. Ce sont les Lichens proprement dits, ceux que tout le monde connaît sous ce nom.

Ce groupe côtoie celui des Thécamycètes, et se développe parallèlement à lui d'une façon tellement serrée que dans certains points il semble y avoir une sorte de pénétration de l'un par l'autre. Il se fait des échanges de genres sur lesquels nous avons déjà insisté, de même que nous avons déjà dit que des familles entières passaient de l'un à l'autre, soit pour y rester, comme cela a lieu pour les Myriangiacés, qui ont été cédés aux Champignons par les Lichens, soit pour se partager comme nous l'avons vu à propos des Pseudo-Caliciacés (page 158) et des Pseudo-Graphisiacés (page 160). De telle sorte que pour les espèces les moins élevées en organisation il y a comme des brèches ouvertes par où l'on pourra tenter l'infiltration des Lichens dans les Champignons. Pour les espèces supérieures cela deviendrait peut-être plus difficile, et il est bien certain que si les *Calicium* et les *Arthonia* sont faciles à faire passer dans les Thécamycètes, ce passage sera plus difficile à opérer pour bien d'autres, comme les *Ramalina* (fig. 1 et 2), *Roccella* (fig. 164), etc., et demandera, à ceux qui tenteront l'opération, de grands efforts d'imagination, car, pour qui connaît un peu la physionomie des Algues, il y a plutôt lieu de comparer beaucoup d'espèces de Parméliacés et de Cladoniacés aux Algues qui décorent les rochers des bords de nos mers.

Les Thécalichens se divisent en deux sous-alliances. Dans les uns, en effet, les filaments ou cellules incolores fongiques et les cellules gonidiales forment des couches bien nettes et bien faciles à délimiter la plupart du temps ; dans les autres, les cellules fongiques et les cellules gonidiales sont mélangées sans ordre.

1° La sous-alliance des Thécalichens hétéromères comprend les premiers ;

2° La sous-alliance des Thécalichens homœomères contient les seconds.

1re *Sous-Alliance.* — *Thécalichens-ḥétéromères.*

Cette sous-alliance comprend la plupart des Lichens, qui se divisent en deux ordres correspondant à ceux que nous avons établis dans les Thécamycètes. L'hyménium, en effet, est tantôt enfermé dans un périthèce vrai, tantôt étalé sur un disque. L'hyménium étant appelé ici thalamium, nous avons :

1° L'*Ordre* des Endothalamiés ;

2° L'*Ordre* des Ectothalamiés.

1er Ordre. — **Endothalamiés.**

Les Thécalichens hétéromères-endothalamiés ont leur épithécium glutineux. Wainio les nomme Pyrénolichens.

Deux familles établies sur la disposition du thalle : crustacé dans l'une, foliacé dans l'autre.

2° Famille. — Verrucariacés.

Thécalichens-hétéromères-endothalamiés, à thalle crustacé. Quelques-uns des genres, ceux de la première tribu, sont regardés par quelques Lichénologues comme des Champignons (voyez page 143, famille des Pseudo-Verrucariacés).

Deux tribus.

1re Tribu. — *Rimulariés*. — Apothécies péridiées c'est-à-dire entourée d'un sac ne présentant point d'ostiole.

Genres. — *Endococcus* NYL., — *Rimularia* NYL., — *Mycoporon* FLOT..

2e Tribu. — *Verrucariés*. —Apothécies périthéciés, c'est-à-dire avec ostiole.

Genres. — *Thelocarpon* NYL., — *Thelococcum* NYL., — *Thelopsis* NYL., — *Verrucaria* PERS. (fig. 157), — *Strigula* FR., — *Parathelium* NYL., — *Limboria* FR., — *Sarcopyrenia* NYL., — *Melanotheca* FÉE,—*Astrothelium* ESCHW., — ? *Lepraria* ACH..

Fig. 157. — *Verrucaria nitida* SCHRAD. Gonidies de *Trentepohlia* MART., entouré par les filaments fongiques.

3e Famille. — NORMANDINACÉS.

Thécalichens-hétéromères, endothalamiés, à thalle foliacé, squamuleux ou squameux, à squames et squamules arrondies. Apothécies noires immergées.

Deux tribus.

1re Tribu. — *Normandinés*. — Le thalle est sec, granuleux ou squameux, ou pelté-squamuleux.

Genres. — *Normandina* NYL., — *Endocarpon* HEDW. (fig. 158).

Fig. 158. — *Endocarpon hepaticum* ACH.

2e Tribu. — *Obryzés*. — Thalle gélatineux.

Genre. — *Obryzum* WALL..

2e Ordre. — **Ectothalamiés**.

Thécalichens-hétéromères à thalamium étalé lors de la maturité. Cet ordre correspond aux Discolichens de Wainio.

Les apothécies peuvent être fermées dès le début et ne s'ouvrir que plus tard, ou bien elles peuvent se présenter ouvertes dès le début. Dans le premier cas on a un seul sous-ordre :

celui des Ectothalamiés-épiconiocarpés ; dans le second cas on a deux sous-ordres : 1° celui des Ectothalamiés-hystériocarpés si les apothécies sont lirellines ; 2° Celui des Ectothalamiés-cyclocarpés si les apothécies sont cupuliformes.

1er Sous-Ordre. — Ectothalamiés-épiconiocarpés.

Thécalichens-hétéromères à thalamium exsert, se résolvant en une poussière de spores qui reste souvent à la surface. Ce sous-ordre correspond à la division des Coniocarpés de Wainio. Les apothécies, fermées d'abord, s'ouvrent à la maturité.

Les espèces qui appartiennent à ce sous-ordre sont bien voisines des Thécamycètes ; on les distribue en deux familles d'après la forme du thalle.

4e Famille. — Caliciacés.

Ectothalamiés-épiconiocarpés à thalles crustacés. — Parasites ou saprophytes — les apothécies ayant ou n'ayant point de rebord thallin s'ouvrent à la maturité.

Ce sont de petites espèces difficiles à observer, surtout dans leur structure, cela fait que plusieurs ont été regardées comme lichénisées, alors qu'elles ne l'étaient pas ; d'où réclamations des Mycologues, dont quelques-uns, pour couper court a tout débat, se sont attribué toute la famille. C'est une exagération qui nous a porté a créer la famille nouvelle des Pseudo-Caliciacés pour les Caliciacés non lichénisés (voyez page 158).

Deux tribus.

1re Tribu. — *Caliciés*. — Caliciacés dont les apothécies sont munies d'un rebord thallin.

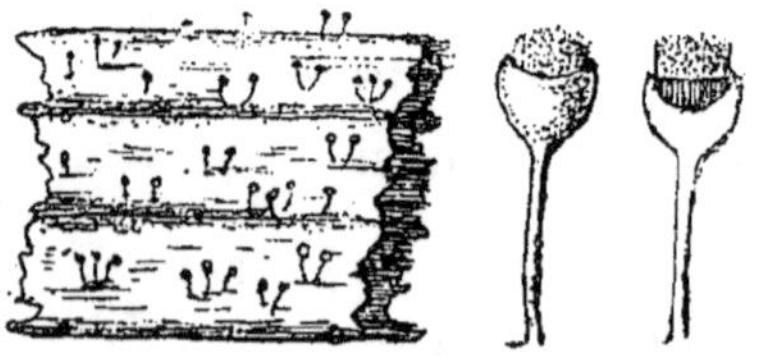

Genres. — *Sphinctrina* Fr., — *Trachylia* Fr., — *Purgillus* Nyl., — *Coniocybe* Nyl., — *Pyrgidium* Nyl., — *Calicium* Ach. (fig. 159), — *Stenocybe* Nyl..

Fig. 159. — *Calicium trachelinum* Ach.

Port un peu grossi ; sur le côté, deux réceptacles grossis, dont un est coupé verticalement.

2e Tribu, — *Tylophorés*. — Caliciacés à apothécies sans rebord thallin.

Genres. — *Tylophoron* Pers., — *Tolurna* Norm..

5e Famille. — Sphérophoracés.

Ectothalamiés à thalle fruticuleux. Les thalles se dressent et se ramifient, portant à l'extrémité de leurs rameaux de petites apothécies fermées d'abord, assez pour faire croire à des Pyrénocarpés, puis s'ouvrant largement et formant un disque étalé.

Dans les Thécamycètes-ectothécés, nous avons eu la famille des Cordieritacés composée du seul genre *Cordierites* qui pourrait être défini un *Sphærophoron* non lichénisé.

Genres. — *Sphærophoron* Pers. (fig. 149), — *Acroscyphus* Lév..

2e *Sous-Ordre*. — **Ectothalamiés-hystériocarpés.**

Thécalichens-hétéromères à thalamium exsert, ouvert presque dès le début. L'épithécium est glutineux. Les apothécies sont lirellines s'ouvrant par des fentes à la façon des *Hysterium*. Ce groupe correspond aux Graphidés de Wainio.

Une seule famille.

6e Famille. — Graphisiacés.

Ectothalamiés à apothécies toujours ouvertes et à épithécium glutineux. Cette famille rappelle ici celle des Hystériacés dans les Thécamycètes-ectothécés ; leur disque s'ouvre par une fente et non par une ostiole. Aussi ne doit-on pas s'étonner de voir certaines espèces égarées parmi les Champignons. C'est pour les recevoir que nous avons créé la famille des Pseudo-Graphisiacées où l'on trouvera, par exemple, ceux des *Arthonia* qui, n'étant pas lichénisés, ne peuvent rester dans les Mycophycophytes (voyez page 160).

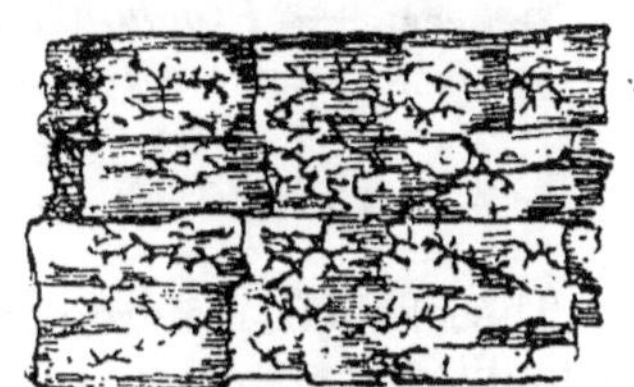

Fig. 160. — *Opegrapha atra* Pers.
Port grandeur naturelle.

Deux tribus :

1re **Tribu**. — *Haplographidés*. — Le disque n'a qu'un seul hyménium pour le recouvrir.

Genres. — *Opegrapha* Ach. (fig. 160, 161), — *Platygrapha* Nyl., — *Arthonia* Ach., — *Melaspilea* Nyl., — *Stigmatidium*

Mey., — *Schizographa* Nyl., — *Anomorpha* Nyl., — *Graphis* Ach. (incl. *Leucographa* Nyl.), — *Helminthocarpon* Fée, — *Thelographis* Nyl., — *Lecanactis* Eschw., — *Xylographa* Fr., — *Agyrium* Fr., — *Lithographa* Nyl..

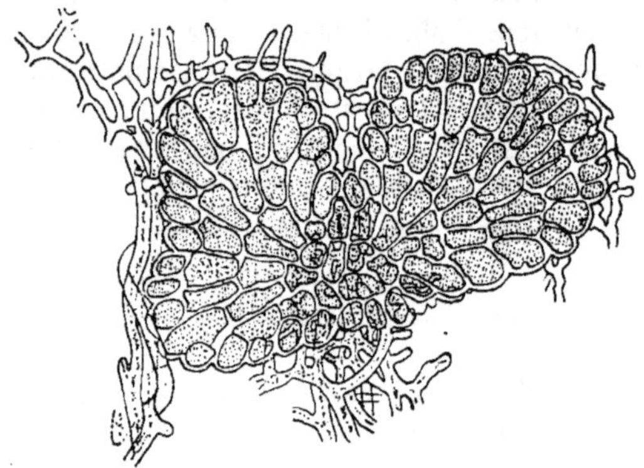

Fig. 161. — *Opegrapha filicina* Montg.

Thalle de *Phyllactidium* Kutz, que l'hypha de l'*Opegrapha* commence à envahir; le bord extérieur de l'Algue, c'est-à-dire la portion la plus récemment développée, est seul en contact avec l'hypha.

2ᵉ Tribu. — *Syngraphidés.* — Le disque porte plusieurs hyméniums pour chaque apothécie.

Genres. — *Ptychographa* Nyl., — *Chiodecton* Ach., — *Glyphis* Ach..

3ᵉ *Sous-Ordre.* — **Ectothalamiés-cyclocarpés.**

Thécalichens-hétéromères à thalamium exsert. Apothécies cupuliformes, toujours ouvertes dès le début, à épithécium glutineux. C'est le groupe des Cyclocarpés de Wainio.

Trois familles d'après la forme et la composition du thalle. 1° Thalle crustacé : Lécanoracés ; 2° thalle foliacé : Parméliacés ; 3° thalle fruticuleux : Cladoniacés.

7ᵉ Famille. — Lécanoracés.

Ectothalamiés-cyclocarpés à apothécies étalées, planes, orbiculaires, sessiles ou stipitées, à thalle crustacé, à gonidies vertes, jaunes ou bleues.

Les espèces qui composent cette famille côtoient celles que

nous avons trouvées dans les familles des **Patellariacés** et **Dermatéacés**. Quelques-unes, même, ont dû passer des Lichens dans les Champignons. C'est pour recevoir certaines d'entre elles que nous avons créé le genre *Pseudo-lecidea*.

Deux tribus :

1re Tribu. — *Lécanolécidés.* — Lécanoracés dont le thalle contient des gonidies vertes ou des gonidies jaunes.

Six sous-tribus.

1re Sous-Tribu. — *Lécanolécidés-Cénogoniés.* — Thalle à gonidies jaunes avec apothécies biatorines.

Genre. — *Cœnogonium* Ehr..

2e Sous-Tribu. — *Lécanolécidés-Crocyniés.* — Thalle à gonidies jaunes avec apothécies lécanorines.

Genres. — *Crocynia* Ach., — *Byssocaulon* Montg..

3e Sous-Tribu. — *Lécanolécidés-Thélotrémés.* — Thalle à gonidies vertes. Apothécies dans des verrues; spores pluriseptées, parfois brunes.

Genres. — *Polystroma* Clem., — *Tremotylium* Nyl., — *Belonia* Körb., — *Gyrostomum* Fr., — *Phlyctis* Nyl., — *Urceolaria* Fr., — *Thelotrema* Ach., — *Ascidium* Fée.

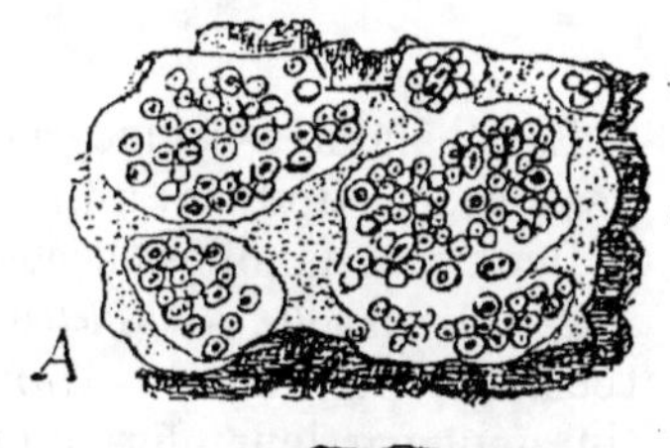

Fig. 162. — *Dirina repanda* (Fr.) Nyl. A, port grand. natur.; B, une portion un peu grossie.

4e Sous-Tribu. — *Lécanolécidés-Pertusariés.* — Thalle à gonidies vertes. Apothécies dans des verrues. Spores hyalines.

Genres. — *Varicellaria* Nyl., — *Pertusaria* DC..

5e Sous-Tribu. — *Lécanolécidés-Lécanorés.* — Thalle à gonidies vertes. Apothécies non dans des verrues, avec une marge thalline.

Genres. — *Amphiloma* Nyl., — *Dirina* Fr. (fig. 162), — *Lecanora* Ach., — *Glypholecia* Nyl., — *Psoroma* Nyl., — *Psoromaria* Nyl., — *Gymnoderma* Nyl..

6e Sous-Tribu. — *Lécanolécidés-eulécidés.* — Thalle à gonidies vertes. Apothécies non dans des verrues, sans marge thalline.

Genres. — *Gyrothecium* Nyl., — *Epiphora* Nyl., — *Lecidea* Ach.,

2e Tribu. — *Pannariés.* — Lécanoracés dont le thalle contient des gonidies bleues ou gonimies.

Deux sous-tribus.

1re Sous-Tribu. — *Pannariés-Heppiés.* — Thalle à gonimies, apothécies immergées.

Genres. — *Heppia* Næg., — *Heterina* Nyl., — *Peltula* Nyl..

2e Sous-Tribu. — *Pannariés-Eupannariés.* — Thalle à gonimies, portant des apothécies émergées.

Genres. — *Erioderma* Fée, — *Leioderma* Nyl., — *Pannaria* Del., — *Pannularia* Nyl..

8e Famille. — Parméliacés.

Ectothalamiés-cyclocarpés à apothécies planes, orbiculaires, sessiles ou stipitées; à thalle foliacé.

Deux sous-familles basées sur les spores septées ou continues :

A. **Sous-Famille.** — Parméliacés-phyllodés. — Les spores sont septées, excepté dans les *Gyrophora*, où les apothécies se distinguent par leur plissement. Cinq tribus :

1re Tribu. — *Gyrophorés.* — Parméliacés-phyllodés à thalle ombiliqué. — Deux sous-tribus.

1re Sous-Tribu. — *Gyrophorés-eugyrophorés.* — Gyrophorés à apothécies plissées et incolores.

Genre. — *Gyrophora* Ach..

2e Sous-Tribu. — *Gyrophorés-Ombilicariés.* — Gyrophorés à apothécies lécidéines et à spores brunes.

Genres. — *Umbilicaria* Hoffm., — *Dermatiscum* Nyl..

2e Tribu. — *Pyxinés.* — Parméliacés-phyllodés à spores septées, à thalle lacinié avec apothécies lécidéines.

Genre. — *Pyxine* Fr..

3e Tribu. — *Physciés.* — Parméliacés-phyllodés à spores septées, à thalle lacinié avec apothécies lécanorines.

Genre. — *Physcia* Fr..

4e Tribu. — *Peltigérés.* — Parméliacés-phyllodés à spores septées, à thalle foliacé ; apothécies peltiformes.

Deux sous-tribus :

1re Sous-Tribu. — *Peltigérés-Peltidés.* — Peltigérés à gonidies vertes.

Genres. — *Solorina* Ach., — *Peltidea* Nyl., — *Nephroma* Ach..

2e Sous-Tribu. — *Peltigérés-eupeltigérés.* — Thalle à gonimies.

Genres. — *Solorinina* N*YL*., — *Peltigera* H*OFFM*., — *Nephromium* N*YL*..

5ᵉ Tribu. — *Stictés*. — Parméliacés-phyllodés à spores septées et à thalle foliacé. Apothécies lécanorines.

Trois sous-tribus :

1ʳᵉ Sous-Tribu. — *Stictés-pseudostictés*. — Thalle à gonidies vertes, sans rhizines ou à rhizines fasciculées.

Genre. — *Ricasolia* D*E* N*OT*..

2ᵉ Sous-Tribu. — *Stictés-Eustictés*. — Thalles à gonidies vertes avec des rhizines simples couvrant la face inférieure.

Genres. — *Sticta* A*CH*., — *Lobaria* H*OFFM*. (fig. 151).

3ᵉ Sous-Tribu. — *Stictés - Stictinés*. — Thalle à gonidies bleues.

Genres. — *Stictina* N*YL*., — *Lobarina* N*YL*..

B. Sous-Famille. — PARMÉLIACÉS-PARMÉLIODÉS. —

Spores continues.

Deux tribus :

6ᵉ Tribu. — *Parméliés*. — Parméliacés-parméliodés à spermogonies éparses.

Genres. — *Parmeliopsis* N*YL*., — *Parmelia* A*CH*. (fig. 150), — *Evernia* A*CH*., — *Everniopsis* N*YL*..

7ᵉ Tribu. — *Cétrariés*. — Parméliacés-parméliodés à spermogonies marginales.

Genres. — *Platysma* H*OFFM*., — *Cetraria* A*CH*. (fig. 163).

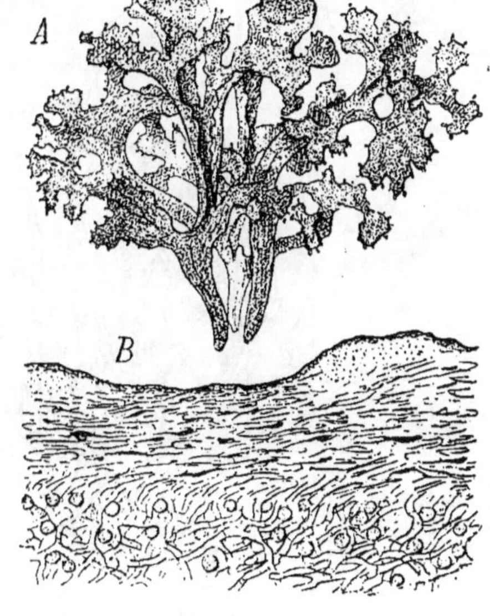

Fig. 163. — *Cetraria islandica* A*CH*.

A, port grand. natur.; B, coupe de thalle montrant une couche gonidienne parsemée de *Protococcus*.

9ᵉ Famille. — C*LADONIACÉS*.

Ectothalamiés-cyclocarpés à apothécies planes, orbiculaires, sessiles ou stipitées; à thalle fructiculeux.

Trois sous-familles basées sur les formes du thalle.

A. *Sous-Famille.* — CLADONIACÉS-USNÉODÉS. — Le thalle est filiforme. Deux tribus.

1re Tribu. — *Usnéés.* — Cladoniacés-Usnéodés à thalle filiforme dont l'axe est plein.

Genres. — *Chlorea* Nyl., — *Usnea* Hoffm., — *Neuropogon* Nées et Flot..

2e Tribu. — *Alectoriés.* — Cladoniacés-Usnéodés ayant un thalle filiforme creux.

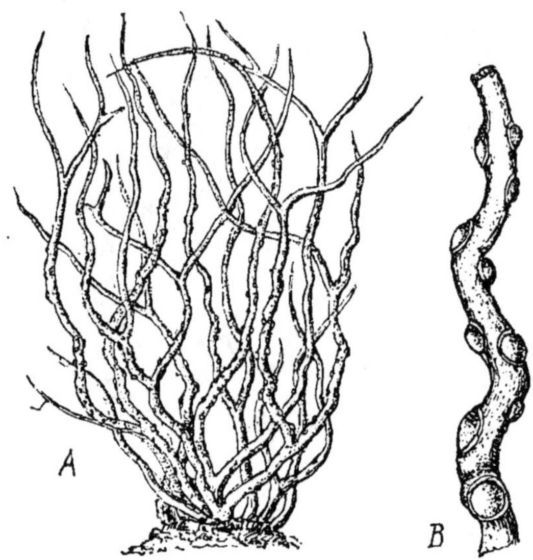

Fig. 164. — *Roccella tinctoria* DC.

A, port grandeur naturelle; B, un rameau grossi montrant de nombreuses apothécies.

Genres. — *Alectoria* Ach., — *Dufourea* Ach., — *Dactylina* Nyl..

B. *Sous-Famille.* — CLADONIACÉS-RAMALODÉS. — Le thalle non filiforme est rameux, à rameaux irrégulièrement disposés. Deux tribus.

3e Tribu. — *Roccellés.* — Cladoniacés-Ramalodés à spores, 3-septées.

Genres. — *Roccella* DC. (fig. 155 et 164), — *Schizopelte* Th. Fr., — *Combea* de Not..

4e Tribu. — *Ramalinés.* — Cladoniacés-Ramalodés à spores 1-septées.

Genres. — *Ramalina* ACH., — *Ramalea* NYL..

C. *Sous–Famille*. — CLADONIACÉS-CLADONIODÉS. — Le thalle non filiforme est rameux-dichotome.

Deux tribus :

5ᵉ Tribu. — *Cladoniés*. — Cladoniacés-Cladoniodés dans lesquels l'axe primaire est très apparent.

Quatre sous-tribus :

1ʳᵉ Sous-Tribu. — *Cladoniés-Hétérodéés*. — Thalle sans podétions à apothécies marginales.

Genre. — *Heterodea* NYL..

2ᵉ Sous-Tribu. — *Cladoniés-Béomycétés*. — Thalle sans podétions à apothécies éparses.

Genres. — *Bœomyces* PERS., — *Glossodium* NYL., — *Thysanothecium* DUR. et MONTG., — *Stereocauliscum* NYL., — *Gomphillus* NYL..

3ᵒ Sous-Tribu. — *Cladoniés-Eucladoniés*. — Thalle avec podétions, apothécies brunes ou rouges, foliacés, scyphiformes.

Genre. — *Cladonia* HOFFM. (fig. 156).

4ᵉ Sous-Tribu. — *Cladoniés-Pilophorés*. — Thalle avec podétions ; apothécies noires.

Genre. — *Pilophoron* TURK.

6ᵉ Tribu. — *Cladinés*. — Cladoniacés-Cladoniodés, où l'on ne voit pas d'axe primaire.

Quatre sous-tribus :

1ʳᵉ Sous-Tribu. — *Cladinés-Eucladinés*. — Thalle nu. Podétions divergents, ramifiés.

Genre. — *Cladina* NYL..

2ᵒ Sous-Tribu. — *Cladinés-Siphulés*. — Thalle nu. Podétions simples ou un peu ramifiés au sommet ; toujours stériles.

Genres. — *Endocena* CROMB., — *Thamnolia* ACH., — *Siphula* FR..

3ᵒ Sous-Tribu. — *Cladinés-Cladiés*. — Thalle nu. Podétions percés de trous ou très courts.

Genres. — *Cladia* NYL., — *Pycnothelia* DUF..

4ᵉ Sous-Tribu. — *Cladinés-Stéréocaulés*. — Thalle couvert de granulations.

Genres. — *Stereocaulon* NYL., — *Stereocladium* NYL., — *Argopsis* TH. FR..

2ᵉ Sous-Alliance. — Thécalichens-homœomères.

Les thalles ne présentent pas de couches différenciées ; les gonidies (cyanogonidies ou gonimies) sont éparses au milieu d'une gangue d'éléments fongiques plus ou moins nombreux et forment un tout à peu près homogène. Les gonimies sont des Algues cyanophycées (*Stigonema, Nostoc*, etc.), aussi ces Lichens ont-ils une coloration noire-bleue toute spéciale, qui fait que, lorsque l'élément fongique est peu riche en cellules, on les prend pour ces Algues elles-mêmes.

Tantôt le thalle est gélatineux et l'on a la famille des Collémacés, tantôt il est byssoïde et l'on a celle des Ephébacés.

10ᵉ Famille. — COLLÉMACÉS.

Thécalichens-homœomères à thalle gélatineux ; hyphes fongiques en état de gélification tenant entre leurs entrecroise-

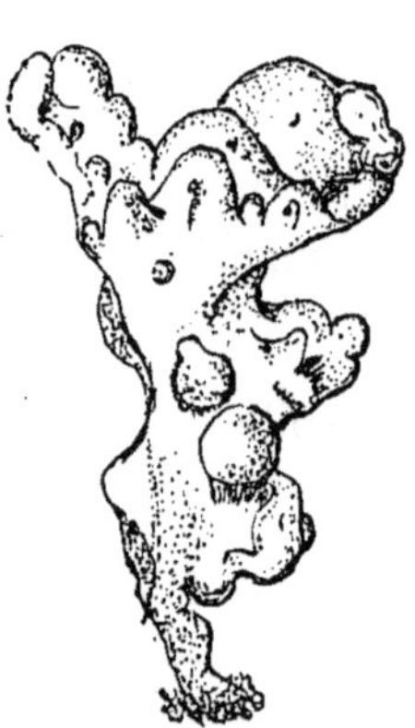

Fig. 165. — *Collema multifidum* Schær, var. *Jacobæfolium*.

Port grandeur naturelle.

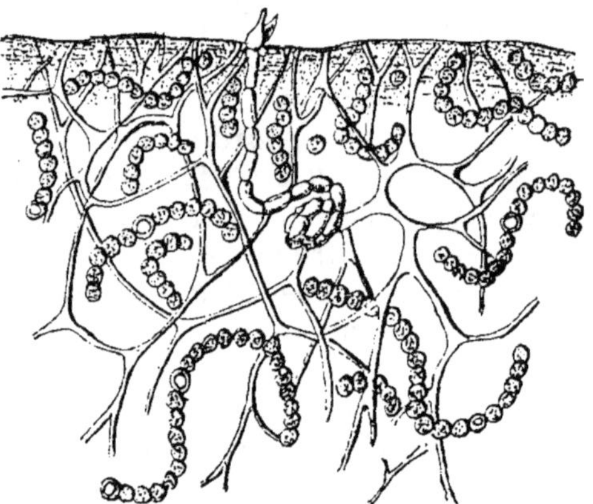

Fig. 166. — *Collema microphyllum* Ach.

Coupe montrant des filaments de *Nostoc* mêlés aux hyphes fongiques.

ments soit des gonimies moniliformes dans lesquelles on reconnaît des Nostocs (ex. *Collema, Leptogium,* etc.), soit des gonimies isolées ou groupées par tétrades : *Glœocapsa* (ex. : *Omphalaria,* etc.).

Deux tribus :

1ʳᵉ Tribu. — *Collémés.* — Collémacés à thalle foliacé.

Genres. — *Pyrenopsis* NYL., — *Euopsis* NYL., — *Collemopsis* NYL., — *Psoropsis* NYL., — *Amphopsis* NYL., — *Collemopsidium* NYL., — *Magmopsis* NYL., — *Phylliscum* NYL., — *Pyrenopsidium* NYL.. — *Paulia* FÉE, — *Omphalaria* DUR. et MONTG., — *Anema* NYL., — *Collema* ACH. (fig. 165 et 166), *Amphinomium* NYL., — *Collemodium* NYL., — *Leptogium* FR., — *Leptogidium* NYL., — *Leptogiopsis* NYL., — *Aphanopsis* NYL.. — *Hydrothyria* RUSS.. — *Pyrenidium* NYL..

2° Tribu. — *Lichinés*. — Collémacés à thalle fructiculeux.

Genres. — *Homopsella* NYL., — *Lichina* AG., — *Synalissa* DUR., — *Lichinella* NYL., — *Synalissopsis* NYL., — *Lichiniza* NYL., — *Lichinodium* NYL., — *Pterygium* NYL., — *Synalissina* NYL..

11e Famille. — ÉPHÉBACÉS.

Thécalichens-homœomères à thalle byssoïde, c'est-à-dire fructiculeux, filiforme ou cylindracé, faiblement gélatineux. Les hyphes fongiques allongées, et comme étirées en un tout rameux, retiennent entre elles des gonimies dans lesquelles on reconnaît principalement des *Stigonema* : les éléments sont souvent dissociés dans les parties âgées. « Le sommet des rameaux montre mieux la disposition des cellules de l'Algue incluse; surtout après macération dans la potasse qui éclaircit l'enveloppe corticale [1]. »

Genres. — *Ephebe* FR., — *Ephebeia* NYL., — *Lichenosphæria* BORN. (fig. 153), — *Spilonema* BORN., — *Gonionema* NYL.. *Sirosiphon* KUTZ. [2], — *Scytonema* AG..

---

1. HY F. *Essai sur les Lichens d'Anjou*. Phycolichens, 1893.

2. Certains Lichénologues ont le tort de ranger parmi les Lichens tous les échantillons de *Syrosiphon* et de *Scytonema* qu'ils rencontrent. Ceux-là seuls leur appartiennent qui sont lichénisés, c'est-à-dire qui présentent des hyphes unies à des Algues, et ce sont bien des Lichens car ils fructifient parfois; les autres échantillons dans lesquels on ne voit que des Algues pures sont des PHYCOPHYTES. D'autres Algues se trouvent dans les mêmes conditions que *Sirosiphon* et *Scytonema* (Voy. p. 220), par exemple *Trentepholia* (=*Chroolepus*) : mais comme lichénisés ils changent de noms, il ne peut y avoir de difficulté pour leur classement; certains *Trentepohlia* exotiques deviennent de *Cœnogonium*.

ÉNUMÉRATION DES GENRES

DE

MYCOPHYTES FOSSILES (Voy. page 60)

On connaît actuellement environ 330 espèces de Mycophytes fossiles[1]. Toutes appartiennent à la sous-classe des Mycomycophytes. Les progrès que fait la paléontologie font prévoir que ce nombre s'accroîtra rapidement.

Ces espèces se groupent autour d'une cinquantaine de genres qui, eux-mêmes, peuvent être rapportés à des types actuellement vivants. Pour que dans les énumérations et les descriptions il ne puisse y avoir confusion, on a généralement adopté pour les fossiles la terminaison en *ites*. C'est ainsi que, par exemple, le *Penicillium curtipes* BERK., et le *Æcidium Nerii* BUR. (page 61), sont devenus le premier *Penicillites curtipes* BERK. (fig. 167), et le second *Æcidites Nerii* BUR.

1re DIVISION. — ASPOROMYCÉS.

1re SOUS-DIVISION. — ASPOROMYCÉS-ACONIDIÉS.

1re Série. — HIMANTIA	Himantites. **1**[2].
2e Série. — SCLEROTIUM	Sclerotites. **14.** Xylomites. **47.** Rhizomorphites. **4.** Nyctomyces. **6.**

2e SOUS-DIVISION. — ASPOROMYCÉS-CONIDIÉS.

1re COHORTE. — Nématomycétales.

1re Sous-Cohorte. — Nématomycétales-haplonématés.

1re Série. — COCCOSPORA	Sporotrichites. **3.** Trichosporites. **1.** Dictyosporites. **1.**
2e Série. — BOTRYTIS	Botrytites. **1.** Streptotrichites. **1.** Brachycladites. **1.**
6e Série. — TORULA	Oïdites. **2.**
7e Série. — PENICILLIUM	Cladosporites. **1.** Penicillites. **1.** Haplographites. **1.**

1. Les indications ont été prises dans le *Sylloge Fungorum* de Saccardo, tomes X et XI.

2. Les chiffres qui suivent le nom de chacun des genres indiquent le nombre des espèces qui leur sont attribuées.

2ᵉ Sous-Cohorte. — Nématomycétales-pléonématés.
  10ᵉ Série. — Tubercularia. . . . . . . Spegazzinites. **1.**

2ᵉ Cohorte. — Clinidomycétales.

1ʳᵉ Sous-Cohorte. — Clinidomycétales-ectoclinidés.
  13ᵉ Série. — Excipula. . . . . : . Excipulites. **5.**

2ᵉ Sous-Cohorte. — Clinidomycétales-endoclinidés.
  18ᵉ Série. — Sphæropsis. . . . . Depazites. **16.**
  20ᵉ Série. — Æcidium. . . . . Æcidites. **4.**

Fig. 167. — Penicillites (*Penicillium*) curtipes Berk.

2ᵉ DIVISION. — **SPOROMYCÉS.**

  1ʳᵉ Alliance. — **Myxomycètes.** . . Bretonia. **1.**

  2ᵉ Alliance. — **Siphomycètes.**

    1ᵉʳ Ordre. — **Endoconidifères.**

      1ʳᵉ Famille. — Chytridiacés. . . . . . . { Oochytrium. **1.** / Protomycites. **2.** / Grilletia. **1.**

      4ᵉ Famille. — Saprolégniacés. . . . . { Achlya. **1.** / Palæachlya. **1.** / Palæoperone. **1.**

    2ᵉ Ordre. — **Ectoconodifères.**

      5ᵉ Famille. — Péronosporacés. . . . Peronosporites. **1.**

  3ᵉ Alliance. — **Thécamycètes.**

2ᵉ Ordre. — **Endothécés.**

1ᵉʳ *Sous-Ordre.* — **Endothécés-péridiocarpés.**

8ᵉ Famille. — ERYSIPHACÉS . . . . . { Eurotites. **1**. / Perisporiacites. **1**. / Phelonites. **1**.

2ᵉ *Sous-Ordre.* — **Endothécés-pyrénocarpés.**

12ᵉ Famille. — NECTRIACÉS . . . . . . Polystigmites. **1**.

13ᵉ Famille. — DOTHIDÉACÉS . . . . . Dothideites et Dothidites. **8**.

14ᵉ Famille. — SPHÉRIACÉS . . . . . . { Sphærites. **102**. / Rosellinites. **2**. / Læstadites. **1**. / Leptosphærites. **2**. / Trematosphærites. **1**. / Chætosphærites. **1**.

3ᵉ Ordre. — **Ectothécés.**

1ᵉʳ *Sous-Ordre.* — **Ectothécés-leptodiscés.**

17ᵉ Famille. — HYSTÉRIACÉS . . . . . Hysterites. **1**.

20ᵉ Famille. — PHACIDIACÉS . . . . . { Phacidites **19**. / Stegites. **2**. / Rhytismites. **24**.

25ᵉ Famille. — DERMATÉACÉS . . . . . Cenangites. **1**.

2ᵉ *Sous-Ordre.* — **Ectothécés-sarcodiscés.**

30ᵉ Famille. — PÉZIZACÉS . . . . . . Pezizites. **3**.

4ᵉ ALLIANCE. — **Basidiomycètes.**

3ᵉ Ordre. — **Ectobasidés.**

1ᵉʳ *Sous-Ordre.* — **Ectobasidés-hétérobasidiés.**

9ᵉ Famille. — PUCCINIACÉS . . . . . { Puccinites. **1**. / Teleutospora. **1**.

2ᵉ *Sous-Ordre.* — **Ectobasidés-homobasidiés.**

15ᵉ Famille. — HYDNACÉS . . . . Hydnites. **2**.

16ᵉ Famille. — POLYPORACÉS . . . . . { Dædaleites. **2**. / Trametites. **1**. / Polyporites. **9**. / ? Dactyloporus. **1**.

17ᵉ Famille. — AGARICACÉS . . . . . . { Lenzitites. **1**. / Archagaricon. **5**. / Agaricites. **2**.

Non placés : { Incoloria (**1**) n'est pas assez connu; / Phyllerites (**15**) et Gyromyces (**1**) sont des pseudo-mycophytes.

OBSERVATIONS

1° ERRATA

En Mycologie l'orthographe des noms varie tellement, d'un auteur à l'autre, qu'on est souvent fort embarrassé de savoir auquel on doit s'arrêter, et que l'on est, à l'avance, assuré que, quel que soit le choix qu'on aura fait, ce choix pourra être, dans bien des cas, blâmé et reproché comme *erratum*. Les exemples suivants nous feront mieux comprendre.

Nous avons écrit *Cœoma* avec Brongniart, Léveillé, Otto Wunche, Saccardo, etc.; mais combien d'autres écrivent *Cœoma* et même *Ceoma*.

Nous avons écrit *Rœstelia* avec Mérat, Decaisne, Bertillon, Cooke et Berkeley : mais Brongniart, Saccardo, etc., écrivent *Rœstelia*.

Fries dit *Cordyceps* et Wallroth, Bonorden, Berkeley écrivent *Cordiceps* ; Tulasne, dans *Selecta Fungorum Carpologia*, accepte les deux : *Cordyceps*, vol. I, page 148 et *Cordiceps* partout ailleurs.

On trouve presque aussi souvent écrit *Telephora* et Téléphoracés que *Thelephora* et Théléphoracés. De même écrit-on *Entomophthora* ou *Entomophtora;* nous avons écrit *Entomophthora*, et pour la désignation francisée de la famille : Entomophtoracés.

Brongniart a dit *Erysyphe;* Hedwig, Cooke et Berkeley et, avec eux, la plupart des auteurs préfèrent *Erysiphe*.

Dirons-nous *Sphæronema* avec Brongniart, Payer, etc., ou *Sphæronœma* avec Léveillé, Saccardo, etc. ; dans ce dernier cas il devient logique d'écrire *Sphæronœmella*, mais on ne comprend pas pourquoi les mêmes auteurs acceptent *Septonema, Polynema, Pyronema, Enerthenema*, etc., etc.

D'autre part Mérat écrit *Nœmaspora*, Payer *Næmaspora*, Saccardo *Næmospora*... ; lequel de ces noms doit-il être préféré ?

Van Tieghem dit *Choanephora* et Saccardo *Choanophora*, lequel doit être choisi ?..

Payer avec Léveillé écrivent *Pachyphlœus*, Saccardo *Pachyphlœus* et aussi *Pachyphleus*. — Payer, de Seynes et d'autres encore ont écrit *Husseia*, Saccardo préfère *Husseya*... —Faut-il écrire *Podaxon* ou *Podaxum*, *Xylodon* ou *Xylodum* et de même pour *Schizoxylon*, *Hormodendron*, *Cylindrodendron*, *Sporodon*, etc. ? Les avis sont partagés.

Saccardo écrit *Cincinnobolus*, un grand nombre disent *Cicinnobolus*, de Seynes croit que *Cicinobolus* est la meilleure orthographe : nous l'avons suivie.

Ainsi l'on est arrêté à chaque instant. Dans ces cas, dit-on, il faut recourir aux créateurs des noms.

Là se trouvent de nouveaux embarras.

Gruby, par exemple, en 1843, écrit *Microsporum*; puis en 1844 il donne *Microsporon*; de ces deux noms, quel est le bon ? De semblables cas sont fréquents ; le plus curieux est peut-être le suivant.

« Doit-on écrire *Æcidium* ou *Œcidium* [1] ? » Persoon en 1801 écrit *Æcidium* et consacre ce nom de telle façon qu'on le regarde comme en étant le créateur : depuis lui Fries et presque tous les mycologues ont adopté cette orthographe. Cependant quelques botanistes défendent le nom d'*Œcidium*, et de moins nombreux *Ecidium*. Recourons donc à l'auteur du genre J. Hill (*History of plants*, London, 1773). « Mais ici se présente une difficulté imprévue : le mot cherché est écrit des trois manières différentes. Dans la classification des genres qui est au commencement du volume on lit *Acidium* (*Ecidium*); à la page 64 on trouve *Æcidium* et dans l'Index *Œcidium*. » Malinvaud, à qui nous empruntons ces lignes, s'appuyant sur l'étymologie, donne comme conclusion : « *Acidium* et *Æcidium* sont des fautes d'impression ; l'orthographe exacte est celle qu'on rencontre dans l'Index final. On doit écrire *Œcidium* »! Et malgré cela on continue à écrire *Æcidium*.

Les rectifications faites au nom de l'étymologie sont fort intéressantes, mais elles ont aussi l'inconvenient de compliquer la nomenclature. Un exemple au milieu de beaucoup d'autres : Fuckel, dans ses *Symbolæ* (1869), a fait le genre *Pithya*, mais, suivant Saccardo, cette orthographe est mauvaise, ce mot déri-

---

(1) MALINVAUD (E.), *Bull. Soc. Bot. de France*, t. XXVII, 1880, page 288.

vant de Πίτυς (Pin) ne doit pas prendre de *th*, et devient *Pitya* :
ce qui donne deux mots au lieu d'un ; mais du même coup
Pithyella Boud, deviendra *Pityella*, encore deux autres mots
entre lesquels on hésite ; gardera-t-on les noms donnés par les
auteurs ou prendra-t-on les noms réformés ? Cette richesse est
troublante, surtout quand on a, près de ces noms, d'autres de
même consonnance comme ceux de *Pythium*, *Pythiopsis* ou
encore *Pithomyces* dont l'orthographe est tout autre, ce qui
étonne quand on n'est pas prévenu de la différence des radicaux
grecs, qui sont Πυτω (pourri) pour les deux premiers et Πιτως
(tonneau) pour le dernier. Ces changements ne sont pas sans
devenir embarrassants ; ainsi l'on hésite, déjà, devant *Cheiro-*
myces B. et Curtis (page 81) et *Choiromyces* Vitt. (page 137) ;
or ce dernier dans le *Sylloge* de Saccardo devient *Choeromyces*
(vol. VIII, page 900) et aussi *Chæromyces* (Index du tome XI).

D'autres causes viennent encore ajouter aux difficultés qui
résultent de celles que nous avons mentionnées. Il serait trop
long d'insister sur chacune d'elles. Cependant nous voulons
signaler celle qui résulte « de créations de noms déjà appli-
qués à d'autres végétaux ».

C'est ainsi que nous avons vu page 101 *Eriospora* B. et Br.
se changer en *Eriosporella* (B. et Br.) Nob. et, page 111, *Pro-*
toderma Rost. devenir *Protodermium* (Rost.) Cooke ; c'est
ainsi que, de même, *Melaleuca* Pat., page 210, doit devenir *Me-*
lanoleuca... De tels cas sont fréquents, mais, en général, le mal
est facile à réparer ; pourtant il n'en est pas toujours ainsi.
En voici un exemple :

On trouve écrit *Colus* et *Coleus* pour désigner un Clathré
de forme spéciale.

Colus est le nom donné par les créateurs du genre : Cavalier
et Séchier. Or le mot *Colus* existait déjà : Clusius, Dodonæus
et Lobel l'appliquaient à certaines Composées. De là nécessité
de faire pour lui ce que l'on a fait pour *Eriospora* et pour
Protoderma qu'on a dû modifier en *Eriosporella* et *Proto-*
dermium : *Colus* devint *Coleus*... Mais il s'est alors trouvé
que *Coleus* était, lui aussi, déjà employé par Loureiro (*Flore de*
Cochinchine) pour désigner un genre de la famille des Labiées
de la tribu des Ocymées ! De telle façon que ni *Colus* ni *Coleus*
ne sont acceptables. Heureusement que, pour le moment, la
difficulté est tournée par l'incorporation de la plante de Cavalier et Séchier dans le genre *Simblum*.

En présence de ces embarras qui surgissent à chaque instant on est forcé d'admettre avec Otto Kuntze[1] qu'il serait
utile de s'entendre, si possible, pour établir un *Nomenclator
plantarum* destiné à fixer l'orthographe des noms et les lois
de priorité. Quant à nous, nous avons, comme on pourra le voir
dans la liste des genres, essayé de pallier ces difficultés, on
y trouvera l'indication de certaines synonymies et le redres-
sement de quelques *errata*. Toutefois il en est de trop nombreux, encore, qui méritent d'être plus spécialement relevés.

Pag.	Au lieu de :	Lisez :
59	*Cordyceps nutans*, fig. 96.	*Cordyceps nutans*, fig. 97.
73 et 159.	*Kicksella*.	*Kickxella*.
76	1ʳᵉ **Section** : *Glionémés*.	1ʳᵉ **Section** : *Spermédioïdes*.
77	2ᵉ **Section** : *Chitonemés*.	2ᵉ **Section** : *Himantioïdes*.
84	*Brachcladium*.	*Brachycladium*.
92	1ʳᵉ **Tribu**.	1ʳᵉ **Section**.
92	2ᵉ **Tribu**.	2ᵉ **Section**.
98	*Ollula* Lév,—*Patellina* Speg.	*Ollula* Lév., = *Patellina* Speg.
99	*Leptothyrium* Kunz. et Schl.	*Leptothyrium* Kunz. et Schm.
99	*Scoléococonidiés*.	*Scolécoconidiés*.
100	*Phéodidémés*.	*Phéodidymés*.
101	*Rhychophoma*.	*Rhynchophoma*.
102	*Chiatospora*.	*Chiastospora*.
104	*Arygriella*.	*Agyriella*.
105	*Phiophragmiés*.	*Phéophragmiés*.
105	*Phragmotrichum* Kze. et Schw.	*Phragmotrichum* Kze. et Schm.
106	*Rhizopus nigricans* Ehrmb.	*Rhizopus nigricans* Ehrnb.
112	*Enerthenema* Bown.	*Enerthenemu* Bowm.
113	*Clathroptichum*.	*Clathorptichium*.
114	*Ceratiomyxa* (fig. 16, 17, 65 et 66).	*Ceratiomyxa* fig. 11, 12, 65 et 66.
122	2ᵉ **Sous-Tribu** : *Hypho-chyt.-hyalochytridiés*.	2ᵉ **Sous-Tribu** : *Hyphochyt.-Chromochytridiés*.
126	*Diplanis* Leight.	*Diplanes* Leitg.
133-134	*Chitinomyces*.	*Chitonomyces*.
139	*Zopfiella* Wintz.	*Zopfiella* Wintr.
144	*Zuckalia*.	*Zukalia*.
144	*Astérinés-Mycrothriés*.	*Astérinés-Microthyriés*.

1. **Kuntze** (Otto). Les besoins de la nomenclature botanique *in* « Le
Monde des Plantes », nov. 1895, le Mans.

Pag.	Au lieu de :	Lisez :
144	*Myocopron* SACC.	*Myiocopron* SACC.
144	*Brefeldia*.	*Brefeldiella*.
150	*Trichothecium* FLOTT.	*Tichothecium* FLOTT.
163	*Coronella* KARST.	*Coronellaria* KARST.
187	*Eriosphæra* REISCH.	*Eriosphæra* REICH.
191	*Clathrus* SCHLECK.	*Clathrus* MICH.
197	*Néobarklaya* SACC.	*Barclayella* DIET.
197	Voy. la fig. 121.	Voy. la fig. 120.
198	*Detangium*.	*Ditangium*.
200 et 201	*Kneffia*.	*Kneiffia*.
201	en note *Peniciphora*.	*Peniophora*.
203	« *Aerocomus*.	*Xerocomus*.
203	« *Gyropus*.	*Gyroporus*.
206	« *Phlebomorpha*.	*Phlebophora*.
208	« *Flamula*.	*Flammula*.
210	*Melaleuca* PAT.	*Melanoleuca* PAT.
210	note 9 *Hydrocybe*.	*Hygrocybe*.
220	*Ramalina recticulata*.	*Ramalina reticulata*.
220	*Chroolepus*.	*Chroolopus = Trentepohlia*.
221	1ᵉʳ alinéa.—Les thalles qui les portent sont stériles.	La plupart des *Steerocaulon* surtout les exotiques portent des céphalodies.
221	2ᵉ alinéa. — « Les cyphelles sont des excavations qu'on trouve abondamment à la face inférieure des *Lobaria*. Les cyphelles, en particulier toutes celles de couleur citrine, sont sorédiformes. »	« Le genre de *Lobaria* proprement dit n'a pas de cyphelles, on n'en rencontre que chez les *Sticta* et *Stictina*, regardés par certains comme des *Lobaria*. Les cyphelles, quand elles sont sorédiées sont dites « pseudo-cyphel- « les. »
232	Schœrer (*Enumerat. crit.*)	Schærer (*Enumer.*).

A supprimer :

| 101 | *Lichenopsis* SCHW. | Voy. page 157. |

2° ADDENDA

Quelque considérable que soit le nombre des genres cités dans notre « ENUMÉRATION DES MYCOPHYTES », ce nombre semblera encore incomplet à ceux qui voudront y trouver TOUS les noms qui ont été proposés par les différents naturalistes qui, avec des tempéraments divers (voyez page ix) ont abordé cette partie de la Science. Entre tous ces genres nous n'avons pris que ceux qui « nous ont paru » les plus solidement établis. Nous en avons laissé de côté beaucoup comme *Diamphora* Corda, *Didymocrater* Corda, etc., etc., qui semblent n'avoir paru qu'une seule fois, ou, du moins qui ne se montrent plus. Le plus souvent on ne les rencontre pas dans les collections, ou, si on les retrouve, ils sont, alors, dans des états tels qu'on ne saurait dire si ce sont pas de simples monstruosités. Malgré cela nous avons gardé quelques-uns d'entre eux qui sont dans les mêmes conditions, mais qui, étant de créations plus récentes, laissent encore l'espoir de réapparitions. Enfin il en est que nous n'avons pas relevés parce que les caractères donnés étaient si incomplets qu'il nous était de toute impossibilité de les faire rentrer dans les tableaux dichotomiques que nous avons établis et qui nous ont grandement servi pour notre rangement (voir la note qui se trouve à la fin du présent chapitre).

Dans ces conditions bien restreintes nous pourrions avoir l'espoir de fournir une œuvre à peu près complète, si d'une part, nous étions assuré contre les oublis inhérents à un semblable travail, et si, d'autre part, la Science ne marchait plus vite que nous. Le temps de se relire suffit pour qu'on se trouve envahi par le flot des nouveautés !

C'est ce qui nous a forcé à écrire ce chapitre où nous apportons avec certains noms oubliés par nous dans le dénombrement qui précède, un bien plus grand nombre de genres, apparus dernièrement, et qui semblent devoir figurer dignement à côté des premiers.

Tout d'abord nous signalerons l'apport vraiment extraordinaire que Rolland Thaxter a fait à la famille des « Laboulbéniacés » qui, quoique d'origine française, semble avoir adopté les États-Unis comme lieu d'expansion. Ce groupe longtemps ne compta qu'un ou deux genres, si bien que l'on hésistait à le traiter de famille ; pourtant, grâce aux recherches de Karsten, de Peyrisch et de Thaxter, il était arrivé dans ces dernières années au chiffre de *neuf* genres : et voici qu'aujourd'hui Thaxter nous en apporte dix-sept nouveaux qu'il faut ajouter à ceux que l'on trouve relevés à la page 134. Ce sont, par ordre alphabétique : *Amorphomyces, Camptomyces, Ceratomyces,*

Chætomyces, Compsomyces, Corethromyces, Dichomyces, Dimorphomyces, Diplomyces, Eucantharomycs, Haplomyces, Idiomyces, Moscomyces, Rachomyces, Redinomyces, Sphaleromyces, Teratomyces.

Pag.

77	après	*Fibrillaria*	ajoutez	*Nyctomyces* Hartg.
81	»	*Coccospora.*	»	*Ophiocladium* Cavara,
84	»	*Verticillium*	»	*Cylindrocladium* Morg.
84	»	*Acrocylindrium*	»	*Verticilliopsis* Cost.
87	»	*Sirodesmium.*	»	*Synthetospora* Morg.
87	»	*Torula*	"	*Thielaviopsis* Went,
90	»	*Fusarium.*	»	*Discicolla* Prill. et Delx.
90	»	*Everhartia*	»	*Hobsonia* Berk.
90	»	*Hymenula*	»	*Sphærocolla* Karst.
90	»	*Troposporium*	»	*Troposporella* Karst.
91	»	*Coryneum*	"	*Ciliofusarium* Rostr.
91	»	*Epicoccum*	»	*Bonplandiella* Speg.
91	»	*Coremium*	»	*Microspatha* Karst.
92	»	*Riessia*	»	*Saccardæa* Cavara,
100	»	*Ceutospora*	"	*Lamyella* Fr.
100	»	*Cytoplea*	"	*Discomycopsis* J. Müll.
100	»	*Septoria*	»	*Trichoseptoria* Cavara,
101	»	*Rhynchophoma*	»	*Cylindrodiplospora* Oud.
102	»	*Stagonopsis*	»	*Pseudostictis* Fautrey,
105	»	*Marsonia*	»	*Glæosporiella* Cavara,
111	»	*Badhamia*	»	*Physarum* Pers.
113	»	*Perichæna*	»	*Hymenobolina* Zuk.
114	»	*Oligonema*	»	*Calonema* Morg.
120	»	*Pleolpidium*	»	*Ectrogella* Zopf,
125	»	*Monoblepharis*	»	*Myrioblepharis* Thaxt.
126	»	*Apodachlya*	»	*Nægelia* Reinsch,
126	»	*Achlya*	»	*Blastocladia* Reinsch,
131	»	*Saccharomyces*	»	*Schizosaccharomyces* Beyr.
133	»	*Gymnoascus*	»	*Arachniotus* Schröt.
144	»	*Meliola.*	»	*Schenckiella* Henngs.
144	»	*Micropeltis.*	»	*Heterochlamys* Pat.
145	»	*Lisea.*	»	*Cyanocephalium* Zuk.
145	»	*Scopinella*	»	*Erythrocarpon* Zuk.
146	»	*Gibberella*	»	*Lecithium* Zuk.
146	»	*Thyronectria.*	»	*Uleomyces* Henngs.
147	»	*Kullhemia*	»	*Hyalodothis* Pat.

238

L'énumération de tous les genres qui figurent dans le présent travail a été faite d'après l'ordre qu'ils affectent dans des tableaux dichotomiques synoptiques qui ont été dressés par nous, à cet effet, pour chacune des familles qui ont figuré dans notre Synopsis des MYCOPHYTES. Ces tableaux seront publiés ultérieurement, si l'accueil fait au présent livre nous le commande.

INDEX

LISTE ALPHABÉTIQUE DES NOMS D'AUTEURS

AVEC LES ABRÉVIATIONS EMPLOYÉES DANS CE LIVRE

Ach.	Acharius.
Adans.	Adanson.
Ag.	Agardh.
Alb. et Schw.	Albertini et Schweinitz.
Auct.	*Auctorum.*
Auersw.	Auerswald.
B. et Br.	Berkeley et Broome.
« et Cke.	« Cooke.
« et Curt.	« Curtis.
« et Montg.	« Montagne.
« et Muell ou Mull.	« Mueller.
Bain.	Bainier.
Baranetz.	Baranetzky.
Bay,	Bay.
Berk.	Berkeley.
Bertr. et Hov.	Bertrand et Hovelacque.
Beyr.	Beyereinck.
Berl.	Berlese.
Berl. et de Toni,	Berlese et de Toni.
« et Vogl.	« Voglino.
Bizz.	Bizzozero.
Bomm. ou Bom.	Bommer.
Bon.	Bonorden.
Born.	Bornet (E).
Borz.	Borzi.
Boud.	Boudier (E.).
Boul.	Boulanger Em.
Bowm.	Bowman.

Boy. — Boyer.
Br. — Broome.
Bref. — Brefeld.
Bres. — Bresadola.
Brongt. — Brongniart (Ad.).
Brunch. — Brunchorst.
Bull. — Bulliard.

Cke. et Berk. — Cooke et Berkeley.
Calm. — Calmettes.
Casp. — Caspary.
Cast. — Castagne.
Cavar. ou Cvra. — Cavara.
Cav. et Séch. — Cavalier et Séchier.
Cés. ou Césat. — Cesati.
Cés. et de Not. — «   et de Notaris.
Chat. — Chatin (Ad.).
Chev. — Chevalier.
Ch. Rob. — Charles Robin.
Cienk. — Cienkowsky.
Clém. — Clemente.
Clint. — Clinton.
Coem. — Coemans.
Cohn, — Cohn.
Cook. ou Cke. — Cooke.
Cord. ou Cda. — Corda.
Corn. ou Crn. — Cornu (M.).
Cost. — Costantin.
Crag. — Cragin.
Cram. — Cramer (C.).
Cromb. — Crombie.
Cub. — Cuboni.
Cunn. ou Cunning. — Cunningham.
Curr. — Currey.
Czern. — Czernaiew (B.-M.).

Dang. — Dangeard.
D.C. ou Dec. — Decandolle.
de By. — de Bary.
Decsn. — Decaisne.
Del. — Delise.
Delx. — Delacroix.

de Not.	de Notaris.
« et Cés.	« et Cesati.
de Seyn.	de Seynes.
de Toni.	de Ton.
Desm. ou Desmaz.	Desmazières.
Desvx.	Desvaux.
Diet.	Dietel (P.).
Dill.	Dillenius.
Ditm.	Ditmar.
Duby,	Duby.
Duf.	Dufour.
Dur.	Durieu de Maisonneuve.
Dur. et Montg.	» et **Montagne.**
Ehr. ou Ehrenb.	Ehrenberg.
Eid.	Eidam.
Ell.	Ellis.
Ell. et Everh.	« et Everhart.
« Sacc.	« Saccardo.
Eng.	Engel.
Engl.	Engler.
Eriks.	Erikson.
Eschw.	Eschweiler.
Ether.	Etheridge.
Everh.	Everhart.
Evers.	Eversmann (F.-E.).
Fab.	Fabre (H.).
Fautr.	Fautrey.
Fayd.	Fayod.
Fée,	Fée.
Fingerh.	Fingerhuth.
Fisch. ou Fsch.	Fischer.
Flott.	Flotow.
Fx et Viala.	Foex et Viala.
Frank,	Frank.
Frés.	Fresenius.
Fr. ou Fr. E.	Fries (Elias).
Fr. Th.	Fries (Th.-M.).
Fuck. ou Fckl.	Fuckel.

Giard,	Giard.
Gies.	Giesenhagen.
Gill.	Gillet.
Gmel.	Gmelin.
Göpp.	Göppert.
Grev.	Greville.
Grove.	Grove.
Grub.	Gruby.
Gruith.	Gruithuisen.
Hæck ou Haeck.	Hæckel.
Hall.	Haller.
Hanc. et Atth.	Hancock et Atthey.
Harkn.	Harkness.
Hartg. et R. Hrtg.	Hartig (Robert).
Hartz,	Hartz.
Harz.	Harzer.
H. Bn.	H. Baillon.
H. Fab.	H. Fabre.
Hedw.	Hedwig.
Henngs.	Hennings.
Hert. et Lass.	Hertwig et Lasser.
Hesse,	Hesse.
Hildeb.	Hildebrandt.
Hill,	Hill (J.)
Hoffm.	Hoffmann.
Humph.	Humphrey.
Johw.	Johow.
Juel.	Juel.
Jungh.	Junghuhnius.
Kalch.	Kalchbrenner.
Karst.	Karsten.
Klotz.	Klotzsch.
Kœn. ou Kön.	Kœnig.
Koerb. ou Körb.	Koerber ou Körber.
Krplhbr.	Krempelhuber.
Kühn,	Kühn.
Kunz. ou Kze.	Kunze.
Kze et Schm.	« et Schmidt.

L. ou Lin.	Linné.
Labill.	Labillardiére.
Lagerh.	de Lagerheim.
« et Pat.	« et Patouillard.
Leb.	Lebert.
Leitg.	Leitgeb.
Leight.	Leighton.
Lem. et Decsn.	Le Mahout et Decaisne.
L. March.	Léon Marchand.	
Lepr. et Mtg.	Leprieur et Montagne.
Lév.	Léveillé.
Lib.	Libert (D^{lle}).
Lk.	Link.
Lk. et Remk.	Link et Remak.
Lipp.	Lippert.
Lohde.	Lohde.
Magn.	Magnus.
Malmerst.	Malmerstein.
Mac. Ow.	Mac Owan.
March.	Marchal.
Mart.	Martius.
Mass.	Massee.
Matt.	Mattirolo.
May.	Mayer.
Mey.	Meyen.
Mich.	Micheli.
Milde.	Milde.
Möll.	Möller.
Montg. ou Mutg.	Montagne.
Morg.	Morgan.
Moug.	Mougeot.
Muhl.	Muhlembeck.
Muell ou Müll.	Mueller ou Müller.
Næg.	Nægeli.
Nees.	Nees d'Esenbeck.
Niessl.	Niessl.
Nits.	Nitschke.
Norm.	Normand.
Nowack.	Nowackowsky.
Nyl.	Nylander.

Oud. — Oudemans.
Opat. — Opatowski.

Pass. ou Passer — Passerini.
  « et Thüm. — « et Thümen.
Pat. — Patouillard (N.).
  « et Lagerh. — « et de Lagerheim.
Peck, — Peck.
Penz. — Penzig.
Pers. — Persoon.
Peyr. — Peyristsch.
Pfitz, — Pfitz.
Pirot. — Pirotta.
Poll. — Pollini.
Preuss, — Preuss.
Prill. — Prillieux.
  « et Delx. — « et Delacroix.
Pringsh. — Pringsheim.

Q. ou Quél. — Quélet.

Rabenh. — Rabenhorst.
Rebent. — Rebentisch.
Rees. — Rees.
Reg. — Regel.
Rehm, — Rehm.
Reinsch. — Reinsch (P.).
Reich. — Reichardt.
Rem. ou Rmk. — Remak.
Rémy, — Rémy.
Ren. ou B. Ren. — Renault (Bernard).
Ren. et Bertr. — Renault et Bertrand.
Riess, — Riess.
Rom. — Romel.
Rostf. ou Rostaf. — Rostafinski.
Rostr. — Rostrup.
Roth, — Roth
Roum. — Roumeguère.
Roze, — Roze.
Rud. — Rudolphi.
Rus. — Russel.

Sacc.	Saccardo.
« et Berl.	« et Berlese.
« « Ell.	« « Ellis.
« « March.	« « Marchal.
« « Roum.	« « Roumeguère.
Salisb.	Salisbury.
Schær.	Schærer.
Schlecht.	Schlechtendal.
Schr. ou Schrad.	Schrader.
Schröt. et Schroet.	Schröter ou Schroeter·
Schtz,	Schultz.
Schulz.	Schulzer.
Schw. et Schwein.	Schweinitz.
Scop.	Scopoli.
Séch.	Séchier.
Setch.	Setchell.
Sommf.	Sommarfelt.
Sorok.	Sorokine.
Speg. ou Spegaz.	Spegazzini.
Spreng.	Sprengel.
Sturm	Sturm.
Thaxt.	Thaxter.
Thüm.	Thümen (de).
Tode	Tode.
Trent.	Trentepohl.
Trev.	Trévisan.
Tub.	Tubœuf.
Tuck.	Tuckermann.
Turck.	Turckzaninow.
Tul. (Louis-René).	Tulasne (Louis-René).
Tul. (L.-R.) et Tul. (Ch.)	» et Tulasne (Charles).
Ung.	Unger.
Viala	Viala (P.).
Vid.	Vidal.
Vitt.	Vittadini.
Van Tiegh.	Van Tieghem.
« et Lem.	« et Lemonnier.
Vuill.	Vuillemin.

Wallr.	Wallroth.
Webb.	Webber.
Wehm.	Wehmer.
Weinm.	Weinmann.
Went,	Went.
West.	Westendorp.
Wigg.	Wiggers.
Wing.	Wingate.
Wint. ou Wintr.	Winter.
Withe,	Withe.
Worth. Sm. ou W. Sm.	Worthington-Smith.
Wright,	Wright.

LISTE ALPHABÉTIQUE DES FIGURES

AVEC INDICATION DES AUTEURS QUI LES ONT PUBLIÉES ET CELLE DES OUVRAGES D'OU ELLES SONT TIRÉES [1].

I. — MYCOMYCOPHYTES

Acanthostigma DE NOT. ; — fig. **94**. — *Voy.* Spores de Sphériacés.

Acetabula leucomelas (PERS.) SACC. ; — fig. 115. — Inéd. (**A. B.**).

Achlya contorta CORNU. ; — fig. **79**, — *ex* CORNU, *in* Monogr. des Saprolégniées : *in* Ann. Sc. Nat. ; 5ᵉ série, XVII, 1872, pl. I, — fig. 9, 10. — (**A. L.**).

Achlya polyandra HILDEB. ; — fig. **94**, — *ex* HUMPHREY (J. ELLIS) *in* The Saprolegniaceæ of the Unit. States. 1892.

Æcidiolum exanthematum UNG. ; — fig. **62**. — *ad. nat.* (**E. B.**).

Æcidium Berberidis GMEL. ; — fig. **61**. — *ad. nat.* (**E. B.**).

Agaricacés-leptophyllés : Insertion des lames — fig. **145**, — *ex* WORTHINGTON-SMITH *in* SEEMAN, Journ. 1870 (**A. B.**).

Aleurodiscus (Cyphella) amorphus PERS. ; — fig. **28**, — *ex* PATOUILLARD : Hyménomycètes d'Europe, 1887, pl. IV, fig. 1.

Aleurodiscus disciformis PAT. ; — fig. **6**, — *ex* PATOUILLARD *in* Bull. Soc. mycolog. de France, 1894, pag. 4.

Amanita muscaria LIN. ; — fig. **146**, — *ex* L. MARCHAND *in* Bot. crypt. pharm.-méd. 1883, — fig. 27.

Apodachlya completa HUMPH. ; — fig. **74**, — *ex* HUMPHREY (J. ELLIS), *loc. cit.*

Arcyria incarnata PERS. ; — fig. **70**, — *ex* PATOUILLARD *in* Tab. anal. Fung. p. 197 (**A. L.**).

Aschersonia disciformis PAT. ; — fig. **60**. — Inéd. (**A. B.**).

Ascobolus purpuraceus PERS. ; — fig. **16**. — Schéma *ex* JANCZEWSKI *in* SACHS, Trait. de Bot. V. TIEGHEM. 1874 (**E. B.**).

---

1. Un grand nombre des figures ont été dessinées spécialement pour ce livre par M. Patouillard, elles sont désignées dans la liste par le mot *inéd.* ; les autres ont été, comme on le verra, empruntées à diverses publications. A l'exception de quelques-unes toutes ont été retracées à la plume pour la photogravure par différents artistes : Ernest Bonard (**E. B.**) ; Albert Becquet (**A. B.**) ; Adrien Ley (**A. L.**). Celles qui n'ont aucune indication ont été reproduites par l'auteur et par divers autres collaborateurs.

Ascobolus vinosus BERK. ; — fig. **113**. — Inéd. (**A. B.**).
Aspergillus clavatus DESM. ; — fig. **48**. — Inéd. (**A. B.**).
Aspergillus glaucus LINK. ; — fig. **36**, — *ex* PAYER *in* Bot. crypt.,
2ᵉ édit. fig. 306.
Aureobasidium Vitis BOY. ; — fig. **15**, — *ex* BOYER *in* Ann. de l'Éc.
nat. d'Agric. de Montpellier, 1892, pl. x (**E. B.**).
Auricularia sambucina MART.; — fig. **120, 137**. — Inéd. (**A. B.**).

Battarea phalloides PERS. : — fig. **133**. — Inéd. (**A. B.**).
Briarea elegans STURM ; — fig. **35**, — *ex* PAYER, Bot. crypt., 2ᵉ édit.,
fig. 305.

Cantharellus cibarius FR. ; — fig. **119**, — *ex* PATOUILLARD ; Hymén.,
pl. III, fig. 8.
Carpozyma (Saccharomyces) apiculatum ENG. ; — *ex* MARCHAND *in*
Bot. crypt., — fig. **35**.
Cenangium fasciculare ALB. et SCHW. ; — fig. **109**. — Inéd. (**A. B.**)
Ceratiomyxa hydnoides (ALB. et SCHW.) SCHROET. ; — fig. **11, 12, 65**,
A et B, *ex* PATOUILLARD *in* Tab. anal. fung. ; fig. 175, — C et suiv.
ex A. FAMINTZIN und WORONIN : Ueber zwei Formen *Ceratium*,
etc. ; *in* Mém. acad. Imp. sc. de Saint-Pétersbourg, VII, sér. X,
n° 3, 1873 (**A. L.**).
Ceratiomyxa porioides (ALB. et SCHW.) SCHROET ; — fig. **66**, — *ex*
FAMINTZIN et WORONIN, *loc. cit.*, pl. II, fig. 14. (**A. L.**).
Ceratostomella SACC. ; — fig. **94**. — *Voy.* Spores de Sphériacés.
Ceriomyces rubescens BOUD. ; — fig. **54**, — *ex* E. BOUDIER *in* Journ.
MOROT, 1887, pl. I.
Chitonomyces melanurus PEYR. : — fig. **86**, — *ex* PEYRITSCH *in*
Sitzung. d Wien. Akad. Math. Naturw. Cl. 68. Band I, Abth.
pag. 250, fig. 30 et 34 (**A. L.**).
Clavaria argillacea FR. ; — fig. **140**. — Inéd. (**A. B.**).
Claviceps purpurea TUL. ; — fig. **23**, — *ex* TULASNE, Ergot des Glu-
macées, *in* Ann. Sc. nat., 3ᵉ série, XX, 1853, pl. I et suiv. (**E. B.**).
Clitocybe FR. ; — fig. **145**, D. — *Voy.* Agaricacés-leptophyllés.
Cœlosphæria SACC. ; — fig. **94**, A. — *Voy.* Spores de Sphériacés.
Coemansiella alabastrina SACC. ; fig. **42**, — A, B, *ex* COEMANS,
sub. nom. *Kikxella* in Spicilég., n° 3, 1862; C, D, *ex* LEMONNIER
et V. TIEGHEM sub. nom. *Kickxella* in Mém. sur les Mucorinés,
1873 (**A. L.**).
Collybia FR. ; — fig. **145**, B. — *Voy.* Agaricacés-leptophyllés.
Coprinus hemerobius FR. ; — fig. **17**, C. — *Voy.* Pores germinatifs.
Coprinus micaceus FR. ; — fig. **17**, B. — *Voy.* Pores germinatifs.
Coprinus ovatus FR. ; — fig. **17**, A. — *Voy.* Pores germinatifs.
Coprinus semi-striatus PAT. ; — fig. **17**, F. — *Voy.* Pores germi-
natifs.

Coprinus stercorarius Fr. ; — fig. **32**, E. — *ex* Brefeld *in* Bot. Unters. ueber. Schimmelpilze, pl. III, 1877.

Cordierites guianensis Montg. ; — fig. **105**, — *ex* Payer, *in* Bot. crypt., fig. 408 (**A. L.**).

Cordyceps nutans Pat. ; — fig. **97**, — *ex* Patouillard *in* Journ. « Le Naturaliste », 1887, p. 203.

Coremium glaucum Fr. ; — fig. **37**, — *ex* Payer *in* Bot. crypt., 2ᵉ édit. fig. 316.

Corticium tenue Pat. ; — *Voy. Hypochnus tenuis* Pat.

Craterellus rugulosus Pat. ; — fig. **144**, — *ex* Patouillard : Le genre *Phlebophora* Lév., *in* Bull. Soc. mycol. de France, X, 1894, p. 55.

Craterium vulgare Ditm. ; — fig. **67**, — *ex* Rostafinski *in* Cooke : Myxomycétes, 1877, fig. 96.

Cucurbitaria elongata Grev. ; — fig. **100**, — *ex* Payer *in* Bot. crypt., 2ᵉ édit., fig. 447, 448.

Cudonia circinans (Pers.) Karst. ; — fig. **112**. — Inéd. (**A. B.**).

Cystopus candidus Lév. ; — fig. **80**, — *ex* de Bary, *in* Vergleichende Morph. und Biol. der Pilze, fig. 63, 65, 66 (**E. B.**).

Cyttaria Darwinii Berk. ; — fig. **96**. — Inéd. (**A. B.**).

Dasyscypha virginea Fr. ; — fig. **110**. — Inéd. (**A. B.**).

Dematophora necatrix (Hartg.) Viala ; — fig. **18**, **22**, **24**, **32**. — Les fig. **18** et **22**. A, C, *ex* Hartig *in* Viala : Maladies de la Vigne, 1885 (**E. B.**) ; — les fig. **22**, B ; **24** et **32** : A, *ex* P. Viala : Le Pourridié *in* Ann. de l'Éc. nat. d'Agric. de Montpellier ; fig. 6, 8, 15, 21, 23, 24.

Dictydium umbilicatum Schr. ; — fig. **69**, — A, B, D, *ex* Patouillard, Tab. anal. Fung., n° 189, (**A. L.**) ; C, *ex* Payer, *in* Bot. crypt., 2ᵉ édit., fig. 583.

Dinemasporium graminum Lév. ; — fig. **53**. — Inéd. (**A. B.**).

Ditangium (Ombrophila) rubellum (Pers.) Karst. ; — fig. **25**, — *ex* Patouillard *in* Hymén., pl. IV, fig. 9.

Ditiola conformis Karst. ; — fig. **139**. — Inéd. (**A. B.**).

Dothidea tetraspora Berk. ; — fig. **98**. — Inéd. (**A. B.**).

Ecchyna faginea B. et Br. ; — fig. **129**. — Inéd. (**A. B.**).

Elaphomyces mutabilis Vitt. ; — fig. **89**. Inéd. (**A. B.**).

Empusa muscæ Cohn ; — fig. **39**, — *ex* Thaxter (Rol.) *in* The Entomophthoraceæ of United States, fig. 1, 3, 8, 9.

Entomophthora sepulchralis Thaxt. ; — fig. **81**, — *ex* Thaxter (Rol.) *in* The Entomophthoraceæ, etc., — fig. 308, 322, 325.

Exoascus Pruni Fuck. ; — fig. **83**, — *ex* Patouillard. — Inéd. (**A. B.**).

Exobasidium Vaccinii Fuck. ; — fig. **128**. — Inéd. (**A. B.**).

Fusarium aquæductuum Lagerh. ; — fig. **50**. — Inéd. (**A. B.**).

Fusicladium dentriticum WALLR. ; — fig. **40**. — Inéd. **(A. L.).**

Galera tener FR. ; — fig. 17, E, — *ex* PATOUILLARD *in* Hym., III, p. 5.
Genèse endogène; — fig. **9, 54, 55.**
Glonium lineare FR. ; fig. **102**. — Inéd. **(A. B.).**
Gonitrichum cæsium NEES ; — fig. **42**. — Inéd. (A. L.).
Gymnoascus Bourquelotii BOUD. ; — fig. **84**, — *ex* E. BOUDIER *in*
  Bull. Soc. Mycol. de France, 1892, VIII, pl. 6.
Heimatomyces paradoxus PEYR. ; — fig. **85**, — *ex* PEYRITSCH, *in*
  Sitzung. der Vien. Akad. Math. Natur., Cl. 68, Band. I, Abth.
  p. 250, fig. 35 et 39 (A. L.).
Helvella atra FR. ; — fig. **117**. — Inéd. (A. B.).
Hydnum Auriscalpium LIN. ; — fig. **142**, — *ex* PATOUILLARD *in* Tab.
  anal. Fung., n° 146 (A. L.).
Hygrocrocis AUCT. p. p. ; — fig. **33**, — *ex* L. MARCHAND *in* Bot.
  Cryp. 1, fig. 109.
Hymenogaster citrinus VITT. ; — fig. **130**. — Inéd. (A. B.).
Hypochnus tenuis PAT. ; — fig. **141**, — *ex* PATOUILLARD *in* Hymén.,
  pl. IV, fig. 2.
Hypoxylon coccineum BULL. ; — fig. **99**. — Inéd. (A. B.).
Hysterostomella andina PAT. ; — fig. **103**, — *ex* PATOUILLARD *in*
  Champignons de l'Équateur : Pugillus IV, pl. II, fig. 4, *in* Herb.
  Boissier, III, 1895.

Insertion des lames des Agaricacés-leptophyllés, — fig.
  145. — *Voy.* Agaricacés.
Isaria arachnophila DITM ; — fig. **51**. — Inéd. (A. B.).

Kickxella (et non *Kichsella*) *alabastrina* COEM. ; — fig. **92**, — *ex*
  COEMANS *in* Spicilég. n° 3, 1862 (A. L.).

Laschia clypeata PAT. ; — fig. **143**, — *ex* PATOUILLARD *in* Journ.
  de Bot. de MOROT, 15 sept. 1877 (A. L.).
Lecanidion atratum HEDW ; — fig. **107**. — Inéd. (A. B.).
Lepiota FR. ; — fig. **145**, A, — *Voy.* Agaricacés-leptophyllés.
Leptothyrium Rubi SACC. ; — fig. **57**. — Inéd. (A. B.).
Lizonia CES. et DE NOT. ; — fig. **94**, D. — *Voy.* Spores de Sphériacés.

Macrophoma Mirbelii FR. ; — fig. **58**. — Inéd. (A. B.).
Massaria DE NOT. ; — fig. **94**, F. — *Voy.* Spores de Sphériacés.
Massariovalsa SACC. ; — fig. **94**, E. — *Voy.* Spores de Sphé-
  riacés.
Melanogaster variegatus TUL. ; — fig. **95**, — *ex* TULASNE *in* Fungi
  hypogæi, tab. II et XII, 1862 (E. B.).
Meliola coralloides MONTG. ; — fig. **95**, — *ex* GAILLARD *in* le Genre
  Meliola 1892, pl. I, fig. 6.

Microsporon (Trichosis) caninis SALISB. ; — fig. **29**, — *ex* L. MARCHAND, Bot. crypt., I, fig. 114.

Mitrophora semi-libera (D. C.) LÉV. ; — fig. **118**. — Inéd. (A. B.).

Monilia fructigena PERS. ; — fig. **47**. — (A. B.).

Monoblepharis sphærica CORNU ; — fig. **10**, — *ex* CORNU, Monog. Saprolégniées, *in* Ann. Sc. nat., 5° série, XVI, 1872 (A. L.).

Myriangium Durixi BERK. ; — fig. **93**, — *ex* MILLARDET, *in* Mém. sur les Genres Atichia, Myriangium, etc., 1868 (A. B.).

Myxotrichum chartarum KUNTZ. ; — fig. **49**. — Inéd. (A. B.).

Oidium (Saccharomyces) albicans (CH. ROB.) REES ; — fig. **21**, — *ex* CH. ROBIN, *in* L. MARCHAND Bot. cryp., I, fig. 43.

Oidium Tuckeri BERK. ; — fig. **45**, — *ex* H. MARÈS *in* VIALA : Les Maladies de la Vigne, 1885, fig. 7 (A. L.).

Onygena equina PERS. ; — fig. **88**. — Inéd. (A. B.).

Ophioceras SACC. ; — fig. **94**, I. — *Voy.* Spores de Sphériacés.

Orbilia coccinella FR. ; — fig. **111**. — Inéd. (A. B.).

Patellina (Ollula) cinnabarina SACC. et BERL. ; — fig. **56**, — *ex* BERLESE *in* Fungi Moricoli, 1889, tab. 2.

Penicillium (Penicillites) curtipes BERK. ; — fig. **30**, — *ex* BERKELEY *in* Ann. et Magaz. of Nat. Hist., déc. 1848. (A. B.).

Penicillium glaucum LINK ; fig. **8**, — *ex* DE SEYNES *in* Dict. Bot. BAILLON, art. Champignons. (A. L.).

Pestalozzia Psidii PAT. ; — fig. **63** — Inéd. (A. B.).

Phæangium Lefebvrei PAT. ; — fig. **90**. — Inéd. (A. B.).

Pilobolus cristallinus TODE ; — fig. **77**, — *ex* COEMANS *in* Note sur le *Pilobolus crystallinus*, 1859, et Monogr. sur le Genre *Pilobolus*, Acad. roy. de Belgique, 1861. (A. L.).

Pistillaria rosella FR. ; — fig. **26**, — *ex* PATOUILLARD. Hym., pl. IV, fig. 3.

Pistillaria bulbosa PAT. ; — fig. **32**, D, — *ex* PATOUILLARD. Tab. anal. Fung., n° 473.

Plasmopara viticola (B. et CURT.) BERL. et DE TONI ; — fig. **41**. — Inéd. (A. L.).

Polysphondylium violaceum BREF. ; — fig. **71**, — *ex* BREFELD. Unters. aus dem Gesammtgebiete der Mycol., VI, Leipzig, 1884.

Pores germinatifs : — fig. **17**, — *ex* PATOUILLARD. Hymén., pl. III, fig. 1, 2, 3, 4, 5.

Pratella campestris PERS. ; — fig. **14**, — *ad nat.* Cristy del. (A. L.).

Propolis versicolor ALB. et SCHW. ; — fig. **104**. — Inéd. (A. B.).

Prosthemium betulinum KUNZE ; — fig. **59**, — *ex* PAYER *in* Bot. crypt. 2° éd., fig. 376.

Protomyces macrosporus UNG. ; — fig. **75**. — Inéd. (A. B.).

Psathyra gyroflexa FR. ; — fig. **17**, D. — *Voy.* Pores germinatifs.

Pseudo-Arthonia punctiformis Ach.; — fig. **108**, — *ex* Rehm *in* Rabenh. Krypt. Fl., Pilze, III, p. 418.

Pseudo-Coniocybe pallida (Pers., Fr.) Koerb.; — fig. **106** — *ex* Rehm *in* Rabenh. Krypt. Fl., Pilze, III, 385.

Ptychogaster aurantiacus Pat.; — fig. **55**, — *ex* J. de Seynes *in* Assoc. Franc. p. avanc. des Sc.; Congrès de Paris, 1878. Séance du 24 août (**A. L.**).

Ptychogaster Lycoperdon Pat.; — fig. **7**. — *ex* Patouillard *in* Journ. de Bot. de Morot. Juin, 1887, page 114.

Puccinia graminis Pers.; — fig. **123**, — *ex* de Bary, *loc. cit.* (**A. L.**) — fig. **136**, — *ad. nat.* (**E. B.**).

Puccinia Malvacearum Montg.; — fig. **5, 9**, — *ex* V. Beltrani Pisani *in* Athenæo, 1874, n° 8 (**A. L.**).

Puccinia Torquati Passer.; — fig. **5, 9**, — *ex* Bagnis Carlo *in* Athenœo, 1874, n° 8 (**A. L.**).

Pyrenophora Fr.; — fig. **94**, II. — *Voy.* Spores de Sphériacés.

Pyronema glaucum Boud.; — fig. **114**. — Patouillard, inéd. (**A.B.**).

Rhizidiomyces apophysatus Zopf; — fig. **76**, — *ex* Zopf *in* Rabenh. Krypt. Fl.; Band., IV, page 114 (**A. B.**).

Rhizina undulata Fr.; — fig. **116**. — Inéd. (**A. B.**).

Rhizopus nigricans Ehr.; — fig. **64**, A, B, — Inéd. (**A. B.**). — C, D, E, *ex* de Bary.

Rimbachia paradoxa Pat.; — fig. **135**. — Patouillard *in* Soc. mycol. de France, VII, pl. II.

Saccharomyces Cerevisiæ Mey.; — fig. **13**, — *ex* L. Marchand, *loc. cit.* I, fig. 36.

Schizostoma vicinum Sacc.; — fig. **101**. — Inéd. (**A. B.**).

Sclerotinia Libertiana Fuck.; fig. **32**, B, — *ex* Gillet (sub. nom. *Phialea Sclerotiorum*); Lib. *in* Discomycètes, — fig. 73.

Sclerotium (divers exemples de); — fig. **34**.

Sclerotium complanatum Pers.; — fig. **34**. — Inéd. (**A. L.**).

Secotium acuminatum Montg.; — fig. **131**. — Inéd. (**A. B.**).

Simblum periphragmoides Klotz; — fig. **134**. — Inéd. (**A. B.**).

Sirobasidium albidum Lagerh. et Pat.; — fig. **125**, — *in* Journ. de Bot. de Morot, 7 mars 1895.

Sphærobolus stellatus Tode; — fig. **132**. — Inéd. (**A. B.**).

Sphériacés. Spores diverses; — fig. **94**, — *ex* Saccardo P. A. *in* Genera Pyrenomycetarum schematice delineata, 1883 (**A. B.**).

Sporendonema (*Endoconidium*) *temulentum* Prill. et Delx.; — fig. **44**, — *ex* Prillieux et Delacroix, *in* Bull. Soc. de Mycolog. de France, 1891.

Spumaria alba, D, C; — fig. **68**. — Inéd. (**A. B.**).

Stysanus Caput-medusæ Cord.; — fig. **38**, — *ex* Corda Prachtfl. *in* Payer, *loc. cit.*, fig. 317.

Syncephalis Cornu V. Tiegh. et Lem.; — fig. **78**, ' *ex* V. Tieghem et Lemonnier, Rech. sur les Mucorinés *in* Ann. Sc. nat., 6ᵉ série, I, 1873 (**A. L.**).

Tetramyxa parasitica Goeb.; — fig. 72. — Inéd. (**A. B.**).
Tilletia Caries Tul.; — fig. **20**, **124**, **127**, — *ex* Tulasne *in* Ann. Sc. nat., 4ᵉ série, 1854, II, pl. xii (**A. L.**).
Torula Sacchari Montg.; — fig. **46**, — *ex* Payer, *loc. cit.*, fig. 300.
Tremella viscosa Berk.; — fig. **121**, — *ex* Patouillard *in* Hymén., pl. iv, fig. 15.
Tremellodon gelatinosum Fr.; — fig. **138**. — Inéd. (**A. B.**).
Tricholoma Fr.; — fig. **145**, C. — *Voy.* Agaricacés-leptophyllés. insertion des lames.
Trichosis caninis Salibs.; — fig. **29**, — *ex* L. Marchand, *loc. cit.*, I, p. 114.
Tuber melanosporum Vitt.; — fig. **4**, **27**, **87**, — *ex* Tulasne *in* Fungi hypog. Tab., VII, 1862 — fig. **53**, — *ex* Dangeard (sub. nom. *T. melanospermum*) *in* « Le Botaniste », 1895 (**A.L.**).
Typhula gyrans Pers.; — fig. **32**, C, — *ex* Patouillard, *in* Tab. anal. Fung., n° 262.

Uncinula adunca Lév.: — fig. **91**. — Inéd. (**A. B.**).
Uncinula spiralis B. et Curt.; — fig. **31**, — *ex* Worth. Smith *in* Portes et Ruyssen : « La Vigne », III, 1889, p. 337 (**A. L.**).
Uredo linearis Pers.; — fig. **136**. — *ad nat.* (**E. B.**).
Uredo Vialæ Lagerh.; — fig. **52**. — Inéd. (**A. B.**).

II. — MYCOPHYCOPHYTES.

Calicium trabinellum Ach.; — fig. **259**, — *ex* Rehm, *in* Rabenh. Krypt.-Flora; Band. III, p. 387.
Cetraria islandica Ach.: — fig. **163**. — *ad nat.* (**E. B.**).
Cladonia furcata Pers.; — fig. **156**, — *ex* Ed. Bornet : Rech. sur les Gonidies des Lichens; *in* Ann. Sc. nat., 5ᵉ série, 1873, XVII, pl. ix, — fig. 7, 9 (**A. L.**).
Collema microphyllum Ach.; — fig. **166**, — *ex* Stahl, *in* Beitr. zur Entwick. der Flechten, 1877 (**A. B.**).
Collema multifidum var. *Jacobæfolium* Schær.; — fig. **165**, — *ex* Le Maout et Decaisne, Traité de Bot., 1876.

Dictyonema sericeum Montg.; — fig. **152**, — *ex* E. Bornet, *loc. cit.*, pl. xii, fig. 2, 4, 5, (**A. L.**).
Dirina repanda Fr.; — fig. **162**, — *ex* Payer, *loc. cit.*, fig. 452.

Ferments de la bière tournée; — fig. **148**, — *ex* PASTEUR, *in* L. MARCHAND, *loc. cit.*, — fig. 92.

Képhir, — fig. **147**. — *ex* DINITCH (K.); « Le Képhir ». Thèse Fac. méd. de Paris, 1888.

Lecanora esculenta EVERSM.; — fig. **154**, — *ex* EVERSMANN : « Lichenum esculentum PALL. », 1825.
Lichenosphæria Lenormandii BORN.; — fig. **153**, — *ex* E. BORNET, *loc. cit.*, pl. XII, fig. 1, 3, 4, 5, 6 (**A. L.**).
Lobaria pulmonacea ACH. (*Sticta pulmonacea*, D. C.); — fig. **151**, — *ex* L. MARCHAND, *loc. cit.*, I, — fig. 5.

Opegrapha atra PERS. : — fig. **160**. — *ad nat.*
Opegrapha filicina MONTG.; — fig. **161**, — *ex* E. BORNET, *loc. cit.*, pl. IX, fig. 3 (**A. L.**).

Parmelia saxatilis ACH.; — fig. **151**. — *ad nat.*

Ramalina reticulata KRPLHBR.; — fig. **1**, **2**, — *ex* CRAMER (C) : Ueber das Verhaltniss von *Chlorodyctyon foliosum*, J. AG. (Caulerpacées) und *Ramalina reticulata* KRPLHBR (Lichen); *in* Bull. soc. Bot. suisse, 1891 (**E. B.**).
Roccella phycopsis ACH.; — fig. **145**, — *ex* E. BORNET, *loc. cit.*, pl. VII, fig. 4, (**A.L.**).
Roccella tinctoria, D, C, — fig. **164**. — *ad nat.*

Sphærophoron coralloides PERS.; — fig. **149**, — *ex* PAYER, *loc. cit.*, fig. 413.

Verrucaria nitida SCHRAD.; — fig. **157**, — *ex* E. BORNET, *loc. cit.*, . pl. VI, fig. 8.

FIN DE LA LISTE ALPHABÉTIQUE DES FIGURES

III

LISTE ALPHABÉTIQUE

DES NOMS DES SOUS-CLASSES, DIVISIONS ET SOUS-DIVISIONS,

COHORTES ET ALLIANCES, ORDRES, FAMILLES ET TRIBUS

de la Classe des Mycophytes [1].

1. Les noms précédés d'un astérisque (*) se rapportent aux Mycophycophytes (Lichens).

2 et 3. Dans ces associations de deux noms où le second devient qualificatif du premier, nous avons conservé la majuscule au deuxième, lorsque celui-
ci provient d'un nom de genre.

FIN DE LA TABLE DES SOUS-CLASSES, DIVISIONS, ETC.

IV

LISTE ALPHABÉTIQUE

DES NOMS DE GENRES [1] ET DES NOMS D'ESPÈCES DES MYCOPHYTES

CITÉS DANS CET OUVRAGE.

<table>
<tr><td colspan="2">A</td><td>Acetabula Fuck.</td><td>167</td></tr>
<tr><td></td><td></td><td>— leucomelas (Pers). Sacc.</td><td>167</td></tr>
<tr><td>Abrothallus de Not.</td><td>158</td><td>Achlya Nees.</td><td>249</td></tr>
<tr><td>Absidia V. Tiegh.</td><td>125</td><td>Achlya Nees.</td><td>126</td></tr>
<tr><td>Acalyptospora Desm.</td><td>83</td><td>— contorta Cornu</td><td>126</td></tr>
<tr><td>Acanthostigma de Not</td><td>150</td><td>— polyandra Hilded.</td><td>118</td></tr>
<tr><td>Acanthothecium Speg.</td><td>95</td><td>Achlyella Lagerh.</td><td>122</td></tr>
</table>

1. Nous avons (Introd. p. ix et suiv.) expliqué comment et pourquoi il n'y avait rien de fixe dans l'agencement des cadres entre lesquels on répartit les Cryptogames en général et les Mycophytes en particulier. Les classifications varient suivant les tendances de leurs auteurs et l'on est loin des temps où l'on bataillait au nom de la méthode naturelle. — Les cadres sont sans cesse bouleversés, et les genres, trop souvent remaniés et disloqués, semblent perdre tous leurs rapports, toutes leurs affinités, tous leurs liens de parenté. Comme ce n'est pas à propos d'une **énumération** de genres que nous pouvons nous permettre de porter un jugement sur ces fluctuations successives; nous nous sommes contenté, le plus souvent, d'indiquer ceux des rapprochements qui nous ont semblé les plus probables. C'est ainsi qu'au lieu d'écrire *Actinospira = Myxotrichum*, nous avons écrit simplement: *Actinospira* **Voyez** *Myxotrichum*, ce qui ne préjuge rien, etc., etc. Par contre, lorsque nous écrivons *Hendersonella* **Lisez** *Hendersoniella* c'est que, dans notre texte, le premier nom a été *par erreur* employé par nous, et qu'en conséquence on doit en rectifier l'orthographe. Il en est encore de même quand nous disions : *Aérocomus* Q, **Lisez** *Xerocomus* Q : il y a une erreur typographique à relever.

D'autre part, on rencontrera des noms de genres qui se trouveront revenir plusieurs fois et en des casiers différents. La nature de ce travail le veut ainsi. Pour ces êtres chez lesquels le polymorphisme est la règle nous avons accepté *toutes les formes*, il va de soi qu'il doit arriver que des répétitions soient fréquentes et que le même nom revienne quand chacune des formes n'a pas reçu de nom spécial. Déjà dans la note de la page 129, nous avons eu l'occasion de dire les raisons qui nous amenaient à répéter les noms : *Basidiobolus, Empusa*, etc. Sporomycés qui avaient été précédemment cités comme Asporomycés. De même trouve-t-on trois fois répété le nom de *Saccharomyces:* le *S. Cerevisiæ* de levure basse étant *Coccospora*, le même *S. Cerevisiæ* de levure haute étant *Torula* pendant que dans sa forme parfaite il est Sporomycé-Thécamycète. On trouvera de même deux fois *Mycogone*, deux fois, aussi, *Heterobotrys Gonatobotryum* et *Choanepora* ou *Choa-*

nophora, etc., etc. On aurait de semblables répétitions pour *Aspergillus* si l'on n'avait pas dénommé : *Eurotium* la forme sporomycée ; il en serait de même pour *Kickxella* si la forme asporomycée n'était devenue *Coemansiella* SACC... et *Penicillium* reviendra deux fois tant que l'on n'aura pas fait pour lui ce qu'on a fait pour *Eurotium* et *Kickxella,* etc., etc. (voy. pag. 75).

Il est des cas plus embarrassants encore : ce sont ceux dans lesquels n'ayant qu'une seule forme, on se voit presque forcé de lui assigner deux places !... Tel est le *Microstroma* NIESSL. Nous l'avons rangé parmi les Basidiomycètes avec ceux qui regardent leur fructification comme des basides unispores dressés ; mais d'autres le mettent plus volontiers dans les Asporomycés où l'on aurait simplement des conidiophores uniconidiés (voy. p. 7.)

1. Les noms imprimés en caractères romains sont ceux des genres qui sont représentés par des espèces fossiles.

2. Les noms précédés d'une astérique * se rapportent à des Mycophycophytes (Lichens).

V

TABLE DES MATIÈRES

INTRODUCTION

1re Partie. — PROLÈGOMÈNES

2e Partie. — ÉNUMÉRATION DES GENRES

1re Sous-Classe. — MYCOMYCOPHYTES

V. Classification : revue rétrospective des différents rangements ou classifications proposés, p. 62 ; — Classification de Saccardo, p. 69 ; — Rangement adopté par l'auteur, p. 76.

1. Voir les notes 2 et 3 de la page 277.

3ᵉ PARTIE. — INDEX

FIN DE LA TABLE DES MATIÈRES

A LA MÊME SOCIÉTÉ D'ÉDITIONS

OUVRAGES DU MÊME AUTEUR

Énumération des substances fournies à la Médecine et à la Pharmacie par l'ancien groupe des Térébinthacées, 1869, Paris. **5 fr.**

Révision du groupe des Anacardiacées. Thèse pour l'agrégation à l'École supérieure de pharmacie, 3 planches. Paris, 1869 . . . . . **8 fr.**

Botanique cryptogamique pharmaco-médicale. 1º Introduction a l'étude des Cryptogames; 2º Des ferments. — 1883. Paris. . . . . **12 fr.**

Synopsis et Tableau synoptique des familles qui composent la classe des **Mycophytes** (Champignons et Lichens). 1894. Paris. . . . . . **1 fr.**

Synopsis et Tableau synoptique des familles qui composent la classe des *Phycophytes* (Algues, Diatomées et Bactériens.) 1895. Paris. . . . . **1 fr.**

EN PRÉPARATION :

Les MYCOPHYTES (Champignons et Lichens)

1er Embranchement : Cryptachlorophyllés

Anatomie, Physiologie, Taxinomie et Utilisation.

Un volume avec planches et figures intercalées dans le texte.

2e Partie de la Botanique cryptogamique.

Pharmaco-médicale.

BLANCHARD (Dr R.), professeur agrégé à la Faculté de médecine de Paris, secrétaire général de la Société zoologique de France. — **Histoire zoologique et médicale des Téniadés du genre Hymenolepsis Weinland.** In-8º de 112 pages orné de nombreuses figures. Prix.. . . . . **3 fr. 50**

BOURQUELOT (Emile), docteur ès sciences, professeur agrégé à l'école supérieure de pharmacie de Paris, pharmacien en chef de l'hôpital Laënnec — **Les fermentations.** In-8º de 205 pages, illustré de 21 figures intercalées dans le texte. Prix : cartonné. . . . . **4 fr.**

— **Les ferments solubles (Diastases)**, In-8º de 220 pages, broché, **3 fr. 50**, cartonné. . . . . **4 fr**

BRUYANT (C.), licencié ès sciences naturelles. — **Les fourmis de la France.** In-8º de 60 pages, avec 4 planches hors texte . . . . **3 fr.**

CHAUVEAUD (Dr L.-Gustave), agrégé à l'Université, docteur ès sciences. — **La fécondation dans les cas de polyembryonie** (repr. chez le Domptevenin. In-8º de 115 pages, avec 12 gravures dans le texte. Prix . . . **4 fr.**

FINOT (A.). — **Orthoptères. Thysanoures, et Orthoptères** proprement dits. 1 vol. in-8º raisin avec 13 pl. en taille-douce. . . . . . **15 fr.**

GASCARD (Albert), professeur à l'école de médecine de Rouen. — **Gommes laques** des Indes et de Madagascar. Un volume in-8º de 130 pages avec figures dans le texte et une planche en couleur . . . . **4 fr.**

HECKEL, professeur à la Faculté des Sciences de Marseille. — **Monographie de la Noix de Kola.** Un volume in-8º de 406 pages, illustré de nombreuses gravures et d'une planche en couleurs. . . . . **7 fr. 50**

HEULZ et **CATHELINEAU**, chef de laboratoire de chimie de l'hôpital Saint-Louis. — **Chimie biologique des eaux de la Bourboule**, in-8º de 92 pages . . . . **2 fr. 50**

JOUBIN (Dr), professeur à la Faculté des Sciences de Rennes. — **Les Némertiens**, in-8º raisin de 340 pages, avec 4 planches en couleurs. . . . . **15 fr.**

Avec cet ouvrage les lecteurs habitant le bord de l'Océan peuvent déterminer *les vers de mer* aux vives couleurs, si indispensables pour la pêche.

PEYTOUREAU (A.), docteur ès sciences et en médecine, préparateur à la Faculté des Sciences de Bordeaux. — **De la Morphologie de l'Armure génitale des Insectes.** In-8º raisin de 248 pages, avec 22 planches en couleurs et 43 figures dans le texte. . . . . **20 fr.**

SAINT-DENIS. — IMPRIMERIE H. BOUILLANT, 20, RUE DE PARIS.

www.ingramcontent.com/pod-product-compliance
Lightning Source LLC
LaVergne TN
LVHW050033070726
842526LV00015B/530